"十二五"职业教育国家规划教材
经全国职业教育教材审定委员会审定

计算机网络技术

第六版

新世纪高职高专教材编审委员会 组编
主　编　边　倩 陈晓范 鞠光明
副主编　王新风 赵　飞

大连理工大学出版社

图书在版编目(CIP)数据

计算机网络技术 / 边倩，陈晓范，鞠光明主编. —
6版. — 大连 : 大连理工大学出版社，2017.9(2021.1重印)
新世纪高职高专计算机大类专业基础课系列规划教材
ISBN 978-7-5685-1061-5

Ⅰ. ①计… Ⅱ. ①边… ②陈… ③鞠… Ⅲ. ①计算机网络—高等职业教育—教材 Ⅳ. ①TP393.4

中国版本图书馆CIP数据核字(2017)第201872号

大连理工大学出版社出版

地址:大连市软件园路80号 邮政编码:116023
发行:0411-84708842 邮购:0411-84708943 传真:0411-84701466
E-mail:dutp@dutp.cn URL:http://dutp.dlut.edu.cn
辽宁新华印务有限公司印刷 大连理工大学出版社发行

幅面尺寸:185mm×260mm 印张:16.75 字数:386千字
2003年2月第1版 2017年9月第6版
2021年1月第9次印刷

责任编辑:马 双 责任校对:周 有
封面设计:张 莹

ISBN 978-7-5685-1061-5 定 价:41.80元

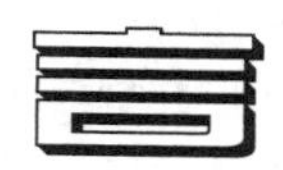

前言

《计算机网络技术》(第六版)是“十二五”职业教育国家规划教材、普通高等教育“十一五”国家级规划教材、高职高专计算机教指委优秀教材,也是新世纪高职高专教材编审委员会组编的计算机大类专业基础课系列规划教材之一。

本版教材在第五版的基础上,参考了国家示范性高职院校建设的思路和经验,汲取了它们教学改革与实践的成果,结合读者的反馈意见,并根据计算机网络技术的发展动态,进行了一系列的完善和充实。具体改进如下:

1. 本教材基于以工作过程为导向的高职人才培养模式和教学理念,立足于高等职业教育,本着“理论够用,实践为主”的原则,结合计算机网络技术基础的特点,重点培养学生掌握基础理论知识,提高实践应用能力,符合高职教育发展方向。

2. 依据计算机网络技术基础知识的系统性和高职学生的认知规律,对教材的部分章节结构进行了调整,使之更符合高职计算机网络技术基础教学的发展要求。

3. 根据计算机网络技术发展动态,对各单元内容进行了必要的补充和更新,使知识点内容更加充实,并符合计算机网络技术的发展方向。

4. 本教材内容结合了国家人事部网络管理员认证考试中计算机网络技术的相关知识,学生通过学习可以掌握认证考试中的相关理论知识和实践操作技能。

5. 对部分习题进行了更新,修改了第五版教材中存在的一些错误,使知识阐述更加准确。

本教材共分为10章,分别是计算机网络概述、数据通信基础、网络体系结构、TCP/IP协议、局域网、网络互连技术、Internet应用技术、网络管理与安全、移动互联网技术、广域网技术。每一章大致包括“本章概要”“训教重点、难点”“能力目标”“知识讲解”“典型案例分析”“习题”等部分。全书结构清晰明了,内容循序渐进,由浅入深,适合不同层次读者的需求。

本教材在编写上突出内容的系统性、实用性,紧扣计算机网络技术发展动态,突出重点、难点。将基础理论知识学习与认证考试、实践应用有机结合,使教学活动更加紧凑,任务更加明确,目标更加清晰,教学效果更加突出。本教材更加注重实用案例的讲解,将当前企业中的实际应用案例纳入教材中,提高了案例教学的效果。

本教材计划安排60～70学时，采用理论教学与案例教学相结合的教学方法，各学校可根据实际情况做适当调整。

本教材由边倩、陈晓范、鞠光明任主编，王新风、赵飞任副主编，鲁雨先参与了部分内容的编写。编写分工如下：赵飞编写第1、10章，边倩编写第2、3、4、9章，鲁雨先编写第5章，王新风编写第6章，陈晓范编写第7、8章。第六版保留了第五版的部分内容，在此对第五版的编者表示衷心的感谢。

由于编者水平有限，加之计算机网络技术在不断地发展和提高，教材中不妥之处在所难免，衷心希望广大读者批评指正，以不断提高本教材的编写质量。

编　者

2017年9月

所有意见和建议请发往：dutpgz@163.com
欢迎访问职教数字化服务平台：http://sve.dutpbook.com
联系电话：0411-84707492　84706104

目录

本书微课视频表

序号	微课名称	页码
1	计算机网络系统组成	7
2	双绞线的制作与测试	14
3	数据通信系统模型	22
4	并行通信和串行通信	28
5	数据通信模式:单工、半双工和全双工	31
6	曼彻斯特码	36
7	差分曼彻斯特码	37
8	同步时分多路复用	40
9	异步时分多路复用	41
10	OSI 七层模型	50
11	数据传输过程	57
12	数据交换技术-电路交换	87
13	IP 数据报格式	92
14	子网技术	99
15	ARP 协议的工作原理	104
16	TCP 报文的传输过程	115
17	介质访问控制方法——CSMA/CD 技术	130
18	三种以太网的区别	132
19	Vlan 的分类	140
20	路由器的工作原理	159
21	DNS 概念	174
22	DNS 域名解析过程	175
23	WWW 概念	176
24	WWW 工作原理	177
25	电子邮件系统结构和传递过程	180
26	加密技术	201

第1章 计算机网络概述

本章概要

本章主要介绍了计算机网络形成和发展的过程，讲解了计算机网络的多种分类方式，重点阐述了计算机网络的结构、各种拓扑结构和主要功能及应用。

训教重点

➢计算机网络的结构、构成设备与对应功能

➢计算机网络各种拓扑结构的特点

能力目标

➢掌握构成计算机网络结构的层次关系和对应功能

➢掌握计算机网络各种拓扑结构的特点和设计要点

1.1 计算机网络的概念、形成和发展

18 世纪伴随着工业革命而来的是伟大的机械时代，19 世纪则是蒸汽机时代，20 世纪的关键技术是信息的收集、处理和发布，而 21 世纪的特征则是数字化、网络化和信息化，它是一个以网络为核心的信息时代。计算机技术和通信技术的结合——计算机网络(Computer Network)的出现，对计算机系统的组织方式产生了深远的影响，缩短了人们之间的距离，增强了彼此的协作与交流，共同享用人类的一切文明成果，形成了“地球村”。

1.1.1 计算机网络的概念

计算机网络是现代计算机技术与通信技术密切结合的产物，是随着社会对信息共享和信息传递日益增强的需求而发展起来的。它涉及通信与计算机两个领域：一方面，通信网络为计算机之间的数据传送和交换提供了必要的手段；另一方面，计算机技术的发展渗透到通信技术中，又提高了通信网络的各种性能。当然，这两方面的进展都离不开人们在微电子技术上取得的辉煌成就。

所谓计算机网络，就是利用通信设备和线路将地理位置不同的、功能独立的多个计算机系统互联起来，以功能完善的网络软件（网络通信协议、信息交换方式和网络操作系统等）实现网络资源共享和信息传递的系统。

建立计算机网络的主要目的在于实现资源共享，即所有网络用户都能够分享各计算机的全部或部分资源，而不必考虑自己在网络中的位置和资源在网络中的位置。

如图 1-1 所示是一个企业级网络结构。

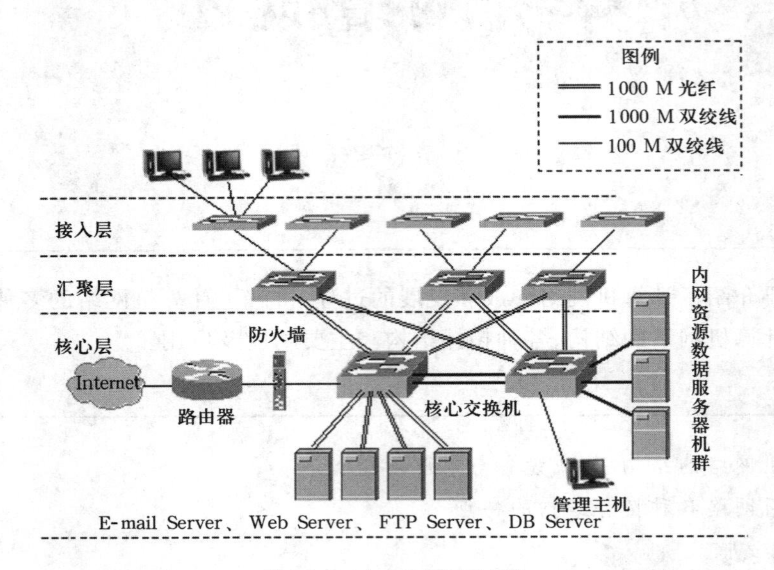

图 1-1　一个企业级网络结构

从图 1-1 中可以看出，一个企业级网络一般由三层结构组成，即：

核心层：一般是由核心交换机、路由器、服务器等构成的数据交换中心，负责整个网络数据的汇总、交换、存储和业务处理，是整个网络运行管理的核心。核心层一般分布在网络管理中心或数据交换中心。

汇聚层：一般是指二级业务部门局域网管理单元，该层主要是通过企业级或部门级三层交换机与核心层交换机光纤上联，向下与该单位的业务部门交换机级联，一般负责跨网络的数据交换和转发任务。

接入层：负责终端用户的联网和管理。这些交换设备一般分布在业务部门的楼层管理单元，多采用光纤或双绞线与汇聚层交换机上联。

网络中配置了大量的服务器设备和存储设备，如提供网站访问的 Web 服务器，提供邮件服务的 E-mail 服务器，提供数据文件上传、下载服务的 FTP 服务器，以及提供单位数据业务服务的办公服务器、财务数据服务器等。

要实现不同地域网络的互联互通和信息共享，实现 Internet 资源访问，离不开数据通信网络的支撑。

从图 1-1 中可以看到，一个网络由许多设备和软件构成，蕴含着大量的技术知识，本书会在以后的章节中逐步进行介绍。

1.1.2 计算机网络的形成和发展

计算机网络的发展过程可以概括为面向终端的计算机网络、计算机-计算机网络和开放式标准化网络三个阶段。

1. 面向终端的计算机网络

面向终端的计算机网络是以单台计算机为中心的远程联机系统。所谓联机系统，就是由一台中央主计算机连接大量的地理上处于分散位置的终端。终端一般只有输入/输出功能，不具备独立的数据处理能力。这类简单的“终端-通信线路-计算机”系统，是计算机网络的雏形。

早在20世纪50年代初，美国建立的半自动地面防空系统(Semi-Automatic Ground Environment，SAGE)就将远距离的雷达和其他测量控制设备的信息，通过通信线路汇集到一台中心计算机上进行集中处理和控制，从而开创了把计算机技术和通信技术相结合的先河。

随着连接的终端数目的增多，为减轻承担数据处理任务的中央主计算机的负载，在通信线路和中央主计算机之间设置了一个前端处理机(Front End Processor，FEP 有时也称前端机)或通信处理器(Communication Control Processor，CCP)，专门负责与终端之间的通信控制，从而出现了数据处理和通信控制的分工，减轻了中央主计算机的负载，提高了系统的工作效率。另外，在远程终端较集中的地方设置了集中器或复用器。它首先通过近程低速线路将附近各终端连接起来，再通过远程高速线路与远程中央主计算机的前端机相连。它可以利用一些终端的空闲时间来传输其他处于工作状态的终端的数据，提高了远程高速线路的利用率，降低了通信费用。典型结构如图1-2所示。图中Modem代表调制解调器，它是利用模拟通信线路远程传输数字信号必须附加的设备；T代表终端(Terminal)。

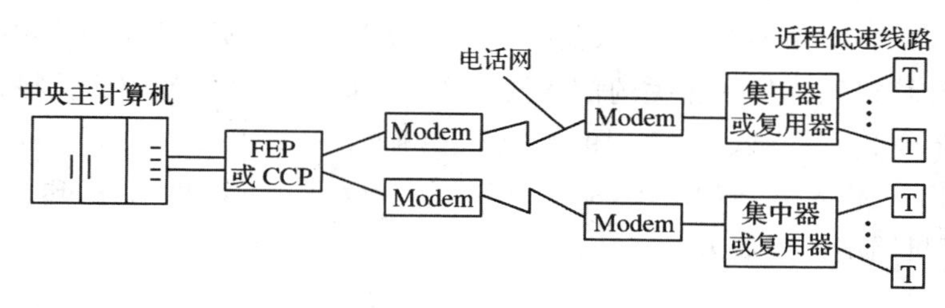

图1-2 以单台计算机为中心的远程联机系统

2. 计算机-计算机网络

计算机-计算机网络是多台主计算机通过通信线路互联起来为用户提供服务的网络系统。这类网络是20世纪60年代后期开始兴起的，它和以单台计算机为中心的远程联机系统的显著区别在于：这里的多台主计算机都具有自主处理能力，它们之间不存在主从关系。这样的多台主计算机互联的网络才是目前所称的计算机网络。它的典型代表是ARPA网(ARPANET)，1969年，由美国国防部高级研究计划局(Defense Advanced Research Projects Agency，现称DARPA)提供经费，联合计算机公司和大学共同研制而发展起来的，它标志着目前所称的计算机网络的兴起。ARPANET 是一个成功的系统，它在概念、结构和网络设计方面都为后继的计算机网络打下了基础。

此后，计算机网络得到了迅猛发展，各大计算机公司相继推出了自己的网络体系结构和相应的软、硬件产品。用户只要购买计算机公司提供的网络产品，就可以通过专用或租用通信线路组建计算机网络。IBM 公司的 SNA（System Network Architecture）和 DEC 公司的 DNA（Digital Network Architecture）就是两个著名的体系结构。凡是按 SNA 组建的网络都可称为 SNA 网，而凡是按 DNA 组建的网络都可称为 DNA 网或 DECNET。它们都是自成体系的系统，很难实现相互之间的互联，由此又称它们为“封闭”的系统。

3. 开放式标准化网络

为了使不同体系结构的计算机网络都能互联，国际标准化组织（International Standards Organization，ISO）于 1984 年正式颁布了一个能使各种计算机在世界范围内互联成网的国际标准 ISO 7498，简称 OSI/RM（Open System Interconnection Basic Reference Model，开放系统互联参考模型）。OSI/RM 由七层组成，所以也称 OSI 七层模型。开放式标准化网络指的就是遵循“开放系统互联参考模型”标准的网络系统。它具有统一的网络体系结构，遵循国际标准化协议。OSI/RM 的提出，开创了计算机网络的新时代。

OSI 标准不仅确保了各厂商生产的计算机间的互联，同时也促进了企业间的竞争。厂商只有执行这些标准才能有利于产品的销售，用户也可以从不同的厂商获得兼容的、开放的产品，从而大大加速了计算机网络的发展。

那么，未来计算机网络的发展趋势又是怎样的？

第一，依托于高速 Internet 的各种信息服务将会得到普遍应用，网上信息浏览、信息交换、资源共享等技术将会在速度、容量及信息安全等方面得到更快发展。

第二，依托于高速 Internet/Extranet 的网络会议、网络教学、远程医疗、电子商务、网络电视、网上娱乐等应用将对社会、人的生活方式以及经济发展产生巨大影响。

第三，与计算机网络发展相关的信息技术产业占国民经济发展的比重将越来越大。

美国政府分别于 1996 年和 1997 年开始研究发展更加快速可靠的互联网 2（Internet2）和下一代互联网（Next Generation Internet）。可以预见，高速互联网络正成为新一代计算机网络的发展方向。

1.2 计算机网络的功能及应用

1.2.1 计算机网络的功能

计算机网络的实现，为用户构造分布式的网络计算环境提供了基础。它的功能主要有以下几个方面：

1. 通信功能

不同地点的计算机可通过网络进行对话，相互传送数据、程序和信息。从长远的观点看，利用网络来增强人际沟通可能比其他的技术更重要。

2. 资源共享

其目的是让网络上的用户，无论处在什么地方，也无论资源的物理地址在哪里，都能使用网络中的程序、设备，尤其是数据，用户使用千里之外的数据就像使用本地数据一样。网络的目的是试图解除“地理位置的束缚”。资源共享主要分为三部分：

(1)硬件资源的共享。共享的硬件资源包括打印机、高速处理器、大容量存储设备和昂贵的专用外部设备等。

(2)软件资源的共享。共享的软件资源包括各种语言处理程序、服务程序和很多网络软件。

(3)数据资源的共享。共享的数据资源包括各种数据库、数据文件等。如电子图书库、成绩库、档案库、新闻等都可以放在网络数据库或文件里供用户查询利用。

3. 高可靠性

例如，所有文档都可以在多台计算机上留有副本，如果其中之一不能使用(由于硬件故障)，还可以使用其他副本。另外，多处理机的出现，意味着如果其中一台机器出现了故障，其余的处理机可以分担它的任务，尽管性能可能有所下降。

4. 提供分布处理环境

在计算机网络中，用户可根据问题的性质和要求，选择网络内最合适的资源来处理。对综合性的大型问题可以采用合适的算法，将任务分散到不同的计算机上进行分布处理。计算机连成网络也有利于进行重大科研课题的开发和研究。

5. 集中管理与处理

有些地理上分散的组织机构要进行集中的管理和处理，也可通过计算机网络进行分级或集中管理。例如，飞机订票系统、军事指挥控制系统、银行财务系统、气象数据采集系统等。

6. 负载分担与均衡

当某一处理系统任务过重时，新的作业可通过网络送给其他系统进行处理。在幅员辽阔的国度里，就可以利用地理上的时差均衡系统的日夜负载，以充分发挥各处理系统的作用。

7. 跨越时间和空间的障碍

网络用户可通过网络服务共享信息和互相协作，而不受地理因素的限制，避免了由于时区不同所造成的混乱。

1.2.2 计算机网络的应用

目前，计算机网络的应用非常广泛，遍及工业、资源、农业、金融、商贸、科技、文化、国防、政务等领域，可以说，它已经深入社会的各个方面。它的广泛应用对社会的信息化、智能化产生了深远的影响。本节仅涉及一些带有普遍意义和典型意义的应用领域。

1. 办公自动化

办公自动化(OA)是计算机网络的一个重要应用领域，并且越来越多地受到人们的关注。多媒体技术的应用使OA系统不仅能够处理文字和数据，而且能处理图像、文本、音频、视频等多种信息，将计算机、电视、录像、录音、电话、传真等融为一体，形成智能化的多媒体终端与人相互交流的全新操作环境。网络将提供文件传送、电子邮件、分布式数据库及电子会议等功能。

2. 远程教育

远程教育是一种利用在线服务系统，开展学历或非学历教育的全新教学模式。远程教育几乎可以提供大学中所有的课程。学员通过远程教育，同样可获得正规大学从学士到博士的所有学位。这种教育方式，对于已参加工作而仍想继续学习，从而不断提升自我的人士特别有吸引力。

3. 工业过程控制

计算机网络应用于工业过程控制可以增加产品的数量并提高产品的质量，使生产者获得显著的经济效益。其优点是可靠性高；各微处理机体积小，可安装在控制现场；系统响应特性好；各节点都有智能设备，易于用软件改变控制算法，提高了控制的灵活性；将上层控制和下层控制紧密结合，可实现较高级的控制策略。

4. 金融电子化

对全世界的计算机网络而言，最大的用户就是金融系统。借助信息高速公路，全球范围内的资金结算可瞬间完成，使"无纸贸易"成为现实。

5. 智能大厦

智能大厦是具有3A的大厦，分别是CA(通信自动化)、OA(办公自动化)和BA(楼宇自动化)。它必须具备下列基本构成要素：高舒适的工作环境、高效率的管理信息系统和办公自动化系统、先进的计算机网络和远距离通信网络及楼宇自动化。

6. 云计算

狭义的云计算是指信息技术基础设施的交付和使用模式，即通过网络以按需、易扩展的方式获得所需资源；广义的云计算是指服务的交付和使用模式，即通过网络以按需、易扩展的方式获得所需服务。

7. 物联网

物联网是通过条形码、射频标签(RFID)、全球定位系统、红外感应器、激光扫描器、传感器网络等自动标识与信息传感的设备及系统，按照约定的通信协议，通过各种局域网、接入网、互联网进行信息交换与通信，实现智能化识别、定位、跟踪、监控和管理的一种信息网络。

8. 移动互联网

移动互联网是指以各种类型的移动终端作为接入设备，使用各种移动网络作为接入网络，从而实现包括传统移动通信、传统互联网及其各种融合创新服务的新型业务模式。移动互联网包括三个要素：移动终端，如智能手机、平板电脑等；移动通信网络接入，包括2G、3G、4G、5G等；公众互联网服务，包括Web、WAP。

从层次上看，移动互联网分为终端层、接入层和应用层。终端层包括移动互联网设备

(MID)、手机、PDA 等；接入层是指第二层接入 2G/3G/WiMAX，或第三层接入移动 IPv4/移动 IPv6；应用层是指能够体现终端移动性和位置信息的业务，以及在终端和带宽条件满足情况下的固定互联网的各种业务。

1.3　计算机网络的组成

大型的计算机网络是一个复杂的系统。它是一个集计算机硬件设备、通信设施、软件系统以及数据处理能力为一体的，能够实现资源共享的现代化综合服务系统。

1.3.1　计算机网络的系统组成

计算机系统是由硬件系统和软件系统组成的。完整的计算机网络系统也是由网络硬件系统和网络软件系统组成的。根据不同的应用需要，网络可能有不同的软、硬件配置。

计算机网络系统组成

1. 计算机网络的硬件系统

(1)服务器

服务器(Server)是网络的核心设备，拥有数据库程序等可共享的资源，担负数据处理任务。如图 1-3 所示，它分为文件服务器、打印服务器、应用系统服务器和通信服务器等。

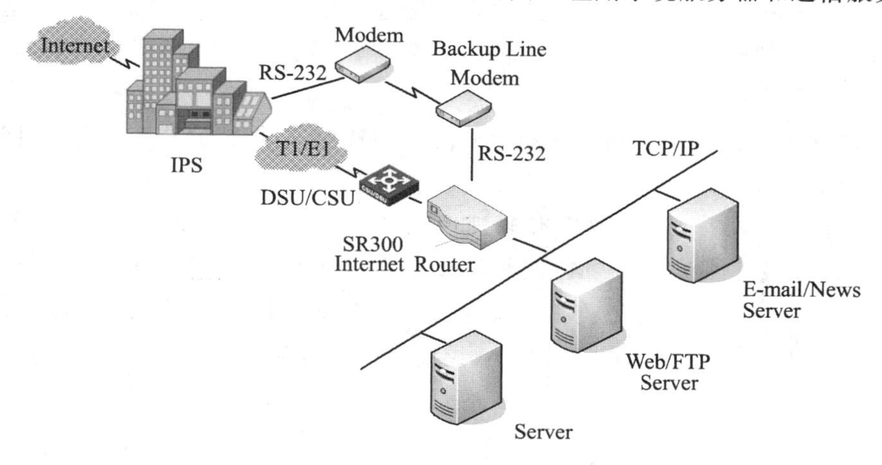

图 1-3　服务器

①文件服务器。文件服务器(File Server)能将其大容量磁盘存储空间提供给网络上的工作站(或称为客户端)使用，并接受工作站发出的数据处理、存取请求。

②打印服务器。简单地说，打印服务器(Printing Server)就是安装网络共享打印机的服务器，接受来自各工作站的打印任务，并将打印内容存入打印机的打印队列中，当在队列中轮到该任务时，就将其送到打印机打印输出。

③应用系统服务器。应用系统服务器(Application System Server)运行客户端/服务器应用程序的服务器端软件，它往往保存大量的信息供用户查询。在客户端上运行客户端程序，客户端程序向应用系统服务器发送查询请求，服务器处理查询请求，并将查询的结果返回给客户端。

④通信服务器。通信服务器(Communication Server)负责处理本网络与其他网络的通信，或者通过通信线路处理远程用户对本网络的数据传输。

(2)工作站

工作站(Workstation)就是共享网络资源的计算机,是用户进行信息交换的界面,它需要运行网络操作系统的客户端软件。如 Windows 7、Windows 10 等。如图 1-4 所示。

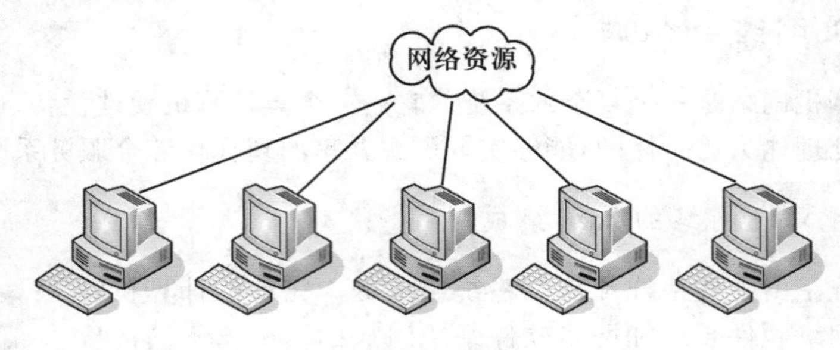

图 1-4 工作站

(3)通信设备

网络通信设备主要包括网卡及其中间连接设备,如调制解调器、中继器、集线器、网桥、交换机、路由器、网关等。在此主要介绍网卡,其余的将在第 6 章中做详细阐述。

网卡(Network Interface Card)亦称为网络适配器(Network Adapter),它是计算机与通信介质进行数据交换的中间处理部件,是工作站与网络的逻辑和物理链路,计算机主要通过网卡连接网络。

网卡的基本功能:并行数据和串行信号之间的转换、数据帧的装配与拆装、网络访问控制和数据缓冲等。

网卡的分类方法有多种。按其传输速率可分为 10 M 网卡、100 M 网卡、10/100 M 自适应网卡,以及千兆(1 000 M)网卡。按其主板上的总线类型来分,可分为 ISA、VESA、EISA、PCI 等接口类型。根据连接传输介质的不同,可分为 AUI 接口(粗缆接口)、BNC 接口(细缆接口)、RJ-45 接口(双绞线接口)和 FIO 接口(光纤接口)等,如图 1-5 所示。

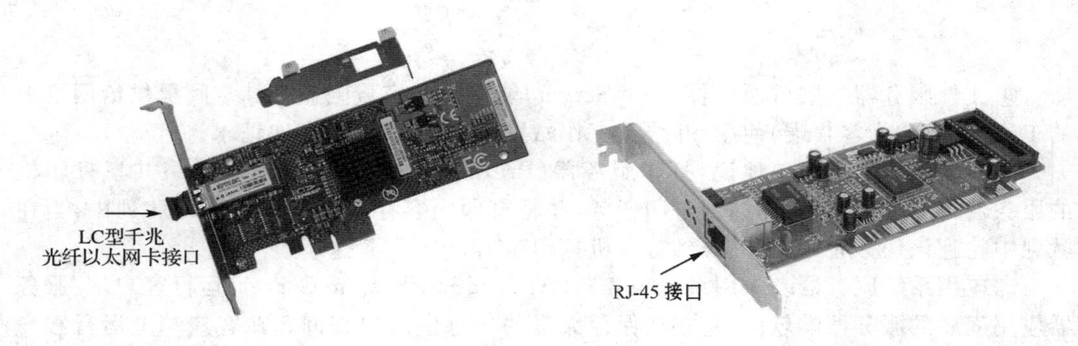

图 1-5 网卡的各种接口

(4)传输介质

传输介质是计算机网络中发送方和接收方的物理通道。通常有双绞线、同轴电缆、光纤、无线传输介质(如微波、红外线及激光)和卫星线路。在本章 1.6 节"计算机的网络的

传输介质”中将对它们做具体介绍。

2. 计算机网络的软件系统

计算机网络必须有网络软件系统才能运行，它包括网络操作系统和网络应用服务系统等。

(1)网络操作系统。网络操作系统(Network Operating System，NOS)把网络中各台计算机的操作系统有机地联系起来，除常规操作系统所应具有的功能外，还具有网络通信、网络资源管理和网络服务等功能。网络操作系统主要包括网络适配器驱动程序、子网协议和应用协议。

(2)网络应用服务系统。客户端和服务器是针对服务而言的，请求服务的应用系统是客户端，为其他应用提供服务的系统或系统软件，称为服务器，组成客户端/服务器计算机模式。

1.3.2 计算机网络的两层子网结构

计算机网络是计算机技术与通信技术的结晶。从逻辑上可以将计算机网络分为通信子网和资源子网两部分。

1. 通信子网

通信子网(Communication Subnet)主要由网络节点和通信链路组成，负责全网的信息传递。其中网络节点也称为转接节点或中间节点，它们的作用是控制信息的传输和在端节点之间转发信息。通信链路即传输信息的通道，它们可以是双绞线、同轴电缆、光纤、微波及卫星通信信道等。

在局域网中，通信子网由网卡、缆线、集线器、中继器、网桥、交换机、路由器等设备和相关软件组成；在广域网中，通信子网由一些专用的通信处理机(节点交换机)及其运行的软件、集中器等设备和连接这些节点的通信链路组成。

2. 资源子网

资源子网(Resource Subnet)主要由提供资源的主机和请求资源的终端组成。它们都是信息传输的源节点或宿节点，有时也统称为端节点，负责全网的信息处理。

在局域网中，资源子网由联网的服务器、工作站、共享的打印机和其他设备及相关软件组成；在广域网中，资源子网由网上的所有主机及其他外部设备组成。

1.4 计算机网络的分类

计算机网络的分类可按不同的标准进行划分，从不同的角度观察网络系统、划分网络有利于全面地了解网络系统的特性。

1.4.1 按网络的地理范围分类

根据网络所覆盖的地理范围、应用的技术条件和工作环境，通常将计算机网络分为局域网、城域网和广域网。

1.局域网

局域网(Local Area Network,LAN)是指在有限的地理区域内构成的规模相对较小的计算机网络,其覆盖范围一般为几十公里。局域网通常局限在一个办公室、一幢大楼或一所校园内,用于连接个人计算机、工作站和各类外围设备以实现资源共享和信息交换。

2.城域网

城域网(Metropolitan Area Network,MAN)基本上是一种大型的LAN,通常使用与LAN相似的技术。其覆盖范围为一个城市或地区,网络覆盖范围为几十公里到几百公里。城域网中可包含若干个彼此互联的局域网,每个局域网都有自己独立的功能,可以采用不同的系统硬件、软件和传输介质,从而使不同类型的局域网能有效地共享信息资源。城域网通常采用光纤或微波作为网络的主干通道。它可以支持数据和语音的传输,并且还可能涉及当地的有线电视网。

3.广域网

广域网(Wide Area Network,WAN),又称远程网。它是一种跨越城市、国家的网络,可以把众多的城域网、局域网连接起来。广域网的作用范围通常为几十公里到几千公里,用于通信的传输装置和介质一般由电信部门提供,能实现大范围内的异构网络互联和资源共享。

1.4.2 按网络的管理方式分类

1.客户端/服务器网络(Client/Server)

在客户端/服务器网络中(以下简称C/S结构),有一台或多台高性能的计算机专门为其他计算机提供服务,这类计算机称为服务器;而其他与之相连的用户计算机通过向服务器发出请求可获得相关服务,这类计算机称为客户端。C/S结构的网络性能在很大程度上取决于服务器的性能和客户机的数量。

随着Internet技术的发展与应用,出现了一种客户维护和使用成本更低的体系结构,即浏览器/服务器结构(Browser/Server,B/S)。

2.对等网络

对等网络是最简单的网络,网络中不需要专门的服务器,接入网络的每台计算机没有工作站和服务器之分,都是平等的,既可以使用其他计算机上的资源,也可以为其他计算机提供共享资源。

1.4.3 其他分类方法

1.根据传输介质的不同划分

(1)有线网(Wired Network):采用有线传输介质来传输数据的网络。如双绞线、同轴电缆、光纤等。

(2)无线网(Wireless Network):采用无线传输介质来传输数据的网络。如卫星、微波等。

2. 根据网络使用范围不同划分

(1)公用网(Public Network):也称公众网。只要符合网络拥有者的要求就能使用这个网络。它是为全社会所有人提供服务的。公用网通常是由国家电信部门组建的。

(2)专用网(Special-purpose Network):某个部门为本单位特殊业务工作的需要而建造的网络。这种网络不向本单位以外的人提供服务,即不允许其他部门和单位使用。

3. 根据通信传播方式的不同划分

(1)广播式网络(Broadcasting Network):仅有一条通信信道,由网络上的所有计算机共享。这类网络主要有:在局域网上,以同轴电缆连接起来的总线网、星型网等;在广域网上,以微波、卫星通信方式传播的广播式网络。

(2)点到点网络(Point-to-Point Network):由一对对计算机之间的多条通信信道连接构成,即以点到点的连接方式,把各计算机连接起来。

另外还有一些分类方法,如按网络的拓扑结构,将计算机网络分为总线型网络、环型网络、星型网络、树型网络和网型网络等;按网络的交换方式,将计算机网络分为电路交换网、报文交换网、分组交换网和混合交换网。

1.5 计算机网络的拓扑结构

拓扑学是几何学的一个分支。拓扑学首先把实体抽象成与其大小、形状无关的点,将连接实体的线路抽象成线,进而研究点、线、面之间的关系。

在计算机网络中抛开网络中的具体设备,把服务器、工作站等网络单元抽象为“点”,把网络中的电缆等传输介质抽象为“线”,这样从拓扑学的观点看计算机网络系统,就形成了由点和线组成的几何图形,从而抽象出网络系统的具体结构。故计算机网络的拓扑结构指的就是网络中的通信线路和节点相互连接的几何排列方法和模式。拓扑结构影响着整个网络的设计、功能、可靠性和通信费用等许多方面,是在研究计算机网络时值得注意的主要环节之一。

计算机网络的拓扑结构主要有总线型、环型、星型、树型、网型等。

1.5.1 总线型网络

所有的计算机通过相应的硬件接口直接连接到公共的传输介质上,该公共传输介质即称为总线(BUS)。任何一台计算机发送的信号都沿着传输介质双向传播,而且能被其他所有计算机侦听到。但在同一时间只允许一个节点利用总线发送数据。当一个节点利用总线以“广播”方式发送数据时,其他节点可以用“监听”方式接收数据。总线型网络结构如图 1-6 所示。

总线型网络的优点:布线容易、可靠性高、易于扩充;网络节点的响应速度快、共享资源能力强、设备投入量少、成本低、安装使用方便。

总线型网络的缺点:对总线的故障敏感,任何总线的故障都会使整个网络不能正常运行;随着网络用户数量的增加,总线型网络的通信效率大大下降,用户数量受到限制。

在总线两端连接的器件称为终接器或终端阻抗匹配器,主要与总线进行阻抗匹配,接收传送到终端的能量,避免产生不必要的干扰。

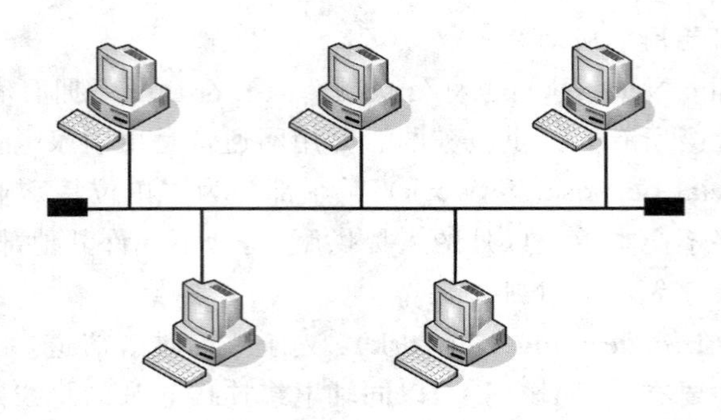

图 1-6　总线型网络

采用总线型拓扑结构的常见网络有 10BASE-2 以太网、10BASE-5 以太网。

1.5.2　环型网络

环型网络(Ring Network)是将各台计算机与公共的缆线连接,缆线的两端连接起来形成一个封闭的环,数据在环路上以固定的方向流动,如图 1-7 所示。

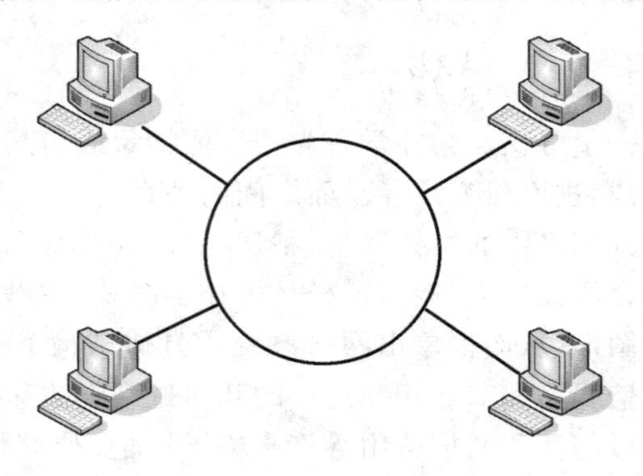

图 1-7　环型网络

环路上任何节点均可以请求发送信息,但网络中的信息是单向流动的,从任一节点发出的信息经环路传送一周以后都返回到发送节点进行回收。当信息经过目的节点时,目的节点根据信息中的目的地址判断出自己是接收节点,并把该信息拷贝到自己的接收缓冲区。在环型网络中,一般用令牌传递法来协调控制各节点的发送,实现任意两节点间的通信。

环型网络的主要优点:结构简单、容易实现;由于路径选择简单,因此通信接口、管理软件都比较简单。

主要缺点:节点故障会引起全网故障;由于环路封闭,因而不利于系统扩充;在负载轻时,信道利用率低。

最常见的采用环型拓扑的网络有令牌环网。

1.5.3　星型网络

星型网络(Star Network)是由中央节点和通过点到点通信链路链接到中央节点的各台计算机组成的。采用集中控制,即任意两台计算机之间的通信都要通过中央节点进行

转发，中央节点通常为交换机(Switch)。它具有信号放大、存储和转发等功能，同时它又是网络中央布线的中心，各计算机通过交换机与其他计算机通信，星型网络又称为集中式网络，如图 1-8 所示。

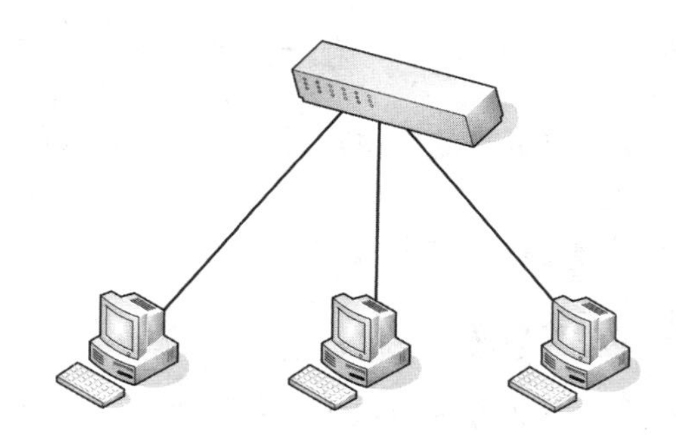

图 1-8　星型网络

在星型网络中，如果一台计算机与集线器(HUB)或交换机的连线出现问题，只是影响本机通信，网络中的其他计算机仍可以正常工作；但如果作为中央节点的集线器或交换机出了故障，整个网络就会瘫痪。

星型网络的优点：建网容易，网络控制简单，故障检测和隔离方便。

其缺点：网络中央节点数据转发负载过重，容易形成数据通信瓶颈。

常见的星型网络有 10BASE-T 以太网、100BASE-T 快速以太网和 1 000BASE-FX 光纤网络等。

1.5.4　其他拓扑结构

1. 树型(层次型)网络

树型(层次型)网络是一种分级结构，可以看成星型网络的扩展。它的形状像一棵倒置的树，顶端有一个带分支的根，每个分支还可延伸出子分支。层次结构中处于最高位置的节点(根节点)负责网络的控制，如图 1-9 所示。

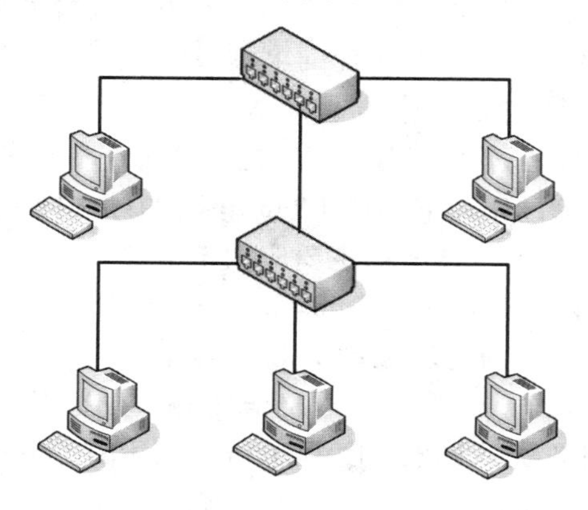

图 1-9　树型(层次型)网络

树型网络的优点：易扩展，路径选择方便，若某一分支的节点式线路发生故障，易将该分支和整个系统隔离。

其缺点:对根的依赖性大,如果根节点发生故障则全网不能正常工作。

2. 网型网络

网型结构一般是星型、总线型和环型等拓扑结构混合应用的结果。在这种网络中,网络主要设备间实现了全部或部分连通,实现了通信线路的冗余和备份,因此容错能力最强、可靠性最高。

在大中型网络或可靠性要求更高的网络应用中,为了保障业务运行的持续性和可靠性,常采用网型拓扑结构。

但网型网络建网费用高,管理成本更高。

1.6 计算机网络的传输介质

传输介质是计算机网络中发送方和接收方的物理通路。计算机网络中采用的传输介质可分为有线传输介质和无线传输介质两大类。

1.6.1 有线传输介质

常见的有线传输介质有双绞线、同轴电缆、光纤三种,下面分别予以介绍。

1. 双绞线

双绞线(Twisted Pair,TP)是综合布线工程中最常用的传输介质。双绞线可以由 1 对、2 对或 4 对相互绝缘的铜导线组成。把两根绝缘的铜导线按一定密度互相绞在一起,可以减少相互间的电磁干扰。

双绞线的制作与测试

双绞线分为屏蔽双绞线(Shielded Twisted Pair,STP)与非屏蔽双绞线(Unshielded Twisted Pair,UTP)两大类。屏蔽双绞线增加了一个屏蔽层,因而能有效地防止电磁干扰。在典型的 Ethernet 中,常用的非屏蔽双绞线 UTP 有 3 类线与 5 类线。随着千兆以太网等高速局域网的出现,各种高带宽的双绞线不断推出,如超 5 类线、6 类线与 7 类线。

1 类线(CAT1):线缆最高频率带宽是 750 kHz,用于报警系统,它只适用于语音传输(1 类标准主要用于 20 世纪 80 年代初之前的电话线缆),不用于数据传输。

2 类线(CAT2):线缆最高频率带宽是 1 MHz,用于语音传输和最高传输速率为 4 Mbit/s 的数据传输,常见于使用 4 Mbit/s 规范令牌传递协议的旧的令牌网。

3 类线(CAT3):指在 ANSI 和 EIA/TIA568 标准中指定的电缆,该电缆的传输频率为 16 MHz,最高传输速率为 10 Mbit/s,主要应用于语音、10 Mbit/s 以太网(10BASE-T)和 4 Mbit/s 令牌环,最大网段长度为 100 m,采用 RJ 形式的连接器,已淡出市场。

4 类线(CAT4):该类电缆的传输频率为 20 MHz,用于语音传输和最高传输速率为 16 Mbit/s(指的是 16 Mbit/s 令牌环)的数据传输,主要用于基于令牌的局域网和 10BASE-T/100BASE-T 网络,最大网段长度为 100 m,采用 RJ 形式的连接器,未被广泛采用。

5 类线(CAT5):该类电缆增加了绕线密度,外套一种高质量的绝缘材料,线缆最高频率带宽为 100 MHz,最高传输速率为 100 Mbit/s,用于语音传输和最高传输速率为 100 Mbit/s 的数据传输,主要用于 100BASE-T 和 1 000BASE-T 网络,最大网段长度为

100 m，采用 RJ 形式的连接器。这是最常用的以太网电缆。

超 5 类线（CAT5e）：超 5 类线衰减小，串扰少，并且具有更高的衰减与串扰的比值（ACR）和信噪比（SNR）、更小的时延误差，性能得到很大提升。超 5 类线主要用于千兆以太网（1 000 Mbit/s）。

6 类线（CAT6）：该类电缆的传输频率为 1 MHz～250 MHz，它提供 2 倍于超 5 类的带宽。6 类线的传输性能远远高于超 5 类标准，适用于传输速率高于 1 Gbit/s 的数据传输。6 类线与超 5 类线的一个重要的不同点在于：6 类线改善了在串扰以及回波损耗方面的性能，对于新一代全双工的高速网络应用而言，优良的回波损耗性能是极其重要的。6 类标准中取消了基本链路模型，布线标准采用星型拓扑结构，要求的布线距离为：永久链路的长度不能超过 90 m，信道长度不能超过 100 m。

超 6 类线或 6A（CAT6A）：此类产品传输带宽介于 6 类和 7 类之间，传输频率为 500 MHz，传输速率为 10 Gbit/s，标准外径为 6 mm。

7 类线（CAT7）：传输频率为 600 MHz，传输速率为 10 Gbit/s，单线标准外径为 8 mm，多芯线标准外径为 6 mm 。

类型数字越大，版本越新，技术越先进，带宽也越宽，当然价格也越贵。这些不同类型的双绞线标注方法是这样规定的，如果是标准类型则按 CATx 方式标注，如常用的 5 类线和 6 类线，则在线的外皮上标注为 CAT5、CAT6。而如果是改进版，就按 xe 方式标注，如超 5 类线就标注为 5e（字母是小写，而不是大写）。

5 类双绞线、RJ-45 接头和信息模块，如图 1-10 所示。

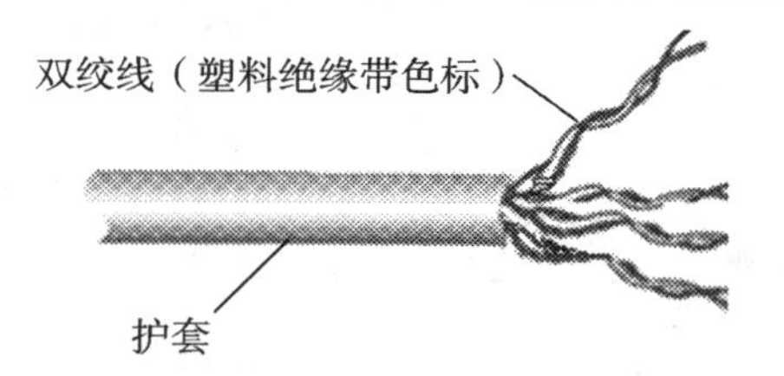

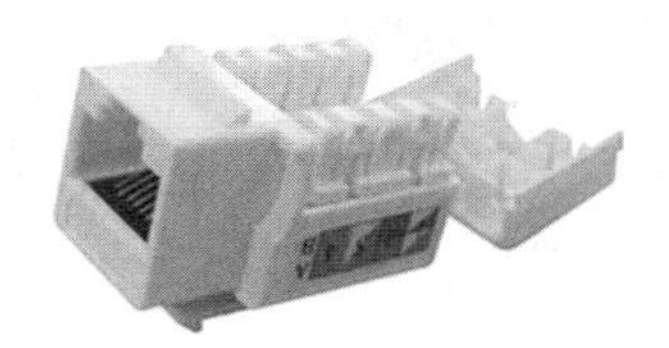

图 1-10　5 类双绞线、RJ-45 接头和信息模块

2. 同轴电缆

同轴电缆（Coaxial Cable）由两个导体组成，其外导体是一个空心圆柱形导体，它围裹着一个内芯导体，内、外导体间用绝缘材料隔开，如图 1-11 所示。同轴电缆的频率特性较双绞线好，误码率低（10^{-9}～10^{-7}），能实现较高的传输速率。

同轴电缆可以用于长距离的电话网络、有线电视信号的传输以及计算机局域网络。对于长距离的模拟传输来说，每隔几千米就需要插入一个放大器；对于长距离的数字传输来说，每隔几百米就需要安装一个中继器。

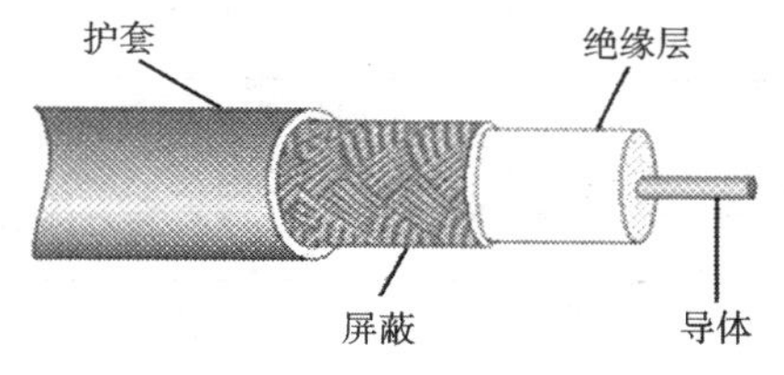

图 1-11　RG 系列编织网同轴电缆

同轴电缆分为基带同轴电缆(阻抗 50 Ω)和宽带同轴电缆(阻抗 75 Ω)。基带同轴电缆又可分为粗缆和细缆两种,都用于直接传输数字信号;宽带同轴电缆用于频分多路复用的模拟信号传输,也可用于不使用频分多路复用的高速数字信号和模拟信号传输。闭路电视所使用的 CATV 电缆就是宽带同轴电缆。

在细缆网络中,主要指 10BASE-2 以太网,需要用 BNC(British Naval Connector)的一系列连接器;在粗缆网络中,主要指 10BASE-5 以太网,需要增加一种称为发送/接收器(简称收发器)的设备。在收发器中包括刺入式接头的连接器。收发器通过收发器电缆与网卡上的 AUI(Attachment Unit Interface)端口相连,称为 DIX 接头,又称 DB-15 接头,字母 DB 表示数据线,数字指示连接器的插脚数。

3. 光纤

光纤(Fiber)是光导纤维的简称。它由能传导光波的石英玻璃纤维外加保护层构成。光纤电缆由一捆光导纤维组成,简称光缆。

每根光纤只能单向传送信号,因此光缆中至少包括两根独立的纤芯,一根发送,另一根接收。纤芯连同包层直径小于 0.2 mm,一根光缆可以包括二至数百根光纤,并用加强芯和填充物来提高机械强度。

光纤可分为单模光纤和多模光纤两种。由多条入射角度不同的光线同时在一根光纤中传播,这种光纤称为多模光纤;光线不经过多次反射而是一直向前传播,这种光纤称为单模光纤。

光纤具有损耗低、频带宽、数据传输速率高、不受外界电磁干扰、安全保密性好等优点,是信息传输技术中发展潜力最大的一类传输介质,将广泛应用于信息高速公路的主干线中。如图 1-12 所示。

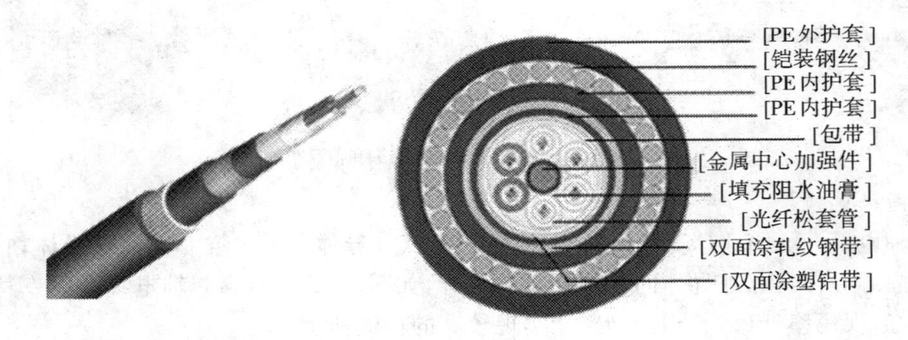

图 1-12 套层式光缆

三种有线传输介质的比较见表 1-1。

表 1-1 三种有线传输介质的比较

传输介质		电磁干扰	频带宽度
双绞线	UTP	高	低
	STP	低	中等
同轴电缆		低	高
光纤		没有	极高

1.6.2　无线传输介质

无线传输介质通过空间传输，不需要架设或铺埋电缆或光纤，目前常用的主要有无线电波和三种视线媒体（微波、红外线和激光）。所谓视线媒体就是需要在发送方和接收方之间有一条视线（Line of Sight）通路。

1. 无线电波

无线电波很容易产生，可以传播得很远，很容易穿过建筑物的阻挡，目前在无线电广播和电视广播中已广泛使用。无线电波的传输是全方位的，因此发射和接收装置不需要在物理位置上准确地对准。

无线电波是指波长在 10～100 m 的电磁波。电波通过电离层进行折射或反射回到地面，从而进行远距离通信，多次反射的电波可以实现全球通信。短波通信可以传送电报、电话、传真、低速数据和语音等多种信息。

无线电广播和电视广播都是单向的通信。著名的 ALOHA 系统就是利用无线电传输数字信息进行双向通信的典型例子。无线电通信现在也已广泛应用于电话领域，构成蜂窝式无线电话网。

2. 微波

微波（Microware）通信通常是指利用频率在 1 GHz 范围内的电波来进行通信。高频的微波和低频的无线电波不同，微波的一个重要特性是沿着直线传播，而不是向各个方向扩散。通过抛物状的天线可以将能量集中于一小束上，以获得很高的信噪比并传输很长的距离。但是，发射天线和接收天线必须精确对准，且由于微波是沿直线传输的，而地球表面是曲面，故直接传输的距离与天线塔的高度有关，塔越高则传输距离越远，超过一定距离后就要通过中继站来放大。在光纤出现以前，微波通信构成了远距离电话传输系统的核心。微波处于频谱的高端，它提供的信道容量较大，如一个带宽为 2 MHz 的频段就可容纳 500 条话音线路。当然，微波段内频率也是受管制而分配使用的，如图 1-13 所示。

(a)微波站

(b)天线

图 1-13　微波通信设备

3. 红外线

红外线(Infrared)通信是利用红外线进行的通信。红外线链路只需一对收发器。这对收发器调制不相干的红外光。收发器必须处于视线范围内,既可以安装在屋顶,也可以安装在建筑物内部,通过相邻外部的窗口传输数据。这种系统有很强的方向性,且难以窃听、插入数据和进行干扰。安装这样的系统不需要经过特许,而且只需几天时间就可以安装好。目前红外线已广泛应用于短距离的通信。电视机和录像机的遥控器就是应用红外线通信的例子。红外线亦可用于数据通信和计算机网络。许多便携机内部都装有红外线通信的硬件,利用它就可以与装备有红外线通信硬件的其他 PC 或工作站通信,而不必有物理导线连接。在一个房间中配置一对相对不聚焦的(在某种程度上是多方向的)红外线发送器和接收器,就可构成无线局域网。若干人带着便携机来这个房间开会,不需要使用插头就可连到一个局域网上。红外线通信的方式,如图1-14 所示。

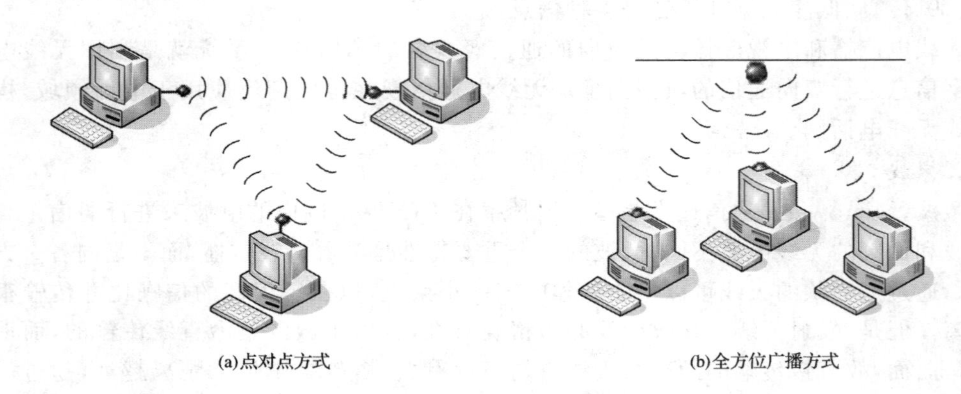

图 1-14 红外线通信方式

4. 激光

激光(Laser)能直接在空中传输而无须通过有形的光导体,并有在很长距离内保持聚焦(定向)的特点。它和微波通信在直线传输上有相似性,和红外线通信一样也不必经政府管理部门授权分配频率。有时可用激光通信来连接不同建筑物中的局域网,这在建筑物间要跨越公共空间,如要通过公路,因而在不轻易允许安放缆线时特别有用。

红外线和激光都对环境气候特别敏感,例如雨、雾和雷电。相对来说,微波对雨和雾的敏感度较低。

5. 卫星

卫星(Satellite)通信可以看成一种特殊的微波通信,和一般的地面微波通信不同,它使用地球同步卫星作为中继站来转发微波信号。卫星上的转发器有接收和发射天线,接收由地面发射来的信号和向地面发送信号。由地面发射来的信号通常经过放大和变换后再转发回地面。卫星需要有自己的电源系统,太阳能电池板可将太阳能转换成电能供转发器使用。一个卫星上可以有多个转发器。卫星信道的频带较宽,通常可以按不同的频率分成若干个子信道。卫星通信的优点是可以克服地面微波通信距离的限制。从理论上来说,三颗同步卫星就可覆盖整个地球表面,因而通过卫星来实现洲际通信是不困难的。卫星通信的缺点是传播延迟时间长。但是,卫星通信的传播延迟时间和地面站间的距离无关，因而特别适合于远距离的通信。卫星通信，如图 1-15 所示。

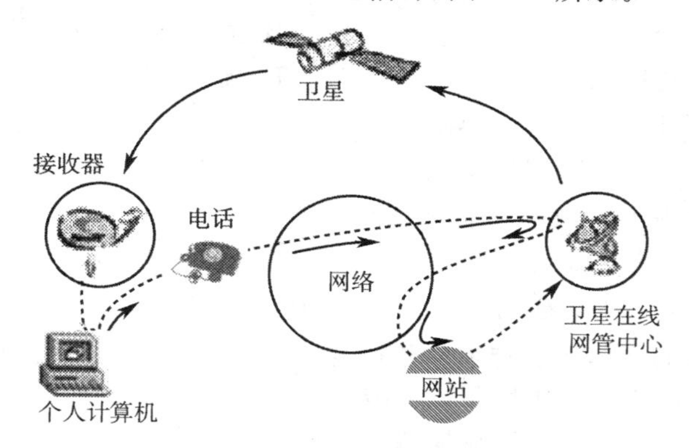

图 1-15　卫星通信

由以上介绍我们可以看到，在网络中可以使用的传输介质有很多，其所支持的传输速率也不尽相同，这是由传输介质自身的特性决定的。不同传输介质所处的频段，如图 1-16 所示。

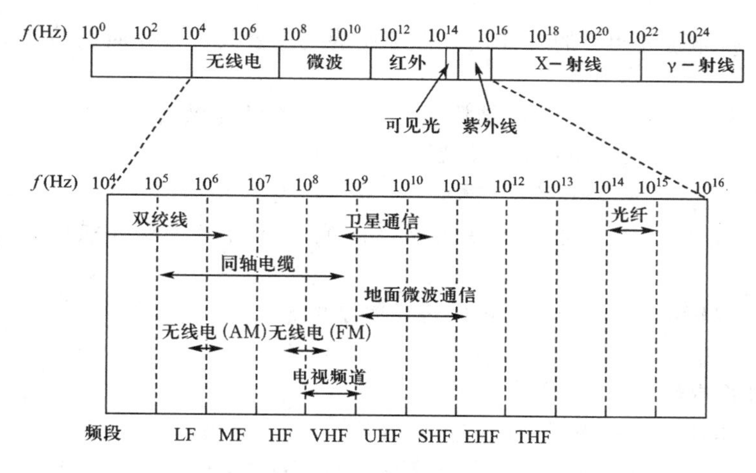

图 1-16　各传输介质类型使用的电磁波谱范围

练习题

一、选择题

1. 下列设备属于资源子网的是(　　)。

A. 打印机　　B. 集中器　　C. 路由器　　D. 交换机

2. 数据处理和通信控制的分工，最早出现在(　　)。

A. 第一代计算机网络　　B. 第二代计算机网络

C. 第三代计算机网络　　D. 第四代计算机网络

3. 下列不属于第二代计算机网络的实例是(　　)。

A. SNA　　B. DNA　　C. LAN　　D. PDN

4.计算机网络中可共享的资源包括(　　)。

A.主机、外设和通信信道　　B.主机、外设和数据

C.硬件、软件和数据　　D.硬件、软件、数据和通信信道

5.不受电磁干扰和噪声影响的媒体是(　　)。

A.双绞线　　B.同轴电缆　　C.光缆　　D.微波

6.对环境气候不敏感的无线传输介质是(　　)。

A.无线电波　　B.激光　　C.微波　　D.红外线

7.阻抗为50 Ω的同轴电缆叫(　　)。

A.宽带同轴电缆,主要用于传输数字信号

B.基带同轴电缆,主要用于传输数字信号

C.宽带同轴电缆,主要用于传输模拟信号

D.基带同轴电缆,主要用于传输模拟信号

8.卫星通信的优点是可以克服地面微波通信距离的限制、频带较宽,最主要的缺点是(　　)。

A.受气候影响大　　B.受噪声干扰大

C.传播延迟时间长　　D.可靠性低

9.所有站点都通过相应的硬件接口直接连接到一公共传输介质上的网络拓扑结构属于(　　)。

A.星型结构　　B.环型结构　　C.总线型结构　　D.树型结构

10.具有中央节点的网络拓扑结构属于(　　)。

A.星型结构　　B.环型结构　　C.总线型结构　　D.树型结构

11.双绞线由两条相互绝缘的导线绞合而成。下列关于双绞线的叙述,不正确的是(　　)。

A.它既可以传输模拟信号,也可以传输数字信号

B.安装不方便,价格较低

C.不受外部电磁干扰,误码率较低

D.通常只用作建筑物内局域网的传输介质

12.在计算机网络中,一方面连接局域网中的计算机,另一方面连接局域网中的传输介质的部件是(　　)。

A.双绞线　　B.网卡　　C.终结器　　D.路由器

二、简答题

1.简述计算机网络的发展过程。

2.什么是计算机网络?

3.计算机网络主要具有哪些功能?

4.简述计算机网络的组成。

5.计算机网络的硬件系统包含哪些部件?

6.按地理覆盖范围,可将计算机网络分成几类?简述其特点。

7.什么是计算机网络的拓扑结构?常见的网络拓扑结构有哪几种?

8.简述计算机网络中常见的几种有线传输介质。

9.什么是物联网?

第2章 数据通信基础

本章概要

数据通信网络是计算机网络的重要组成部分，数据通信技术是计算机网络技术的基础。本章主要介绍了数据通信的基本概念，较为详细地讲解了数据通信技术的主要技术指标、数据通信方式、数据传输形式、复用技术等。

训教重点

- 数据通信技术
- 数据传输形式
- 多路复用技术

能力目标

- 掌握数据通信的基本知识
- 掌握数据通信技术
- 掌握数据传输的几种形式
- 掌握复用技术

2.1 数据通信系统

从某种意义上讲，计算机网络是建立在数据通信系统之上的资源共享系统。因为计算机网络的主要功能是实现信息资源的共享和交换，而信息是以数据形式来表达的，所以计算机网络必须解决数据通信的问题。

数据通信是指建立在特定通信协议的基础上，利用各种数据传输技术，在长距离的通信终端（计算机-计算机、计算机-数据终端、数据终端-数据终端）之间传递数据信息。

2.1.1 通信系统的基本要素

通信就是相互之间的交流和沟通，具体表现有多种方式，比如：面对面的谈话、电话交流或者书信、网络聊天等。通信系统中所采用的信息传送方式是多种多样的,用来实现通信过程的系统就是通信系统。但不论通信系统采用何种通信方式,对一个通信系统来说都必须具备三个基本要素,即信源、信宿和通信媒体。其中,信源的字面意思就是信息的源头,一般是指在通信过程中产生和发送信息的设备或计算机。信宿,是相对于信源而言的,是通信过程中接收和处理信息的设备。简言之,信源和信宿就是信息发送方和接收方。通信媒体是指以传输介质为基础的数据信号通道,具体指信源和信宿的传输线路和传输设备。如图 2-1 所示。

图 2-1 通信系统基本要素

2.1.2 数据通信系统模型

如果一个通信系统传输的信息是数据,那么可以称这个通信系统为数据通信,实现这种通信的系统是数据通信系统。以计算机系统为主体构成的网络通信系统就是数据通信系统。

具体地讲,数据通信系统是指通过通信线路和通信控制处理设备将分布在各处的数据终端设备连接起来,执行数据传输功能的系统。

一个数据通信系统由源系统(或发送端)、数据传输系统(或传输网络)和目的系统(或接收端)三部分组成。如图 2-2 所示。

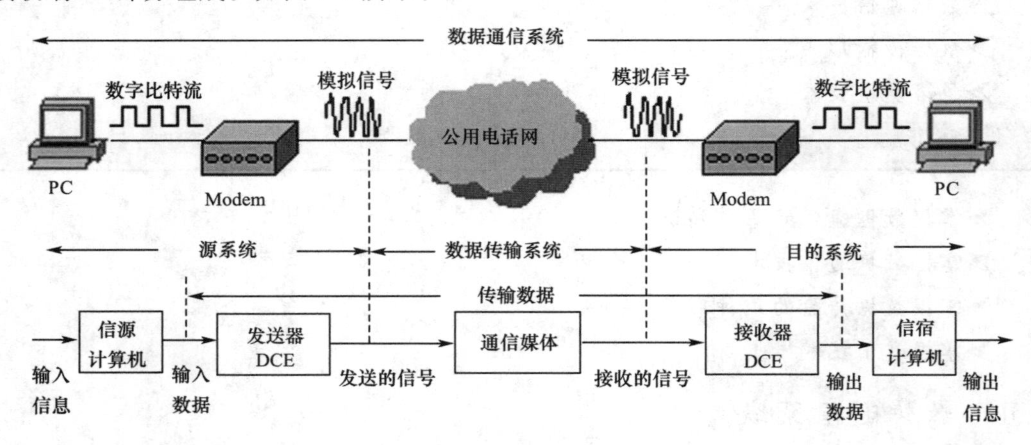

图 2-2 数据通信系统的模型

源系统一般包括信源和发送器。

发送器:信源发送的数据要通过发送器编码后才能够在传输系统中进行传输。发送器把源点所要发送的数据转换成适合在信道上传输的信号。

目的系统一般包括接收器和信宿。

接收器:接收传输系统传送的信号,并将其转换为能够被目的系统处理的信息。接收器把从信道上接收的信号转换成终点所能识别的数据。

信源和信宿分别是数据的出发点和目的地,是各种类型的计算机或终端,它们又被称为数据终端设备(Data Terminal Equipment,DTE)。DTE 通常属于资源子网的设备,如

资源子网中的计算机、数据输入/输出设备和通信处理机等。

一个 DTE 通常既是信源又是信宿。由于数据通信系统中 DTE 发出和接收的都是数据，所以把 DTE 之间的通路称为数据电路。

发送器和接收器又称为数据电路端接设备(Data Circuit-terminating Equipment，DCE)。DCE 为 DTE 提供了入网的连接点，通常被认为是通信子网中的设备，如调制解调器(Modem)。

DCE 介于数据终端设备(DTE)和通信媒体之间，其主要作用是实现信号的变换与编码、解码。在发送端将 DTE 送出的二进制数据信号转换成适合传输信道要求的信号，并对二进制数据信号进行编码，以提高可靠性和有效性；在接收端进行相反转换，将信号解调和解码，还原成所发送的二进制信号。另外，DCE 还有向 DTE 发送时钟信号的功能，确保与 DTE 信号同步。当传输信道为模拟电路时，调制解调器就是一个 DCE 设备；当传输信道为数字信道时，DCE 就是一种专门的数据服务单元(DSU)，以完成数据信号的码型和电平变换、信道特性的均衡、同步时钟形成以及维护测试等。在分组交换数据网上，DCE 还可控制接续的建立、保持和拆断等功能。DCE 可以是一个单独的设备(如一个调制解调器)，也可以与 DTE 合并在一起，配置于交换机端口上。

传输系统是连接源系统和目的系统的传输线路或通信网络。

2.2　数据通信的基本概念

2.2.1　数据和信号

1. 信息、数据和信号

信息，是人们对客观世界的认识和反映，是以不同形式表达的知识；是通过物质载体所发出的消息、情报、指令、数据、信号中所包含的一切可传递和交换的知识内容。由于宇宙间的一切事物都在运动，都有一定的运动状态和状态的改变方式，因而一切事物及其运动都是信息之源。信息不同于数据，它具有依附性、可识别性、可存储性、可传递性、可转换性、可共享性、价值的相对性、可压缩性。计算机网络通信就是为了交换信息。

数据，一般可以理解为“信息的数字化形式”或“数字化的信息形式”，即信息的载体。它可以是数字、文字、声音、图形与图像等多种不同形式。数据经过处理和解释才有意义，才能成为信息。狭义的“数据”通常是指具有一定数字特性的信息，如统计数据、气象数据、测量数据以及计算机中区别于程序的计算数据等。但在计算机网络系统中，数据通常被广义地理解为在网络中存储、处理和传输的二进制数字编码，较常用的数据编码系统有 EBCDIC 和 ASCII 码。数据可分为模拟数据和数字数据两大类。

信号(Signal)，是数据在传输过程中的电磁波表示形式。它使数据能以适当的形式在传输介质上传输。对应于模拟数据和数字数据，信号也可分为模拟信号和数字信号。

信息、数据、信号三者之间的关系：数据是信息的载体，是客观事物的具体表现和对真实世界的反映，是信息的符号表达。信息是对数据加工、处理的结果，是对数据内容的解释。信号是数据在通信系统传输过程中的表示形式或电子编码，即数据以信号的形式在介质中传播。例如，打电话，电话线要有信号，交换机交换语音数据，而你和接电话的人交

换的是信息。又如，某同学的英语成绩为98，98是数据，它传递的信息为这名同学的英语成绩优秀，在计算机中处理它时需要电脉冲信号。

2. 模拟数据和数字数据

模拟数据是在某个区间内连续变化的值。例如声音和视频都是振幅连续变化的波形，又如温度和压力都是连续变化的值。

数字数据是离散的值，例如文本信息和整数。

3. 模拟信号和数字信号

作为数据的电磁波表达形式，信号一般以时间为自变量，以表示数据的某个参量如振幅、频率或相位为因变量，并且按其因变量对时间的取值是否连续被分为模拟信号和数字信号。

模拟信号是随时间连续变化的电流、电压或电磁波，可以利用其某个分量(振幅、频率或相位)来表示要传输的数据。电视图像信号、语音信号、温度压力传感器的输出信号以及许多遥感遥测信号都是模拟信号。模拟信号可以用以下三个分量来描述：

(1)振幅：用来表示信号波形变化的大小。

(2)频率：用来表示每秒内波形重复的次数，单位为Hz(次/秒)。

(3)相位：用来表示波形在单一周期内的时间位置。

数字信号是指信号的因变量不随时间连续变化，通常表现为离散的脉冲形式，可以利用其某一瞬间的状态来表示要传输的数据。计算机产生的电信号可以用0和1两种不同的电平表示。

无论是数字数据还是模拟数据，在传输过程中都要转换成适合信道传输的某种信号形式。模拟数据可以直接用模拟信号来表示；数字数据可直接用数字信号来表示。如图2-3所示。显然，在数字信号中，因变量取值状态是有限的。计算机数据、数字电话和数字电视等都可看成数字信号。

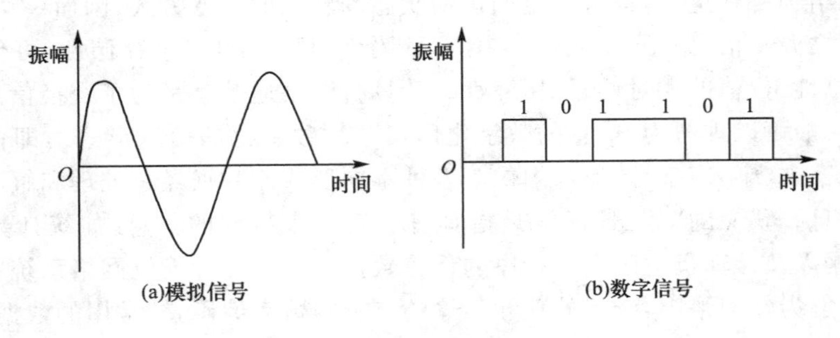

图2-3 模拟信号和数字信号的表示

4. 信道

信道是指传输信息的通路。在计算机网络中有物理信道和逻辑信道之分。

物理信道是指用来传送信号或数据的物理通路，网络中两个节点之间的物理通路称为通信链路。物理信道由传输介质及有关设备组成，它有多种不同的分类。

按传输介质不同，物理信道可分为有线信道、无线信道、卫星信道等。

按信道传输信号类型不同，物理信道可分为模拟信道和数字信道等。

逻辑信道也是一种通路，它是在物理信道的基础上，由节点内部的连接来实现的。

5. 带宽

带宽是指在固定的时间内可传输的数据量，也指在传输信道中可以传递数据的能力。信号的带宽是指该信号所包含的各种不同频率成分所占据的频率范围。信道的频道越宽，可用的频率范围就越多，带宽就越大。在通信线路上传输模拟信号时，将通信线路允许通过的信号频带范围称为线路的带宽（或频宽）；在通信线路上传输数字信号时，带宽就等同于数字信道所能传送的“最高数据率”。

信道的带宽由传输介质、接口部件、传输协议以及传输信息的特性等因素决定。它在一定程度上体现了信道的传输性能，是衡量传输系统的一个重要指标。信道的容量、传输速率和抗干扰性等均与带宽有密切的联系。通常，信道的带宽大，信道的容量也大，其传输速率相应也高。

2.2.2　数据通信中的主要技术指标

数据通信的任务是传输数据，同时最好实现速度快、出错率低、信息量大、可靠性高的性能目标，并且既经济又便于使用维护。为了衡量通信系统的质量，必须使用通信系统的性能指标，即质量指标。通信系统的性能指标涉及通信的有效性、可靠性、适应性、标准性、经济性及维护使用等。但从研究信息的传输角度来说，通信的有效性和可靠性是比较重要的指标。有效性是指传输一定的信息量所消耗的信息资源（带宽或时间），而可靠性是指接收信息的准确度。数据通信系统中，有效性用数据传输速率来衡量，可靠性用差错率（误码率）来衡量。

1. 数据传输速率

数据传输速率有两种度量单位：波特率和比特率。

（1）波特率

波特率又称为波形速率或码元速率，是指在数据通信系统中，线路上每秒传送的波形个数，其单位是“波特”（Baud）。所谓码元，是指时间轴上的一个信号编码单元。

设一个波形的持续周期为 T，则波特率 B 的计算公式为

$$B=1/T \tag{2-1}$$

式中　T——一个数字脉冲信号的宽度或重复周期，单位为秒。

（2）比特率

比特率又称为信息速率或数据传输速率，简称数据率，是指每秒能传输的二进制信息位数，单位为比特/秒（bit/s）。数据传输速率的计算公式为：

$$S=B\log_2 N \tag{2-2}$$

式中　N——一个数字脉冲信号所能表示的有效离散值的个数。

一个信号往往可以携带多个二进制位，所以在固定的信息传输速率下，比特率往往大于波特率。

一个数字脉冲又称为一个码元。若一个码元所表示的二进制的有效值状态为 2，即只有 0 和 1，$N=2$，则该码元只能携带一个二进制信息；若一个码元所表示的二进制的有

效值状态为4，即00、01、10、11，$N=4$，则该码元只能携带两个二进制信息。以此类推，若一个码元所表示的二进制的有效值状态为N，则该码元只能携带$\log_2 N$个二进制信息。

2. 信道容量

信道容量表示一个信道传输数据的能力，单位也是位/秒(bit/s)。信道容量与数据传输速率的区别在于，前者表示信道的最大数据传输速率，是信道传输能力的极限，而后者则表示实际的数据传输速率。

(1)奈奎斯特定理

如果一个任意的信号通过带宽为H的低通滤波器，那么每秒采样$2H$次就能完整地重现通过这个滤波器的信号。以每秒高于$2H$次的速度对此线路采样是无意义的，其高频分量已经被滤波器滤除，无法恢复，这就是奈奎斯特定理。奈奎斯特首先给出了无噪声情况下调制速率的极限值与信道带宽的关系：

$$B=2H \tag{2-3}$$

其中　H——信道带宽，也称频率范围，即信道能传输的上、下限频率的差值，单位为Hz。

由此可推出表示信道数据传输能力的奈奎斯特公式：

$$C=2H\log_2 N \tag{2-4}$$

式中　N——携带数据的码元可能取的离散值的个数；

C——该信道最大的数据传输速率。

式(2-3)和式(2-4)可见，对于特定的信道，其调制速率不可能超过信道带宽的2倍；但若能提高每个码元可能取的离散值的个数，则数据传输速率便可成倍提高。

如果噪声存在，那么这个理论值将大为降低。噪声通常以信号功率和噪声功率之比来度量，称为信噪比。

(2)香农定理

实际上信道总会受到各种噪声的干扰，香农定理把奈奎斯特定理进一步扩展到受随机噪声干扰的信道的情况，并给出了计算信道容量的香农公式。对于任何带宽为H、信噪比为S/N的信道，信道容量即最大传输速率，则

$$C=H\log_2(1+S/N) \tag{2-5}$$

由于实际使用的信道的信噪比都足够大，故常表示成$10\lg(S/N)$，以分贝(dB)为单位来计量，在使用时要特别注意。例如，信噪比为30 dB、带宽为3 kHz的信道的最大数据传输速率为

$$C=H\log_2(1+S/N)=3\times\log_2(1+10^{30/10})\approx 3\times 10=30(\text{kbit/s})$$

由此可见，只要提高信道的信噪比，便可提高信道的最大数据传输速率。

需要强调的是，式(2-3)和式(2-4)计算得到的只是信道数据传输速率的极限值，实际使用时必须留有余地。

3. 误码率

由于数据信号在传输过程中不可避免地会受到外界的噪声干扰，信道的不理想也会带来信号的畸变，因此当噪声干扰和信号畸变达到一定限度时就可能导致接收的差错。衡量数据传输质量的最终指标是误码率，其计算公式为

$$\text{误码率}=\text{接收出现差错的比特数(位数)}/\text{总的发送比特数(位数)} \tag{2-6}$$

由于误码率是一个统计平均值,因此在测量或统计时,总的比特(字符、码组)数应达到一定的数量,否则得出的结果将失去意义。

在计算机网络中,一般要求误码率低于 10^{-6},即平均每传输 10^6 位数据仅允许有一位出错。

在通信系统中,系统对误码率的要求应权衡可靠性和提高通信效率两方面的因素,误码率越低,设备越复杂。

传输介质的误码率是由其特性决定的,双绞线的误码率为 10^{-6}～10^{-5},基带同轴电缆的误码率低于 10^{-7},宽带同轴电缆的误码率低于 10^{-9},光纤的误码率可以低于 10^{-10}。

4. 时延

时延是指一个数据报文或分组从一个网络(或一条链路)的一端传输到另一端所需的时间。

(1)数据传输时延

传输时延是指信号在介质信道中传输所需要的时间。其计算公式为

$$\text{传输时延}=\text{介质信道长度}/\text{电磁波在信道中的传输速率} \tag{2-7}$$

电磁波在真空(空气)中的传输速率约为 3.0×10^8 m/s,在电缆中的传输速率要比在真空中的略低,约为 2.4×10^8 m/s,在光纤中的传输速率约为 2.0×10^8 m/s。例如:1 000 km 长的光纤线路带来的传输时延大约为 $10^6/(2.0\times10^8)=5\times10^{-3}$(s)。

(2)数据发送时延

发送时延是指发送一个完整的数据块所需要的时间,其计算公式为

$$\text{发送时延}=\text{数据块长度}/\text{数据传输速率} \tag{2-8}$$

例如:一个 10 MB 的数据块在传输速率为 1 Mbit/s 的信道上发送,则发送时延为 $10\times2^{20}\times8/2^{20}=80$(s),也就是要用 1 分多钟的时间才能把这样大的一个数据块发送完毕。

(3)数据排队时延

排队时延是指数据在各交换节点等待发送而在缓存的队列中排队所需要的时间。

排队时延主要由当时网络中的通信量来决定。当网络中通信量过大时,还有可能造成队列溢出、数据丢失等情况。

数据的总时延为以上三种时延之和,即

$$\text{总时延}=\text{数据传输时延}+\text{数据发送时延}+\text{数据排队时延} \tag{2-9}$$

例如:一个 100 MB 的数据块通过带宽为 1 000 Mbit/s 的光纤发送到 1 000 km 远的计算机,发送时延为 80 s,而传输时延只有 5 ms,对于这种情况,如果暂时忽略排队时延,那么发送时延起主导作用。

5. 吞吐量

吞吐量是指成功传输数据量的大小。这是衡量网络性能的技术指标之一。一般情况下,成功传输的数据量(吞吐量)小于总的数据传输量。

2.3 数据通信方式

2.3.1 并行通信和串行通信

并行通信和串行通信

数据传送有两种方式:并行通信和串行通信。在通常情况下,并行通信用于距离较近的情况,如计算机内部的通信。串行通信用于距离较远的情况,如计算机之间的通信。

1. 并行通信

在并行通信中,一般有 N 个数据位同时在两台设备之间传输。以 8 位数据位的并行通信为例,如图 2-4 所示。图中发送端和接收端有 8 条数据线相连,发送端同时发送 8 个数据位,接收端同时接收 8 个数据位。用于传输代码的对应位,N 条信道组成了 N 位并行信号。计算机内的数据总线都是以并行方式进行的,并行的数据传送线也叫总线。在并行数据传输中所使用的并行数据总线有不同的物理形式,但功能是相同的,例如:

(1)计算机内部的数据总线很多是电路板的连线。

(2)扁平带状电缆,如硬盘驱动器、软盘驱动器上使用的电缆。

(3)圆形屏蔽电缆,用于计算机与外设相连,如计算机与打印机相连的并行通信电缆,通常有屏蔽层以防干扰。

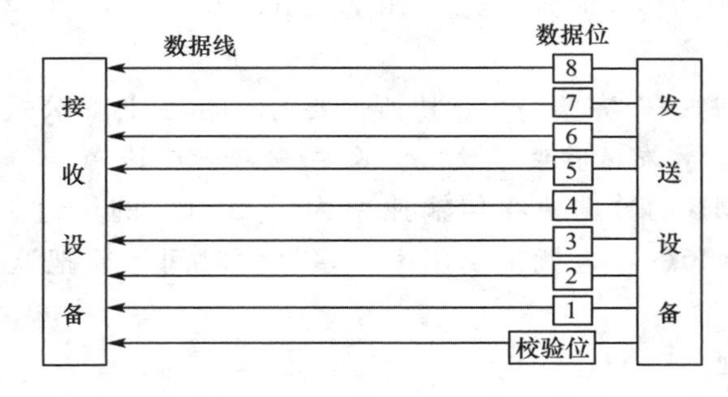

图 2-4 并行通信

并行通信的优缺点如下:

优点:传输速率快。

缺点:线路成本高,不易维修,易受干扰。

2. 串行通信

在串行通信中,数据是一位一位地在通信线路上进行传输的。由于数据在计算机内部总线上的传输方式是并行传输,所以计算机与计算机通过串行线路进行通信时,就要使用并/串转换设备在发送端将并行数据转换成串行数据,然后再逐位地通过通信线路到达接收端,在接收端则将串行数据重新转换成并行数据,以便处理。如图 2-5 所示。

由于代码采取了串行传输方式,其传输速率与并行传输相比要低得多。但是在硬件信号的连接上节省了信道,有利于远程传输,所以广泛用于远程数据传输中,通信网和计算机网络中的数据传输都是以串行传输方式进行的。

在网络中,数据的串、并行转换是由网卡负责的。此外,微机与 Modem 的通信也是串行通信。

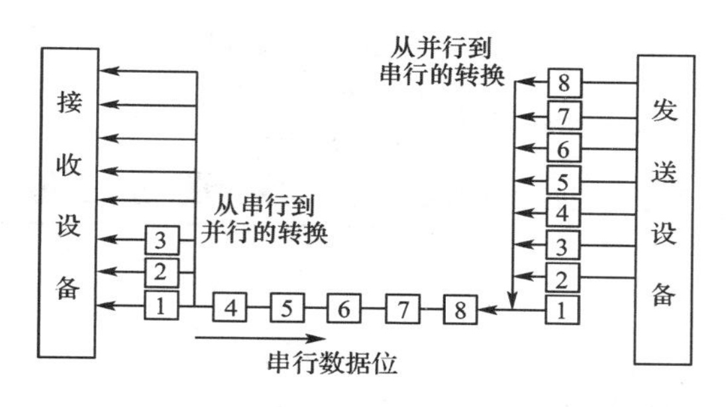

图 2-5　串行通信

串行通信的优缺点如下：

优点：架设方便，容易维护，线路成本低。

缺点：传输速率较慢。

总之，串行通信适用于长距离、低速率的通信；而并行通信适用于短距离、高速率的通信。

2.3.2　同步传输和异步传输

无论数据以何种方式传输，数据发送方发出数据后，接收方如何在合适的时刻正确地接收数据，即从发送方连续不断地送来的数据中，正确地区分每个代码，即收、发两端保持同步，以正确完成传输任务都是一个必须解决的问题。

在串行通信中，为了节省信道，通常不能设立专用的控制信号线进行收发双方的数据同步，必须在串行数据信道上传输的数据编码中解决此问题。在数据串行传输过程中，传输的是已编码的各种传输码型，接收的是变化的电平信号，为了正确识别和恢复代码，必须解决以下问题：

(1)正确区分和识别每个比特(每位)。

(2)区分每个代码(如一个 ASCII 码字符)，即区分每个代码的起始位和结束位。

(3)区分完整的报文数据块(数据帧)的开始位和结束位。

以上三个问题对应着三个概念：位同步、字符同步和帧同步。通常解决上述问题的办法有异步传输和同步传输两种方式。这两种传输方式的区别在于发送和接收设备的时钟是异步的还是同步的。

1. 异步传输方式

在异步传输方式中，每次传送一个字符(5～8 位)，且在每个字符代码前加一个起始位，表示该字符代码的开始。在字符和校验码后加一个停止位，表示该代码的结束。所以又称起止式同步，起始位编码为“0”，持续 1 位时间；停止位编码为“1”，持续 1～2 位时间。当不发送数据时，发送端连续地发送停止码“1”。接收端一旦接收到从“1”到“0”信号跳变，便知道要开始新字符的发送，利用这种极性的改变便可启动定时机构，实现同步。如图 2-6 所示。

起始位和结束位的作用是实现字符同步，字符之间的间距(时间)是任意的，即字符间采用异步定时，但发送一个字符时，发送每一位占用的时间长度都是双方约定好的，且保持各位都恒定不变。这样收、发双方的收发速率按编程约定而基本保持一致，从而实现位同步。当接收到停止位，就将定时机构复位，准备接收下一个字符代码。在异步传输中不

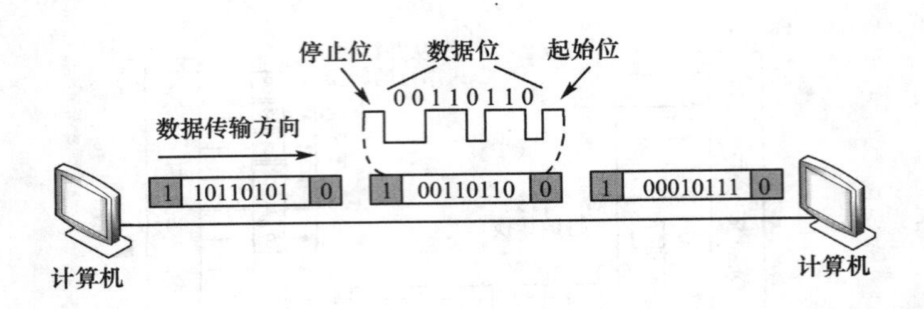

图 2-6 异步传输

需要传输时钟脉冲。由于这种方式的字符发送是相互独立的,故称为异步传输方式。

异步通信设备易于安装,维护简单且价格便宜;但由于每一个字符都引入起始位和停止位,所以开销大、效率低,常用于低速传输,如 1 200 bit/s 或更低的速度。分时终端与计算机的通信一般是异步的。

2. 同步传输方式

同步传输方式以固定的时钟节拍来发送数据信号,字符间顺序相连,既无间隙也没有插入位。收发双方的时钟信号与传输的每一位严格对应,以达到位同步。通常,同步传输方式的信息格式是一组字符或若干个二进制位组成的数据块(帧)。在开始发送一帧数据前必须发送固定长度的帧同步字符,发送完数据后再发送帧终止字符,这样就实现了字符和帧的同步,之后连续发送空白字符,直到发送下一帧时重复上述过程,如图 2-7 所示。在这种方式中,利用时钟的同步使发送和接收装置的定时不发生误差。

实现这种同步的方法可以分为外同步法和自同步法两种。

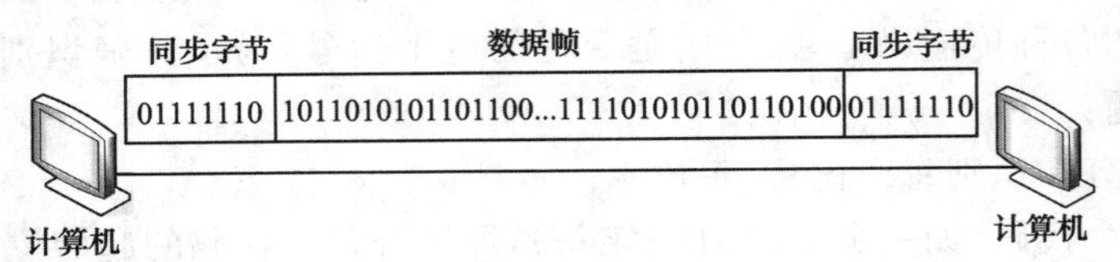

图 2-7 同步传输

在外同步法中,接收端的同步信号事先由发送端传来,既不是自己产生也不是从信号中提取出来的。即在发送数据之前,发送端先向接收端发出一串同步时钟脉冲,接收端按照这个时钟脉冲频率和时序锁定接收频率,以便在接收数据的过程中始终与发送端保持同步。然后向发送端发送准备接收的确认信息,发送端接收到确认信息后,开始发送数据。如图 2-8 所示。

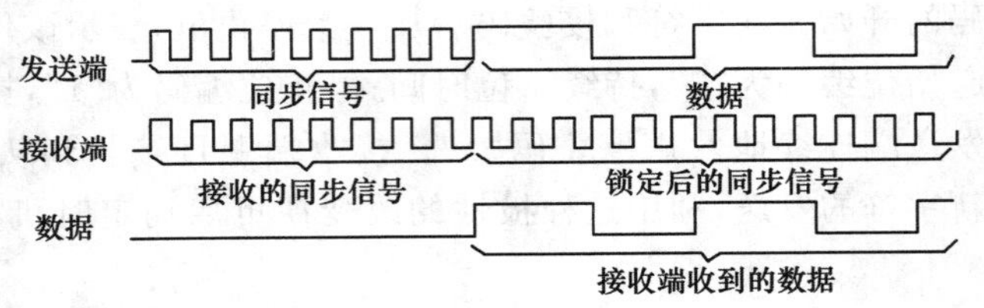

图 2-8 外同步法

自同步法是将定时信号包含在数据信号中发送,直接从数据波形本身中提取同步信号。典型的例子就是著名的曼彻斯特编码和差分曼彻斯特编码。在这两种编码方法中都

是将时钟和数据包含在信号中，在传输代码信息时，也将时钟同步信号一起传输给对方，接收方从数据编码信号提取同步信号来锁定自己的时钟脉冲频率。

与异步传输相比，同步传输的数据传输是整批的，比起异步通信一次一个字符传输，其效率更高。

数据信号都是由二进制码按预定规律编排而成的，它包含位、字符及帧。数据传输的代码由若干位组成字符，再组成帧，传输时不仅位需要同步，其余字符、帧也要同步，这就叫群同步。只有做到群同步，接收端才能正确识别字符、帧等码群。如果只有位同步而无群同步，收到的信号将是一串无意义的码元序列。为使接收装置能确定数据块的开始和结束，每一数据块前、后用同步数据块加上同步定界符等控制信息的组合，称为“帧”。帧的实际格式，常取决于传输方案是面向比特(位)的，还是面向字符方式的。

2.3.3　数据通信模式

在串行通信中，依据数据流的方向，又可分为单工、半双工以及全双工三种模式。如图 2-9 所示。

微课5

数据通信模式

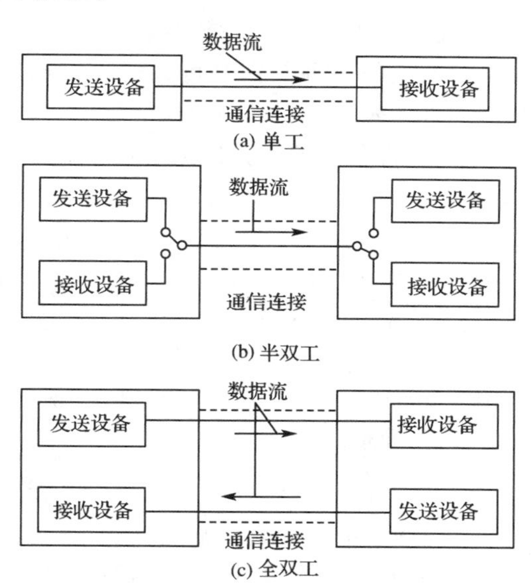

图 2-9　串行通信的三种模式

1. 单工通信

所谓单工通信，是指传送的信息始终是一个方向的通信。

对于单工通信，发送端把信息发往接收端，根据信息流向即可判断哪一端是发送端，哪一端是接收端。单工通信的信道一般是二线制的。也就是说，单工通信存在两个信道，即传输数据用的主信道和监测信号用的监测信道。听广播和看电视就是单工通信的例子。

2. 半双工通信

所谓半双工通信，是指数据传输允许数据在两个方向上传输，但是，在某一时刻，只允许数据在一个方向上传输，因而半双工通信实际上是一种可切换方向的单工通信的例子。

对于半双工通信，通信的双方都具备发送和接收装置，即每一端可以是发送端也可以是接收端，信息流是轮流使用发送和接收装置的。对讲机的通信就是半双工通信的例子。

3. 全双工通信

所谓全双工通信，是指数据通信允许数据同时在两个方向上传输，因此全双工通信是两个单工通信方式的结合，它要求发送设备和接收设备都有独立的接收和发送能力。

全双工通信一般采用多条线路或频分法来实现，也可采用时分复用或回波抵消等技术。适合计算机与计算机的通信。全双工通信的效率最高，但控制相对复杂一些，系统造价也较高。随着通信技术及大规模集成电路的发展，这种方式越来越广泛地应用于计算机之间的通信。

2.4 数据传输

2.4.1 数据传输的形式

在通信系统中，要把数字数据或模拟数据从一个地方传到另一个地方，总是要借助于一定的物理信号，如电磁波和光。物理信号可以是连续的模拟信号，也可以是离散的数字信号。模拟数据和数字数据中的任何一种数据都可以通过调制或编码的过程形成两种(模拟和数字)信号中的任何一种信号。调制是用模拟信号承载数字或模拟数据。编码是用数字信号承载数字或模拟数据，即信息编码为信息用二进制数表示的方法。一般说来，有四种传输数据的形式，如图 2-10 所示。

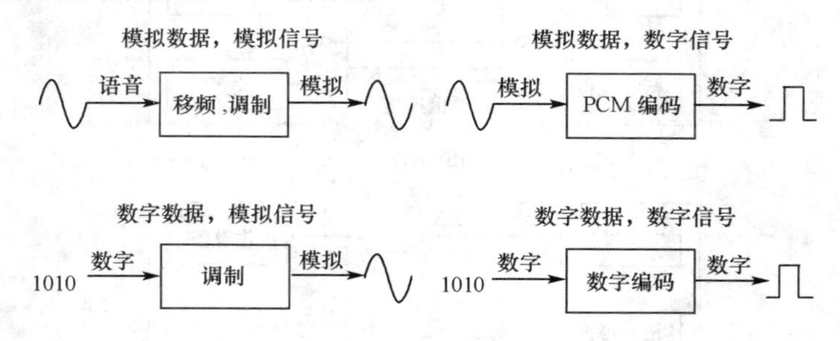

图 2-10 传输数据的四种形式

(1)模拟数据，模拟信号：采取电信号形式的模拟数据可以原封不动地传输出去，也可以在较高频率下进行调制。

(2)模拟数据，数字信号：为了使模拟信号能在数字通信线路上传输，将模拟数据变换成数字信号的方法，称为编码。

(3)数字数据，模拟信号：利用调制器把数字数据变换成能在现有模拟线路上传输的模拟信号。

(4)数字数据，数字信号：数字信号可以按照其原来形式通过数字通信线路进行传输，也可以编码成不同类型的数字信号，即代表两个不同二进制值的数字信号。

下面简要介绍这四种数据传输形式。

1. 模拟数据的模拟信号调制

模拟数据经由模拟信号传输时不需要进行变换，但是由于考虑到前面谈到的天线尺

寸问题，模拟形式的输入数据要在甚高频下进行调制。输出信号是一种带有输入数据的频率极高的模拟信号。常用的两种调制技术是幅度调制(AM)和频率调制(FM)。

(1)幅度调制

幅度调制是一种载波的幅度会随着原始模拟数据的幅度变化而变化的技术。载波的幅度会在整个调制过程中变动，而载波的频率是不变的。将接收到的幅度调制信号进行解调，就可以恢复成原始的模拟数据。

(2)频率调制

频率调制是一种高频载波的频率会随着原始模拟信号的频率变换而变化的技术。因此，载波频率会在整个调制过程中波动，而载波的幅度是不变的。将接收到的频率调制信号进行解调，就可以恢复成原始的模拟数据。如图 2-11 所示。

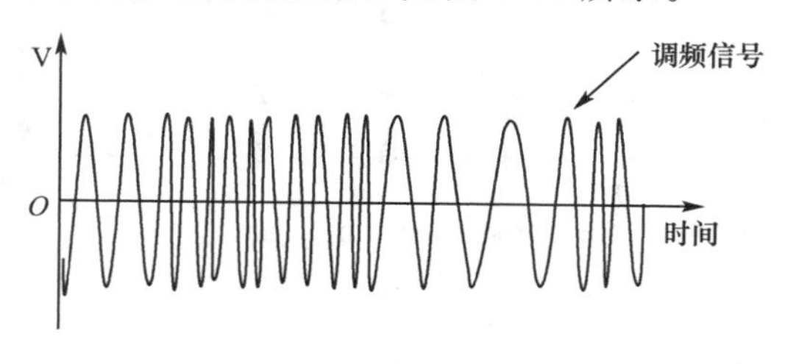

图 2-11　频率调制

2. 模拟数据的数字信号编码

利用数字信号来对模拟数据进行编码的最常见的例子是脉冲代码调制(Pulse Code Modulation，PCM)，它常用于对声音信号进行编码。脉冲代码调制是以采样定理为基础的。

采样定理：如果模拟信号的最高频率为 f，若以 $\geqslant 2f$ 的采样频率对其采样，则从采样得到的离散信号序列就能完整地恢复原始信号。

要转换的模拟数据主要是电话语音信号，模拟数据要在数字线路上传输，必须将其转换成数字信号。PCM 需要经过三个步骤，如图 2-12 所示。

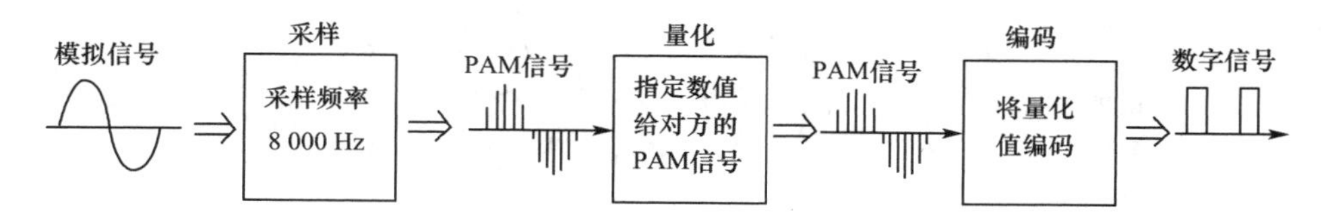

图 2-12　PCM 处理过程

(1)采样：按一定间隔对语音信号进行采样。即以模拟信号频率两倍以上的频率来定时采样。目前一般采用 8 000 Hz 的采样频率。每一个采样信号称为 PAM。

(2)量化：将每个样本舍入量化级别上。其目的是为每一个 PAM 信号设定一个对应值，若量化的范围在 0～127，则每个采样要用 7 位二进制数($2^7=128$)来表示，而量化速率需要 56 000(8 000×7=56 000)bit/s；若量化的范围在 0～255，则每个采样要用 8 位二进制数($2^8=256$)来表示，而量化速率需要 64 000(8 000×8=64 000)bit/s。

(3)编码：对每个舍入后的样本进行编码。为了能精确地还原成原来的模拟信号，量化值编码在传输数字至数模转换器时，其速率必须和采样时一样。经过转换后，信号才会和原来的模拟信号波形接近。

例如，语音信号的数字化：语音带宽 $f<4$ kHz；采样频率：8 kHz（>2 倍语音最大频率）；样本量化级数：256 级（8 bit/每样本）；数据率：8 000 Hz×8 bit＝64 kbit/s，每路 PCM 信号的速率＝64 kbit/s。图 2-13 为 PCM 经过采样、量化、编码过程的举例。

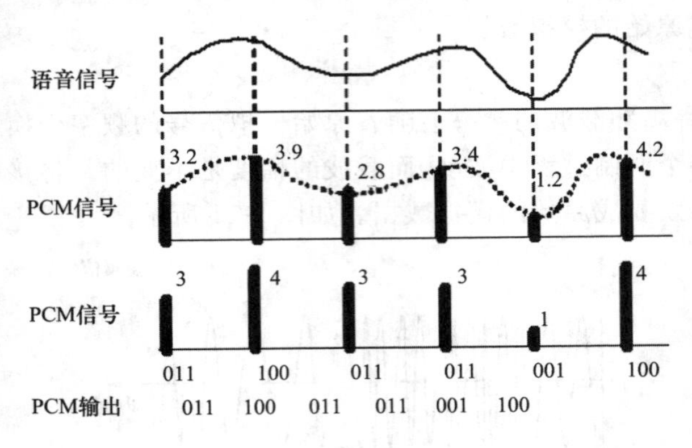

图 2-13　PCM 转换过程举例

3. 数字数据的模拟信号调制

模拟信号发送的基础是一种称为载波信号的连续的频率恒定的信号。通过以下三种载波特性之一来对数字数据进行调制：振幅、频率和相位，或者这些特性的某种组合。对数字数据的模拟信号进行调制的三种基本形式，如图 2-14 所示。

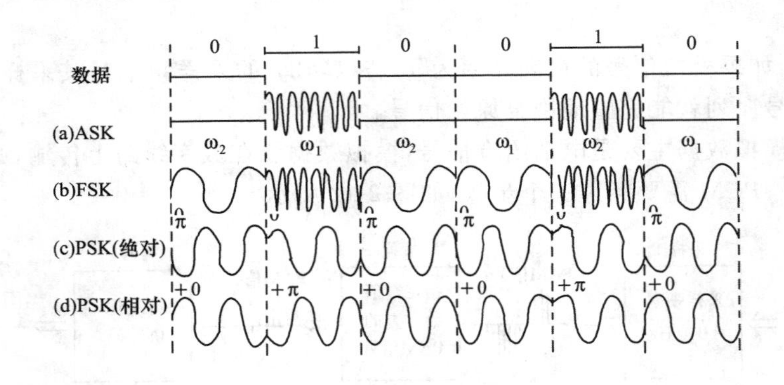

图 2-14　ASK、FSK、PSK

(1)幅移键控法(Amplitude-Shift Keying，ASK)

幅移键控法就是把频率和相位设为常量，把振幅定义为变量，即用载波的两个不同振幅表示“0”和“1”。用振幅恒定的载波的存在表示“1”，而用载波的不存在表示“0”。ASK 方式容易受增益变化的影响，是一种效率相当低的调制技术。在电话线路上，通常只能达到 1 200 bit/s 的速率。

(2)频移键控法(Frequency-Shift Keying，FSK)

频移键控法是把振幅和相位作为常量，而用载波的两个不同频率表示“0”和“1”。它以频率较低的信号状态代表“0”，以频率较高的信号状态代表“1”。频移键控法比起幅移

键控法，不容易受到干扰。

利用音频通信线路传送频移键控信号时，通常传输速率可达 1 200 bit/s。这种方式一般用于高频(3～30 MHz)的无线电传输，它甚至能用于较高频率、使用同轴电缆的局部网络。

(3)相移键控法(Phase-Shift Keying，PSK)

相移键控法就是把振幅和频率定义为常量，而用载波的起始相位的变化表示“0”和“1”。

①绝对相移键控

所谓绝对相移键控(APSK)，就是利用正弦载波的不同相位直接表示数字。例如，用载波信号的相位差为 π 的两个不同相位来表示两个二进制值。当传输的信号为“1”时，绝对相移键控信号和载波信号的相位差为“0”；当传输的信号为“0”时，绝对相移键控信号和载波信号的相位差为 π。

②相对相移键控

相对相移键控也叫差分相移键控，是利用前、后码元信号相位的相对变化来传送数字信息的。例如，当传输的基带信号为“1”时，后一个码元信号和前一个码元信号的相位差为 π；当传输的信号为“0”时，后一个码元信号和前一个码元信号的相位差为 0。

4. *数字数据的数字信号编码*

数字数据是由二进制组成的。而数字信号是由离散的电压式电流的脉冲序列组成的，每个脉冲代表一个信号单元，或称码元，这种形式是把数字数据转换成某种数字脉冲信号。传输数字信号最普遍且最容易的办法是用两个电压电平来表示两个二进制数字。例如，无电压(无电流)常用来表示“0”，而恒定的正电压用来表示“1”。常用的数字数据的数字信号编码有以下几种：

(1)不归零(Non-Return to Zero，NRZ)码

不归零码是一种全宽码，即信号波形在一个码元全部时间内发出或不发出电流，每一位码元都占用全部码元宽度。不归零码又可分为单极性不归零码和双极性不归零码。

①单极性不归零码。单极性不归零码脉冲以无电压(无电流)表示“0”，用恒定的正电压表示“1”。例如，二进制数“1011001”的单极性不归零码脉冲如图 2-15 所示。

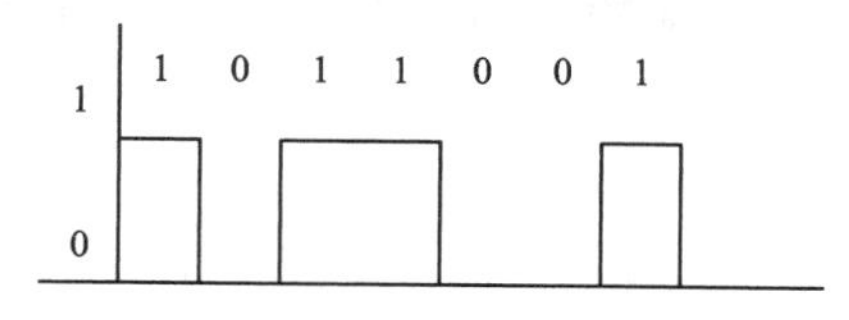

图 2-15　单极性不归零码

②双极性不归零码。双极性不归零码是以恒定的负电压表示“0”，以恒定的正电压表示“1”。例如，二进制数“1011001”的双极性不归零码脉冲如图 2-16 所示。

NRZ 码的缺点是无法判断一位的开始与结束，收发双方不能保持同步。为保证收发双方的同步，必须在发送 NRZ 码的同时，用另一个信道同时传送同步信号；如果信号中“1”与“0”的个数不相等，表示存在直流分量。

(2)归零码(Return to Zero，NRZ)

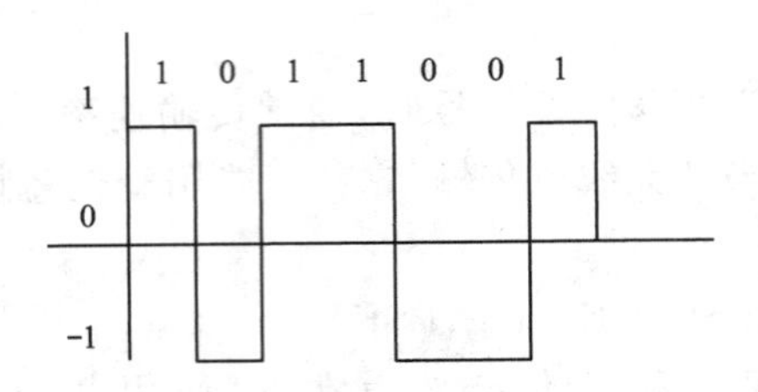

图 2-16 双极性不归零码示意图

归零码就是一个码元的信号波形不占用码元的全部时间，即在一个码元时间内发出电流的时间短于一个码元的时间宽度，发出的是窄脉冲。所以不论码元发出电流还是不发出电流，码元波形都“归零”，因此这种信号编码为归零码。例如，二进制数“10011001”的单极性归零码脉冲和双极性归零码脉冲如图 2-17 所示。

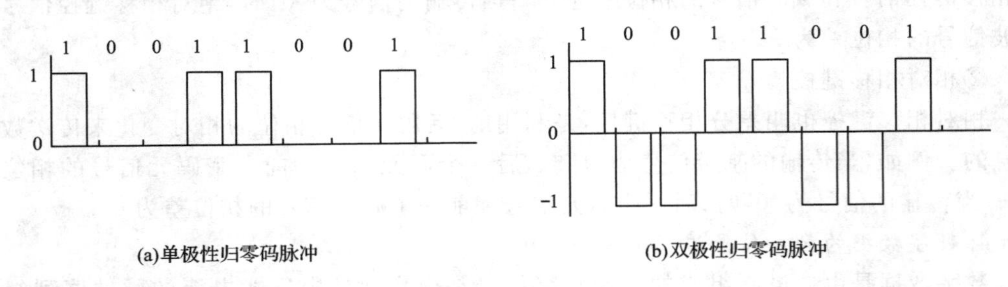

图 2-17 归零码

(3)曼彻斯特编码(Manchester Encoding)

曼彻斯特编码

曼彻斯特编码用电压的变化表示“0”和“1”。曼彻斯特编码将每比特信号周期 T 分为前 $T/2$ 和后 $T/2$，即将一个码元时间一分为二。例如，如果在前半个码元时间里，电压为高电平，在码元的中间发生电压跳变，即从高电平跳到低电平，此时表示“1”；反之，如果在一个码元的中间从低电平跳到高电平，则表示“0”。二进制数“10011001”的曼彻斯特编码如图 2-18(a)所示。

曼彻斯特编码的特点是每个码元中间都要发生跳变，利用电平跳变接收端可将此变化提取出来作为同步信号。曼彻斯特编码又称为自同步码(Self-Synchronizing Code)。作为“自含时钟编码”信号，发送曼彻斯特编码信号时无须另发同步信号。

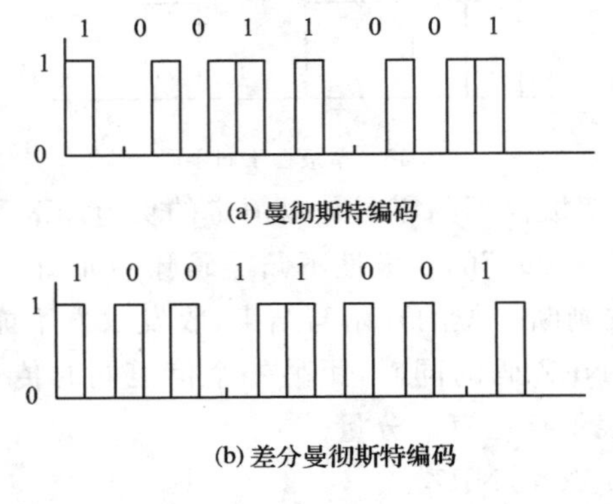

图 2-18 曼彻斯特编码和差分曼彻斯特编码

(4)差分曼彻斯特编码(Difference Manchester Encoding)

差分曼彻斯特码

差分曼彻斯特编码是对曼彻斯特编码的改进。其保留了 Manchester 编码作为“自含时钟编码”的优点,仍将每比特中间的跳变作为同步之用,但是每比特的取值则根据其开始处是否出现电平的跳变来决定。通常规定有跳变者代表二进制“0”,无跳变者代表二进制“1”,但任何波形都在码元的中间位置进行跳变。二进制数“10011001”的差分曼彻斯特编码如图 2-18(b)所示。

从曼彻斯特编码和差分曼彻斯特编码的脉冲波形中可以看出,这两种双极型编码的每一个码元都被调制成两个电平,所以数据传输速率只有调制速率的 1/2。这两种编码方法都将时钟和数据包含在信号中,在传输代码信息的同时,也将时钟同步信号一起传输给对方,所以这两种编码都属于自同步编码。

2.4.2　基带传输

在数据通信中,表示计算机二进制的比特序列的数字信号是典型的矩形脉冲信号。在脉冲信号的整个频谱中,从零开始有一段能量相对集中的频率范围被称为基本频带(Base Band),简称基频或基带,基频等于脉冲信号的固有频带。与基频对应的矩形脉冲信号称为基带信号。在数字通信信道上,直接传送基带信号的方法称为基带传输。基带传输是一种最基本的数据传输方式。

采用基带传输的数字通信系统的基本模型如图 2-19 所示。该系统要解决的关键问题是数字数据的编解码。即在发送端,要解决如何将二进制数据序列通过某种编码方式转化为可直接传送的基带信号;而在接收端,则要解决如何将收到的基带信号通过解码恢复为与发送端相同的二进制数据序列。

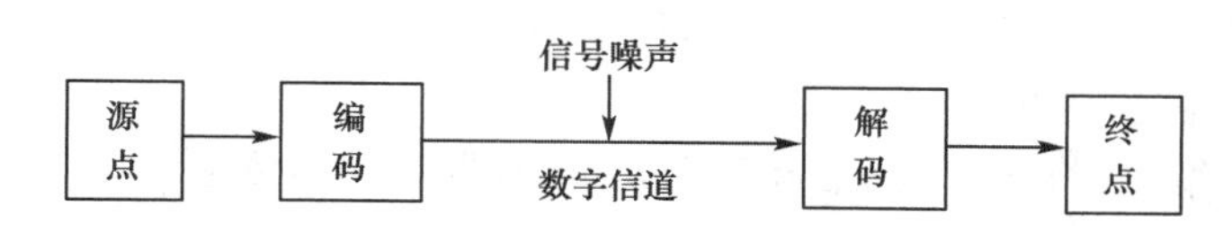

图 2-19　采用基带传输的数字通信系统的基本模型

基带传输在基本不改变数字数据信号频带(波形)的情况下直接传输数字信号,可以达到很高的数据传输速率与系统效率;基带传输数字数据信号的编码方式主要有:不归零码 NRZ、曼彻斯特编码、差分曼彻斯特编码等。

在此介绍可用于百兆以太网中的编码方式 4B/5B 编码。这种编码的特点是将发送的数据流以每 4 bit 为一个组,然后按照 4B/5B 编码规则将其转换成相应的 5 bit 码。

5 bit 码共有 32 种组合,但只采用其中的 24 种,16 种对应 4 bit 码,8 种用作控制码,以表示帧的开始和结束、光纤线路的状态(静止、空闲、暂停)等。标准 4B/5B 编码对照表见表 2-1。

表 2-1　　标准 4B/5B 编码对照表

字符	4 bit 码	5 bit 码
0	0000	11110
1	0001	01001
2	0010	10100
3	0011	10101
4	0100	01010
5	0101	01011
6	0110	01110
7	0111	01111
8	1000	10010
9	1001	10011
10	1010	10110
11	1011	10111
12	1100	11010
13	1101	11011
14	1110	11100
15	1111	11101

现用不归零码画出 4 bit 码和 5 bit 码的对应波形，5 bit 码经差分编码后，转换成光信号，将收到的 MAC 子层的 4 位符号变为 5 位符号；在 32 种组合中选择 16 种的原则如下：

(1)凡有三个以上连“0”的不选。

(2)以两个连“0”开头的不选，尽量选择以“1”开头的编码。

(3)奇数必以“1”结尾，偶数必以“0”结尾。

(4)剩下 16 种编码：其中 8 种用作控制码，其余的禁用。

(5)以差分编码方式，将 5 位符号变为传输所用符号。

规则：遇“1”跳变，遇“0”不跳变。

使用 4B/5B 编码，将 4 bit 数据流编成 5 bit 数据流在媒体上传输，其效率为 80%，即 100 Mbit/s 的数据传输率，要求在光纤上传送光信号的码元速率为 125 MBaud，只增大了 25%。如图 2-20 所示。

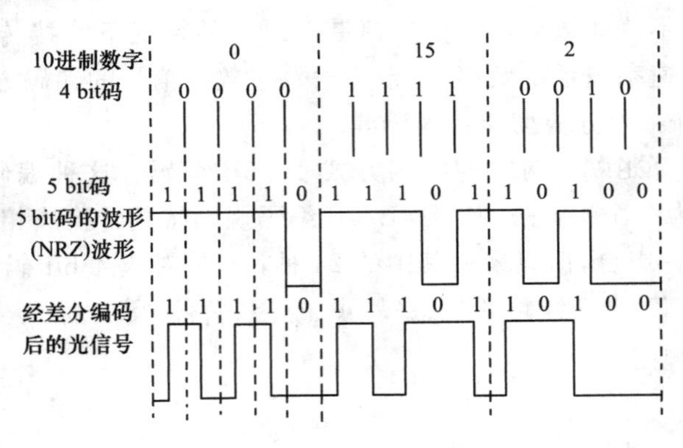

图 2-20　4B/5B 编码方式

2.4.3 频带传输

利用模拟信道传输二进制数据的方法称为频带传输。如图 2-21 所示。频带传输的关键问题是如何将计算机中的二进制数据转化为适合模拟信道传输的模拟信号。在发送端,需要将二进制数据变换成能在电话线或其他传输线路上传输的模拟信号,即所谓的调制(Modulation);而在接收端,则需要将收到的模拟信号重新还原成原来的二进制数据,即所谓的解调(Demodulation)。由于数据通信是双向的,所以,实际上在数据通信的任何一方都要同时具备调制和解调功能,我们将同时具备这两种功能的设备称为调制解调器(Modem)。目前,调制解调器已逐渐被 ADSL 取代。

调制解调器的作用是:在数据的发送端将计算机中的数字信号转换成能在电话线上传输的模拟信号;在接收端将从电话线路上接收到的模拟信号还原成数字信号。

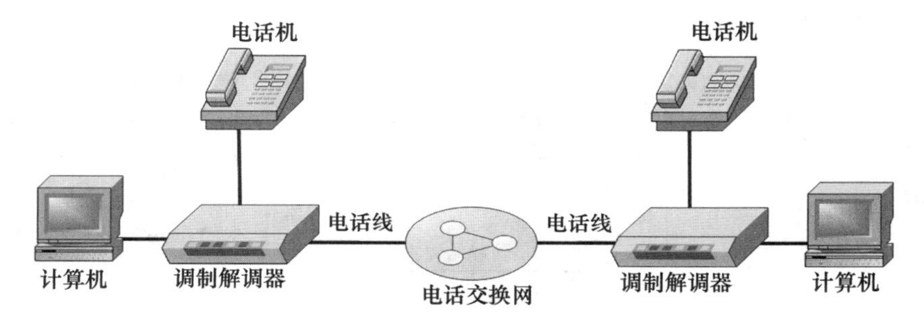

图 2-21 频带传输系统模型

对应于载波信号的振幅、频率和相位这三个特征,数字信号的模拟调制有三种基本调制技术:幅移键控法、频移键控法和相移键控法。

2.5 多路复用技术

为了提高通信线路传送信息的效率,通常采用在一条物理线路上建立多条通信信道的多路复用(Multiplexing)技术,多路复用技术使得在同一传输介质上可传输多个不同信源发出的信号,从而可充分利用通信线路的传输容量,提高传输介质的利用率。

采用多路复用技术能把多个信号组合在一条物理信道上进行传输,其方法是在发送端将若干个彼此无关的信号合并为一个能在一条共用信道上传输的复合信号,在信号的接收端还能将复合信号分离出与原来一样的若干个彼此无关的信号来。

多路复用技术的原理如图 2-22 所示,由多路复用器合并 N 个输入通道的信号(N 取决于所用传输介质的限制因素)组成一路复合信号,经传输速率较高的线路传输后,由多路译码器将复合信号按通道号再分离出来,然后把它们送到相应的输出端。

当前采用的多路复用方式有时分多路复用(Time Division Multiplexing,TDM)、频分多路复用(Frequency Division Multiplexing,FDM)和波分多路复用(Wavelength Division Multiplexing,WDM)、码分多路复用(Code Division Multiplexing,CDM)等。

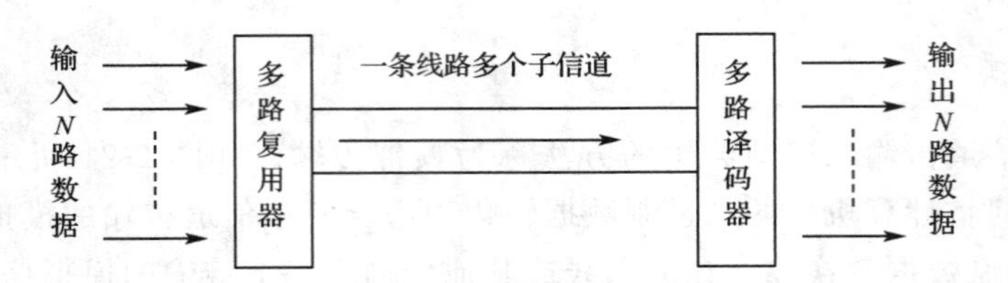

图 2-22 多路复用技术的原理

2.5.1 时分多路复用

所谓时分多路复用，是指将一条物理信道按时间分成若干个时间片（时隙）轮流分配给多个信号使用。每一个时间片由要复用的一个信号占用，一个信号的时间片用完后，信道再分配给下一个信号。这样利用每个信号在时间上的交叉，就可以在一条物理信道上传输多个数字信号。如图 2-23 所示。

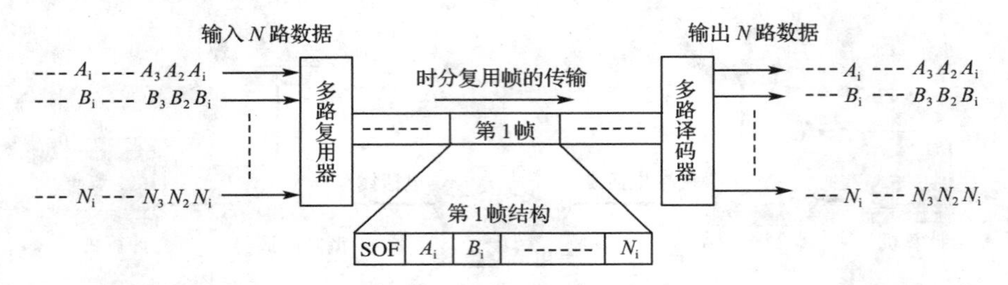

图 2-23 时分多路复用

根据信道动态利用的情况，时分多路复用分为同步时分多路复用（Synchronous Time Division Multiplexing，STDM）和异步时分多路复用（Asynchronous Time Division Multiplexing，ATDM）两种类型。

1. 同步时分多路复用

同步时分多路复用又称静态时分多路复用，它的时间片是预先为每个传输信号分配好了的，是固定不变的，无论有没有信号传输，时间片都要分配。如图 2-24 所示。

同步时分多路复用

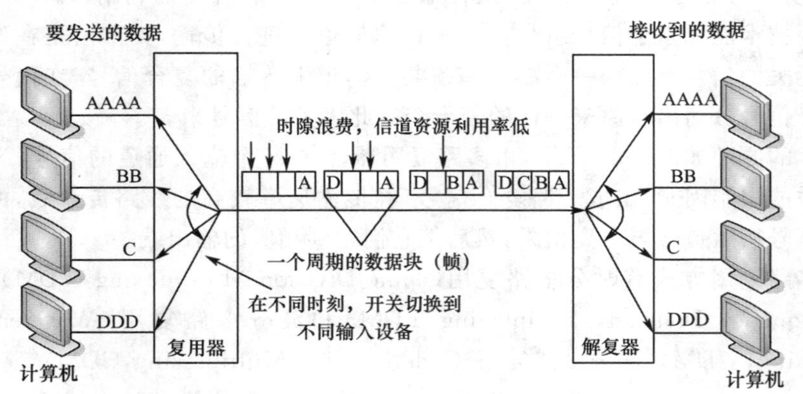

图 2-24 同步时分多路复用示意图

2. 异步时分多路复用

异步时分多路复用

STDM 的缺点是当某用户无数据发送时，其他用户也不能占用该时隙，会造成带宽浪费。因此，对 STDM 进行了改进，用户不固定占用某个时隙，有空时隙就将数据放入。这就是异步时分多路复用，又称统计时分多路复用，是一种比静态时分多路复用复杂得多，也有效得多的复用方式，它只对有数据要传输的输入部分分配时间片，因此线路的利用率更高。如图 2-25 所示。

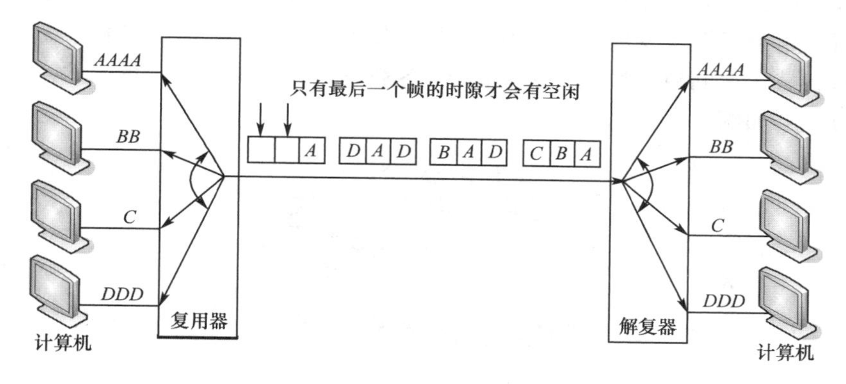

图 2-25　异步时分多路复用

3. 时分多路复用的典型实例

时分多路复用的典型实例：T1 载波与 E1 载波。

(1)T1 载波

T1 载波由 Bell 公司制订，是利用 TDM 和 PCM 技术提供 24 路语音信号在一条通信线路上的复用标准。每路语音信号首先要经脉冲编码调制(PCM)进行数字化。PCM 的编码解码器每秒采样 8 000 次，即采样一次的时间为 125 μs，然后 24 路信号用 TDM 技术组成 1 帧信号，即每个语音信道依次在其使用的时间片内插入 8 bit(7 位数据，1 位控制)。帧由 1 位帧标识位来标识。T1 系统的数据传输速率为 193 bit×8 000＝1.544 Mbit/s。如图 2-26 所示。

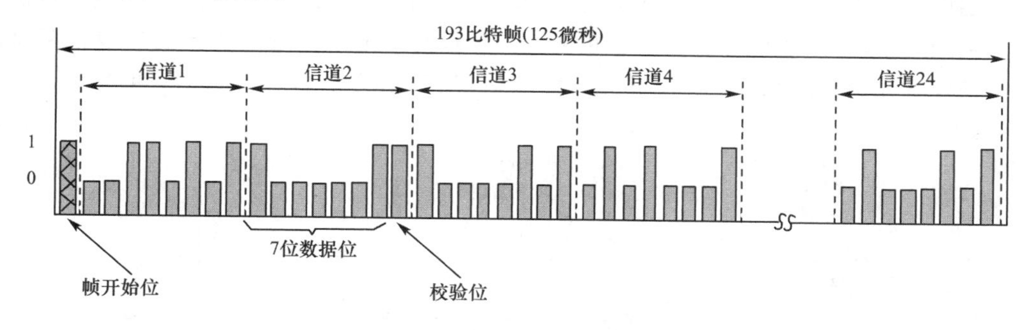

图 2-26　T1 载波帧结构

这种 24 路电话复用一条 1.544 Mbit/s 主干线路，被称为 T1 标准，既可用于传输数字信号，也可用于传输模拟信号。数字通信系统主干网的复用都采用时分多路复用技术。

(2)E1 载波

CCITT 建议了一种 2.048 Mbit/s 速率的 PCM 载波标准，称为 E1 载波(欧洲标准)。

它在每一帧开始处有 8 bit 同步作用，中间有 8 bit 作用信令，再组织 30 路 8 位数据，全帧包括 256 bit，每一帧用 125 μs 时间传送。可计算出 E1 系统的数据传输速率为 256 bit/125 μs=2.048 Mbit/s。

2.5.2 频分多路复用

频分多路复用电路常用于模拟信号的传输，其工作原理是：按照频率划分信号的方法，把传输频带分成若干个较窄的频带，每个窄频带构成一个子通道，独立地传输信息。FDM 将每一信息经调制变成不同的载波频率，各个信号都有自己的带宽。为了避免信号彼此干扰，各载波之间留有适当的频率间距，各载波之间不会产生因信号的互相重叠而发生干扰的现象，如图 2-27 所示。

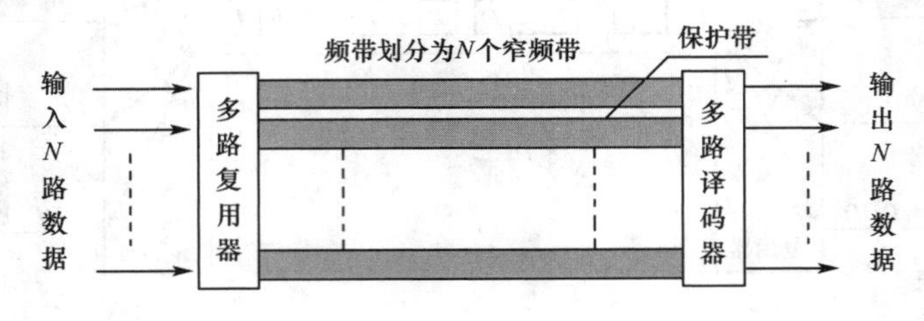

图 2-27 频分多路复用

2.5.3 波分多路复用

波分多路复用是在光纤信道上使用频分多路复用的一个变种，其基本原理是：利用波分多路复用设备将不同信道的信号调制成不同波长的光，并复用到光纤信道上。在接收方，采用波分设备分离不同波长的光。波分多路复用主要用于光纤通信，利用不同波长的光在一条光纤上同时传输多路信号。在一根光纤上复用 80 路或更多路的光载波信号称为密集波分复用（DWDM）。目前一根单模光纤的数据传输速率最高可以达到 20 Gbit/s。

如图 2-28 所示，这是一种在光纤上获得 WDM 的简单方法。在这种方法中，两根光纤连接到一个棱柱（或更可能是衍射光栅）上，每根光纤的能量处于不同的波段。两束光通过棱柱或光栅，合成到一根共享的光纤上，传送到远方的目的地，随后再将它们分解开来。

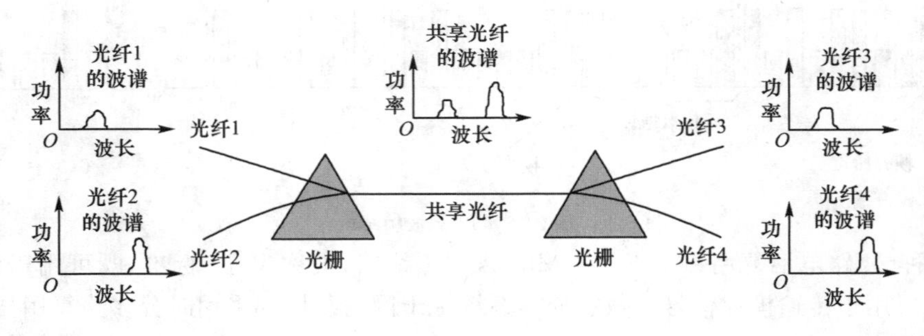

图 2-28 波分多路复用

2.5.4 码分多路复用

码分多路复用是靠不同的编码来区分各路原始信号的一种复用方式，主要通过和各种多址技术结合产生各种接入技术，包括无线接入和有线接入。例如在多址蜂窝系统中是以信道来区分通信对象的，一个信道只容纳 1 个用户进行通话，许多同时通话的用户，互相以信道来区分，这就是多址。移动通信系统是一个多信道同时工作的系统，具有广播和大面积覆盖的特点。在移动通信环境的电波覆盖区内，建立用户之间的无线信道连接，是无线多址接入方式，属于多址接入技术。联通 CDMA(Code Division Multiple Access) 就是码分多路复用的一种方式，称为码分多址。

码分多路复用是一种共享信道的方法，每个用户可在同一时间使用同样的频带进行通信，但使用的是基于码型的分割信道的方法，即每个用户分配一个特定的地址码，利用公共信道来传输信息。CDMA 系统的地址码相互具有准正交性，也就是说，每个地址码用于区别每一个用户，各个码型之间是互相独立的，也就是互相不影响，通信各方之间不会相互干扰，且抗干扰能力强。但是由于技术等种种原因，采用的地址码不可能做到完全正交，即完全独立、互不影响，所以称为准正交，由于有地址码区分用户，所以对频率、时间和空间没有限制，在这些方面可以重叠。

码分多路复用技术主要用于无线通信系统，特别是移动通信系统。它不仅可以提高通信的语音质量和数据传输的可靠性以及减少干扰对通信的影响，而且增大了通信系统的容量。笔记本电脑或个人数字助理以及掌上电脑等移动性计算机的联网通信就是使用了这种技术。

练习题

一、选择题

1. 一般而言，信号可以分成(　　)两类。

A. 数字与相位信号　　B. 数字与模拟信号

C. 相位与模拟信号　　D. 以上都不是

2. 信号在传输上存在的方式有(　　)。

A. 单工、单双工、全双工　　B. 串行、并行

C. 同步、非同步　　D. 以上都不是

3. (　　)是全双工传输模式。

A. 收音机　　B. 对讲机　　C. 电话机　　D. 扩音器

4. 基带系统是使用(　　)进行传输的。

A. 模拟信号　　B. 多信道模拟信号　　C. 数字信号　　D. 都不对

5. 控制载波的相位的调制技术是(　　)。

A. PSK　　B. ASK　　C. FSK　　D. FTM

6. 传输二进制数字信号需要的带宽（　　）。

A. 比模拟信号所需要的带宽小

B. 比模拟信号所需要的带宽大

C. 和模拟信号所需要的带宽相同

D. 无法与模拟信号的宽带比较

7. 多路复用的主要目的不包括（　　）。

A. 提高通信线路利用率

B. 提高通信线路通信能力

C. 提高通信线路数据率

D. 降低通信线路通信费用

8. 下列关于信道容量的叙述，正确的是（　　）。

A. 信道所能允许的最大数据传输率

B. 信道所能提供的同时通话的路数

C. 以兆赫为单位的信道带宽

D. 信道所允许的最大误码率

9. 当通过电话线上网时，因为电话线路输出信号为（　　）信号，所以必须通过调制解调器与电话网连接。

A. 数字　　B. 模拟　　C. 音频　　D. 模拟数字

二、简答题

1. 简要说明数据通信系统的组成。

2. 什么是数据通信？

3. 简述异步通信方式和同步通信方式的区别。

4. 通过基带传输数字信号时，采用哪些编码？各有什么特点？

5. 设一个码元有 4 种有效值状态，且 $T=833\times10^{-6}$，求数据传输速率和调制速率。

6. 信道的带宽为 6 MHz，若用 4 种不同的状态来表示数据，在不考虑热噪声的情况下，该信道的最大数据传输速率是多少？若信噪声为 30 dB，数据传输速率又是多少？

7. 对数字信号的模拟调制有哪几种，各自的特点是什么？

8. 分别用曼彻斯特编码和差分曼彻斯特编码画出 1011001 的波形图。

9. 采用曼彻斯特编码的 10 Mbit/s 局域网的波特率是多少？

10. 什么是频分多路复用？什么是时分多路复用？

11. 在数字传输系统中，码元速率为 1 200 波特，数据速率为 4 800 bit/s，则信号取几种不同的状态？若要使得码元速率与数据速率相等，则信号取几种状态？

12. 对于带宽为 3 kHz 的信道，若用 8 种不同的物理状态表示数据，信噪比为20 dB。请问，按奈奎斯特定理或香农定理最大限制的数据传输速率是多少？

13. 已知信道的带宽为 100 kHz，要想以 1 Mbit/s 的数据传输速率传输信号，则信噪比至少应达到多少 dB？

14. 画出 1011010010 的双极性不归零码、曼彻斯特编码、差分曼彻斯特编码的波形图。

15. DTE 和 DCE 是什么？它们对应于网络中的哪些设备？

第3章 网络体系结构

本章概要

了解网络体系结构的概念是理解计算机网络技术的关键，其思想是采用分层的设计方法，把复杂的网络互联问题划分为若干个较小的、单一的局部问题，在不同层上予以解决。本章详细介绍了网络体系结构的构建思想、用于理论研究的标准 OSI 参考模型、事实网络互联标准 TCP/IP 模型、理论与实践相结合的实用标准及数据在网络层间的通信实质。

训教重点

- 网络体系结构及协议
- 开放系统互联参考模型(OSI/RM)各层功能
- TCP/IP 标准
- 数据的层间通信实质
- 数据传输单元在各层的具体名称

能力目标

- 掌握网络体系结构的原理和概念
- 掌握网络协议的概念
- 掌握网络体系结构中的各层功能和各层间的关系
- 掌握数据的层间通信原理及封装概念

3.1 网络体系结构思想

3.1.1 构建网络体系结构的必要性

学习网络体系结构前，先来了解一下一封邮件的“旅途”。如图 3-1 所示为某高校的网络拓扑结构。假如某同学在学校宿舍区给远在美国的同学发送电子邮件，这些信息是如何在网络中传输到美国的呢?

首先结合图 3-1 了解信息传输的线路。假设该同学从宿舍区的联网计算机上网,这封邮件会通过宿舍中的集线器或交换机到达公寓楼的交换机,再到达校园网的汇聚层交换机,最后到达网络中心的核心交换机,再通过高速缓存、防火墙、路由器离开校园,到达中国门户网站,中国教育科研网,此时会离开当地到达北京等国际出口,再通过海底电缆等传输介质漂洋过海到达美国的网络,而后到达对方学校同学的邮箱所联网的计算机。

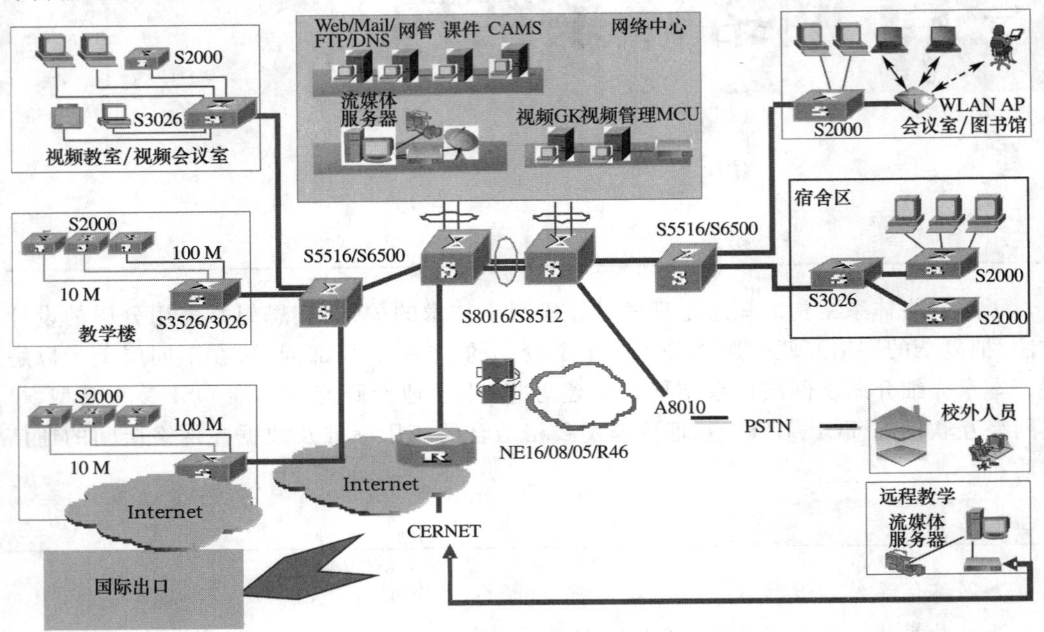

图 3-1 某高校的网络拓扑结构

这样的邮件传输,可能需要经历:不同的传输介质,比如有线或无线;不同的传输设备,如集线器、路由器、交换机等;使用不同的操作系统;实现不同种类的业务,如实时、交互、分时等。即邮件传输是在网络状况互相交织、非常复杂的系统应用环境下进行的。这种相互交织的复杂状态称为网络的异质性。

因此,邮件传输的过程中会遇到一系列的问题:

邮件在网络中传输是如何确定传输路径的?

对于有多个出口的节点怎样确定从哪个出口传输?

对于不同传输速率的路径,如何调整传输速率使网络不拥塞,不丢失数据?

对于不同的编码系统用户如何识别?

万一数据在传输过程中出现错误,如何发现?怎样处理?等等。

这样的过程显然是很复杂的,对于在复杂的网络异质性环境中,任意两台计算机之间如何通信?有什么解决方法吗?

答案是肯定的。这个解决方法就是:分而治之的思想,即计算机网络体系结构的思想。

网络体系结构的思想是:网络体系结构采用分层方法,把复杂的网络互联问题划分为若干个较小的、单一的局部问题,在不同层上予以解决。而这些较小的局部问题总是比较易于研究和处理的。所以，分层的目的是降低复杂性，提高灵活性。网络体系结构的分层思想就好比把一个大型程序分解为若干个层次不同的小模块来实现。如操作系统的实现。

3.1.2 计算机网络的分层模型

为了能够使分布在不同地理位置且功能相对独立的计算机之间能够相互通信，实现数据交换和各种资源的共享，计算机网络系统需要涉及和解决许多复杂的问题，包括信号传输、差错控制、寻址、数据交换和提供用户接口等一系列问题。计算机网络体系结构是为简化这些问题的研究、设计与实现而抽象出来的一种分层结构模型。

将上述分层的思想应用于计算机网络中，就产生了计算机网络的分层模型。网络分层时要遵循以下原则：

(1)根据功能进行抽象分层，每个层次所要实现的功能或服务均有明确的规定。

(2)每层功能的选择应有利于标准化。

(3)不同的系统分成相同的层次，对等层次具有相同功能。

(4)高层使用下层提供的服务时，下层服务的细节对上层屏蔽。

(5)层的数目要适当。层次太少功能不明确，层次太多体系结构过于庞大。

现在，我们需要进一步思考：网络体系的层次结构方法具体能解决哪些问题？

(1)网络应该具有哪些层次？每一层的功能是什么？即分层与功能的问题。

(2)各层之间的关系是怎样的？它们如何进行交互？即服务与接口的问题。

(3)通信双方的数据传输要遵循哪些规则？即网络协议的问题。

图3-2所示为计算机网络分层模型，该模型将计算机网络中的每台终端抽象为若干层，每层实现一种相对独立的功能。下面介绍几个相关的术语。

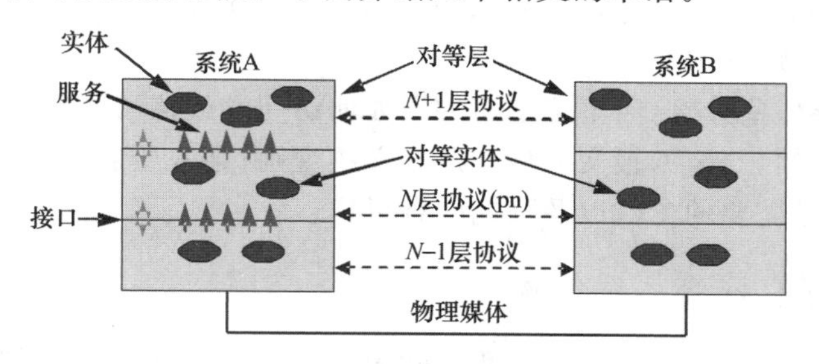

图3-2 计算机网络分层模型

1. 实体与对等层实体

每层中，实现该层功能的活动元素称为实体。包括本层的所有硬件元素(智能I/O芯片等)和软件元素(如进程等)的抽象，如终端、电子邮件系统、应用程序、进程等。能完成特定功能的进程的抽象称为逻辑实体，能完成发送和接收信息的物理实体称为通信实体。不管是逻辑实体还是通信实体，描述的都是功能特性。

不同机器上位于同一层次、完成相同功能的实体被称为对等(Peer to Peer)实体。

2. 协议

计算机网络是一个涉及计算机技术、通信技术等多个领域的复杂系统。在网络中包含多种计算机系统,它们的硬件和软件系统各异,要使其能协同工作以实现信息交换和资源共享,它们之间必须具有共同的语言。为计算机网络中相互通信的对等实体之间的数据交换而建立的规则、标准或约定的集合称为网络协议(Protocol)。这些规则明确地规定了所交换数据的格式、含义和时序,并且网络中所有通信活动都由协议所控制,所以,网络协议主要由下列三个要素组成:

(1)语义,对协议中各协议元素的含义的解释。确定协议元素的类型,如规定通信双方要发出的控制信息、执行的动作和返回的应答、规定用户数据与控制信息的结构与格式等。

(2)语法,主要是确定协议元素的格式。它涉及数据及控制信息的格式、编码及信号电平等。

(3)定时,是事件实现顺序的详细说明。它涉及速度匹配和排序等。

3. 服务与接口

在网络分层结构模型中,每一层为相邻的上一层所提供的功能称为服务。N 层使用 $N-1$ 层所提供的服务,向 $N+1$ 层提供功能更强大的服务;相邻两层之间交互的界面,定义相邻两层之间的操作称为接口。接口是同一节点内相邻层之间交换信息的连接点;同一个节点的相邻层之间存在着明确规定的接口,低层向高层通过接口提供服务;只要接口条件不变、低层功能不变,低层功能的具体实现方法与技术的变化不会影响整个系统的工作。

4. 服务类型

在计算机网络协议的层次结构中,层与层具有服务与被服务的单向依赖关系,下层向上层提供服务,而上层调用下层的服务。因此可称任意相邻两层的下层为服务提供者,上层为服务调用者。下层为上层提供的服务可分为两类:面向连接服务(Connection Oriented Service)和无连接服务(Connectionless Service)。

5. 服务、接口、协议的说明

服务定义该层做些什么,而不管上面的层如何访问它或该层如何工作;协议定义同等层对等实体交换的帧,分组和报文的格式及意义的规则;某一层的接口告诉上面的进程如何访问它,定义的是需要的参数以及预期的结果样。

3.1.3 计算机网络体系结构

引入分层模型和协议的概念之后,我们知道一个功能完备的计算机网络需要制定一整套复杂的协议集,并且网络协议是按层次结构来组织的。我们将计算机网络系统中的层、各层中的协议以及层次之间接口的集合称为计算机网络体系结构,也就是说,计算机网络的体系结构对计算机网络及其部件所应实现的功能进行了精确定义。

网络体系结构是从体系结构的角度来研究和设计计算机网络体系,其核心是网络系统的逻辑结构和功能分配定义,即描述实现不同计算机系统之间互联和通信的方法和结构,是层、接口和协议的集合。通常采用结构化设计方法,将计算机网络系统划分成若干功能模块,形成层次分明的网络体系结构。

但是,即使是遵循了网络分层原则,在不同的网络体系结构中,分层的数量,各层的名称、内容以及提供的服务也有所不同。体系结构是抽象的,而实现则是具体的,是真正在

运行的计算机硬件和软件。

计算机网络的层次化体系结构要点归纳如下：

(1)除了物理媒体上进行的是实通信之外，其余各对等实体间进行的都是虚通信。

(2)对等层的虚通信必须遵循该层的协议。

(3)N 层的虚通信是通过 N 与 $N-1$ 层接口处的 $N-1$ 层提供的服务以及 $N-1$ 层的通信(通常也是虚通信)来实现的。

网络体系结构的研究意义：

(1)各层之间是独立的。某一层并不需要知道它的下一层是如何实现的，而仅仅需要知道该层的接口(界面)所提供的服务。由于每一层只实现一种相对独立的功能，因而可将一个难以处理的复杂问题分解为若干个较容易处理的更小一些的问题。这样，整个问题的复杂程度就下降了。

(2)灵活性好。当任何一层发生变化时(例如技术的变化)，只要层间接口关系保持不变，则在这层以上或以下各层均不受影响。

(3)结构上可分割开。各层都可以采用最合适的技术来实现。

(4)易于实现和维护。这种结构使得实现和调试一个庞大而又复杂的系统变得容易，因为整个系统已被分解为若干个相对独立的子系统。

(5)能促进标准化工作。因为每一层的功能及其所提供的服务都已有了精确的说明。

3.2　OSI 参考模型

1974 年，美国 IBM 公司首先公布了世界上第一个计算机网络体系结构 SNA(System Network Architecture)，凡是遵循 SNA 的网络设备都可以很方便地进行互联。继 SNA 之后，一些国际组织和大型公司制定了相关的网络标准：比如 DEC 公司的 DNA (Digital Network Architecture)数字网络体系结构；SUN 公司的 AppleTalk。在随后的几年的时间，各公司共推出了十几个网络体系结构方案。

1977 年 3 月，国际标准化组织 ISO (International Standards Organization)的信息技术委员会 TC97 成立了一个新的技术分委会 SC16，专门进行网络体系结构标准化的工作，研究“开放系统互联”，在综合了已有的计算机网络体系结构的基础上，经过多次讨论研究，并于 1983 年公布了开放系统互联参考模型，即著名的 ISO 7498 国际标准(我国相应的国家标准是 GB 9387)，记为 OSI/RM(Open System Interconnection/Reference Model)，简称 OSI 参考模型。OSI 参考模型是一种概念上的网络模型，详细规划了网络体系结构的框架，OSI 参考模型定义的主要内容是：信息在网络中的传输过程。需要指出的是，OSI 参考模型是网络设计的蓝图，并非指一个现实的网络。

到了 20 世纪 80 年代初期，计算机网络规模与数量急剧增长，由于许多不同的网络体系结构使用各自的硬件和软件，具有较强的专用性，彼此差异很大，造成这些网络体系结构所构成的网络之间不能兼容，无法互相通信和互操作，专用系统严重阻碍了计算机网络的发展。为了在更大范围内共享网络资源和相互通信，人们迫切需要一个共同的可以参照的标准，使得不同厂家的软、硬件资源和设备能够互通信和互操作。因此，计算机网络体系结构的标准化被提上了日程。

3.2.1 OSI 分层结构

ISO 推出的 OSI/RM 开发系统互联参考模型，是一个七层结构的参考模型。OSI 是一个定义连接异种计算机标准的主体结构，它被认为能够解决已有协议在广域网和高通信负载方面存在的问题。

“开放”表示能使任何两个遵守参考模型和有关标准的系统进行连接。

“互联”是指将不同的系统互相连接起来，以达到相互交换信息、共享资源、分布应用和分布处理的目的。

OSI 标准中，采用的是三级抽象：体系结构（Architecture）、服务定义（Service Definition）、协议规范（Protocol Specification），自上而下逐步求精。体系结构：定义了开放系统的层次结构、层次之间的相互关系及各层所包括的可能的服务，并作为一个框架来协调和组织各层协议的制定，是对网络内部结构最精练的概括与描述；服务定义：详细地说明了各层所提供的服务，“服务”是指某一层及其以下各层通过接口提供给上一层的一种能力，各层所提供的服务与这些服务是如何实现的无关；协议规范：精确地定义了应当发送什么样的控制信息，以及应当用什么样的过程来解释这个控制信息，从图 3-3 可以看出，越到内圈，约束就越严格，同时也越具体。其中，协议规范具有最严格的约束。

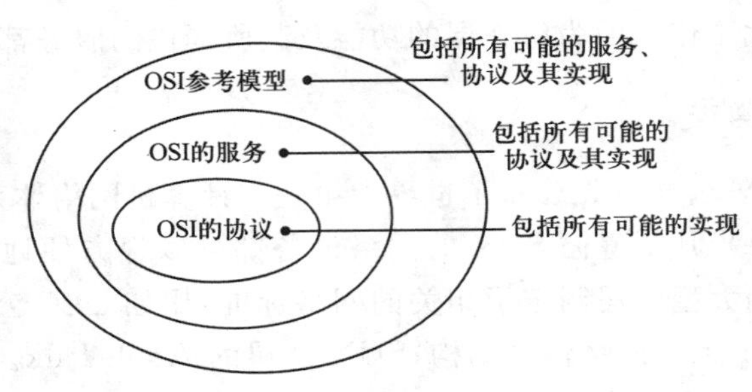

图 3-3 OSI 的三级抽象

需要强调的是，OSI/RM 并不是一般的工业标准，而是一个为制定标准而形成的概念性框架。在 OSI 的范围内，只有当各种协议是可以被实现的，且各种网络产品只有和 OSI 的协议相一致时才能互联。

OSI/RM 只给出了一些原则性的说明，它并不是一个具体的网络。它将整个网络的功能划分成七个层次。从低到高为：物理层、数据链路层、网络层、传输层、会话层、表示层、应用层。无论什么样的分层模型，都基于一个基本思想：遵守同样的分层原则，即目标站第 N 层收到的对象应当与源站第 N 层发出的对象完全一致，如图 3-4 所示。

它由七个协议层组成，低三层（1～3 层）是依赖网络的，涉及将两台通信计算机连接在一起所使用的数据通信网的相关协议，实现通信子网的功能。高三层（5～7 层）是面向应用的，涉及允许两个终端用户应用进程交互作用的协议，通常是由本地操作系统提供的一套服务来实现资源子网的功能。中间的传输层为面向应用的高三层，屏蔽了跟网络有关的低三层的详细操作。从实质上讲，传输层建立在由低三层提供的服务的基础之上，为面向信息处理的上三层提供与网络无关的信息交换服务。

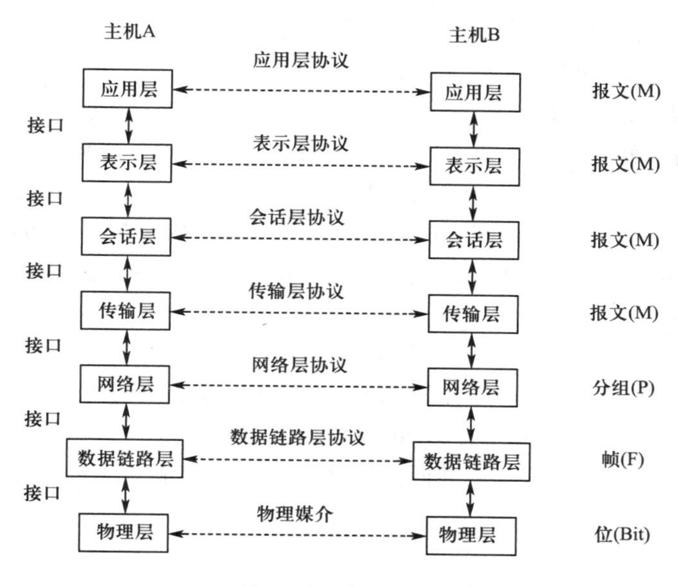

图 3-4　OSI 七层模型

3.2.2　OSI 数据传送单元

1. 协议数据单元 PDU(Protocol Data Unit)

所谓协议数据单元就是在不同站点的各层对等实体之间，为实现该层协议所交换的信息单元。通常将第 N 层的协议数据单元记为 NPDU。它由两部分组成，即本层的用户数据(UDI)和本层的协议控制信息 PCI(Protocol Control Information)，也称协议头部。如图 3-5 所示。从服务用户的角度来看，它并不关心下面的 PDU，实际上它也看不见 PDU 的大小。

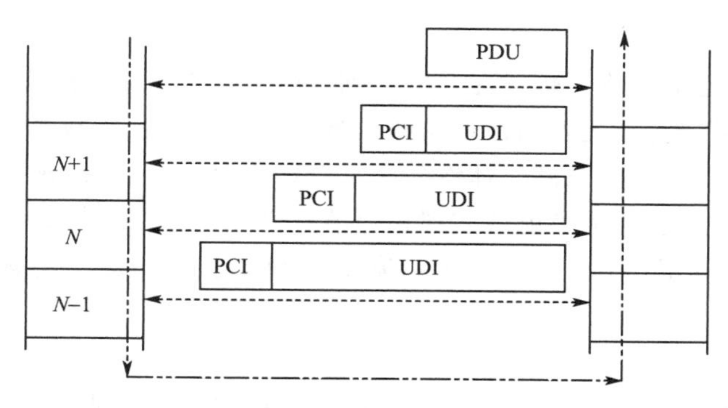

图 3-5　PDU 的组成

2. 接口数据单元 IDU(Interface Data Unit)

在同一系统相邻两层实体之间的交互中，经过层间接口的数据单元就是接口数据单元 IDU。因此，IDU 就是层间接口实际所操作的数据单元。即在 $N+1$ 实体和 N 实体之间，在一次交互作用中穿过服务访问点传输的信息单元。接口数据单元由接口控制信息 ICI(Interface Control Information)和协议数据单元 PDU 组成。所谓 ICI 就是在 $N+1$ 实

体和 N 实体之间为协调其共同操作而传送的信息。

3. 服务数据单元 SDU(Service Data Unit)

在同一系统相邻两层实体之间的交互中，下层向上层提供服务时所使用的数据单元，是第 N 层待传输和处理的数据单元，即(N)接口数据的总和。PDU 通常是将 SDU 分成若干段，每一段加上报头，作为一单独协议数据单元 PDU 在水平方向上传输。即 PDU 由上层的服务数据单元 SDU 或其分段(可能的 N 层用户数据单元 UDI)和协议控制信息 PCI(Protocol Control Information)组成，从某层实体角度来说，此时的 SDU 称为用户数据信息 UDI(User Data Information)，即 PDU＝PCI＋UDI。

4. 用户数据单元 UDI(User Data Information)

UDI 是指以($N+1$)实体的名义在(N)实体之间传输的数据。

5. 协议控制信息 PCI(Protocol Control Information)

PCI 是指(N)实体为了协调其共同操作使用($N-1$)连接而交换的信息。

3.2.3 各层功能简介

OSI 模型的每一层都有必须实现的一系列功能，以保证数据包能从源传输到目的地。下面依次对各层的主要功能做简要介绍。

1. 物理层

物理层位于 OSI 参考模型的最底层，它直接面向原始比特(Bit)流的传输。物理层必须解决包括传输介质、信道类型、数据与信号的转换、信号传输中的衰减和噪声等在内的一系列问题。另外，物理层标准要给出关于物理接口的机械、电气、功能和规程特性，以便不同的制造厂家既能够根据公认的标准各自独立地制造设备，又能使各个厂家的产品能够相互兼容。物理层协议的目的是屏蔽各种传输介质的差异性，以实现传输介质对计算机系统的独立性。该层的数据传输单元是比特(Bit)。

2. 数据链路层

数据链路层是建立在物理传输能力的基础上的。数据链路层的主要功能是在通信实体之间建立数据链路连接，无差错地传输数据帧。数据链路层协议的目的是把一条有可能出错的物理链路变成让网络层实体看起来是一条不会出错的数据链路。该层主要考虑相邻节点之间的数据交换，为了能够实现相邻节点之间无差错的数据传输，数据链路层在数据传输过程中提供了确认、差错检测和流量控制等机制。该层的数据传输单元是帧(Frame)。

3. 网络层

网络中的两台计算机进行通信时，可能要经过许多中间节点甚至不同的通信子网。网络层的主要任务就是在通信子网中选择一条合适的路径，使发送端传输层所传输的数据能够通过所选择的路径到达目的端，并且负责通信子网的流量和拥塞控制。通信子网的各节点只涉及低三层协议。该层的数据传输单元是分组或称为数据包(Packet)。

4. 传输层

传输层是 OSI 七层模型中唯一负责端到端节点数据传输和控制功能的层。传输层是 OSI 七层模型中承上启下的层，它下面的三层主要面向网络通信，以确保信息被准确

有效地传输；它上面的三层则面向用户主机，为用户提供各种服务。传输层通过弥补网络层服务质量的不足，为高层提供端到端的可靠数据传输服务。为了提供可靠的传输服务，传输层也提供了差错控制和流量控制等机制。该层的数据传输单元是段。

5. 会话层

会话层的主要功能是在传输层提供的可靠的端到端连接的基础上，在两个应用进程之间建立、维护和释放面向用户的连接，并对"会话"进行管理，保证"会话"的可靠性。会话层及以上的数据单元都称为报文(Message)。

在这里"会话"指的是本地系统的会话实体与远程实体交换数据的过程。

(1)会话连接管理

它包含建立、维持和释放连接。

①建立连接。会话连接是建立在传输连接的基础上的，会话与传输的连接有三种对应关系，即一对一、一对多和多对一。

②维持连接。维持连接是在建立连接的两个会话服务用户之间，进行数据交换的阶段。

③释放连接。有两种释放方式：有序释放和突然释放。

有序释放是经双方同意后，会话才终止；突然释放是双方中的任意一方不经协商而立即释放，这样有可能造成数据丢失。

(2)会话活动管理

在一个会话连接的持续期间，连接有可能出错。为解决此问题，可在会话层设置一些同步点。这样出现错误以后，可返回到出现错误前的同步点进行重复，而不必全部重复。

(3)数据交换管理

在会话连接上，正常的数据交换方式是全双工方式，但也允许用户定义另两种方式：单工方式和半双工方式。

6. 表示层

不同计算机体系结构所使用的数据表示法不同。表示层为异种机通信提供一种公共语言，完成应用层数据所需的任何转换，以便进行互操作。定义一系列代码和代码转换功能，保证源端数据在目的端同样能被识别，比如表示文本数据的 ASCII 码、表示图像的 GIF 或表示动画的 MPEG 等。

表示层的主要功能：

(1)语法转换。将抽象语法转换成传输语法，并在对方实现相反的转换。

(2)传输语法协商。根据应用层的要求协商选用合适的上下文，即确定传输语法并传输。

(3)连接管理。包括利用会话层服务建立连接，管理在这个连接之上的数据传输和同步控制以及正常或异常地终止这个连接。

(4)数据压缩。源端表示实体对所传输的数据按某种规则进行压缩，由接收端的对等表示实体进行解压恢复。

(5)数据加密。源端表示实体采用某种加密算法对所传输的数据进行加密，以提高数据的安全性，接收端的表示实体接收到数据后再进行解密。

7. 应用层

应用层是OSI体系结构的最高层。由若干应用组成,网络通过应用层为用户提供网络服务。这一层的协议直接为端用户服务,提供分布式处理环境。与OSI参考模型的其他层不同的是,它不为任何其他OSI层提供服务,而只为OSI模型以外的应用程序提供服务,如电子表格程序和文字处理程序。它为相互通信的应用程序或进程之间建立连接、进行同步,建立关于错误纠正和控制数据完整性过程的协商等。应用层还包含大量的应用协议,如虚拟终端协议(Telnet)、简单邮件传输协议(SMTP)、简单网络管理协议(SNMP)和超文本传输协议(HTTP)等。

3.3 TCP/IP 协议体系结构

TCP/IP是支持网际各异构网络和异种机互联通信的一种公共网络协议。TCP和IP两个主要协议分别属于传输层和网络层,在Internet中起着重要作用。

OSI的七层协议体系结构较复杂,实际应用意义不是很大,但其概念清楚,理论较完整,对理解网络协议内部的运作很有帮助。在现实网络世界里,另一个标准化的网络体系是ARPA (Advanced Research Project Agency)美国国防部远景研究规划局颁布的TCP/IP (Transmission Control Protocol/Internet Protocol) 传输控制协议/网际协议(互联网的骨干协议)。TCP/IP协议是当今计算机网络中应用最广泛、发展最成熟的通信协议,已成为事实上的工业标准。它被用于构筑目前最大的、开放的互联网系统。

3.3.1 TCP/IP 协议体系结构概述

TCP/IP是国际互联网事实上的工业标准,ARPANET最初设计的TCP称为网络控制程序NCP,在上面传输的数据单位是报文(Message),实际上就是现在的TPDU。随着ARPANET逐渐变成Internet,子网的可靠性也就下降了,于是NCP就演变成TCP。与TCP配合使用的网络层协议是IP。

TCP/IP是一组通信协议的代名词,这组协议使任何具有网络设备的用户能访问和共享Internet上的信息,其中最重要的协议簇是传输控制协议(TCP)和网际协议(IP)。TCP和IP是两个独立且紧密结合的协议,负责管理和引导数据报文在Internet上的传输。二者使用专门的报文头定义每个报文的内容。TCP负责和远程主机的连接,IP负责寻址,使报文被送到该去的地方。

目前我们使用的是TCP/IP协议的版本4,它的网络层IP协议一般记作IPv4;版本6的网络层IP协议一般记作IPv6(或IP Next Generation);IPv6被称为下一代的IP协议。

TCP/IP体系结构将网络的不同功能划分为4层,每一层负责不同的通信功能。由下而上分别为网络接口层(也称主机-网络层)、网络层、传输层、应用层。TCP/IP的层次结构与OSI的层次结构的对照关系,如图3-6所示。

TCP/IP模型的主要特点:

(1)开放的协议标准。

(2)独立于特定的计算机硬件与操作系统。

(3)独立于特定的网络硬件,可以运行在局域网、广域网中,更适用于互联网中。

(4)统一的网络地址分配方案,使得整个 TCP/IP 设备在网络中都具有唯一的地址。

(5)标准化的高层协议,可以提供多种可靠的用户服务。

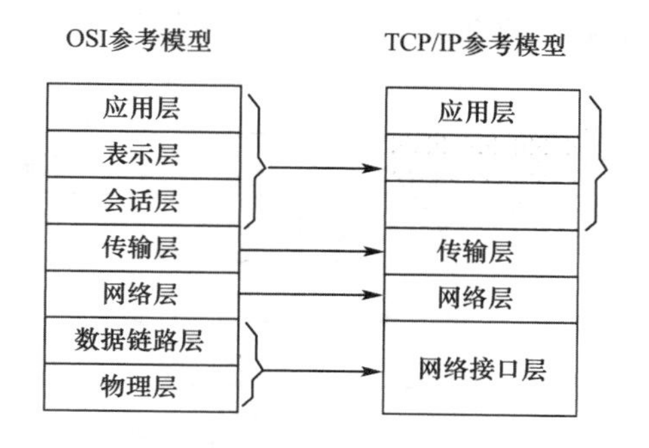

图 3-6　OSI 层次结构与 TCP/IP 层次结构的对照关系

3.3.2　各层功能与主要协议

1. 各层功能

(1)网络接口层

TCP/IP 模型的最底层是网络接口层,也被称为主机-网络层,它包括了使用 TCP/IP 与物理网络进行通信的协议,且对应着 OSI 的物理层和数据链路层。TCP/IP 标准定义网络接口协议,旨在提供灵活性,以适应各种物理网络类型。这使得 TCP/IP 协议可以运行在任何底层网络上,以便实现它们之间的相互通信。网络接口层对高层屏蔽了底层物理网络的细节,是 TCP/IP 成为互联网协议的基础。

(2)网络层

网络层也叫网际层,是 TCP/IP 协议体系结构中最重要的一层。网络层所执行的主要功能是处理来自传输层的分组,将分组形成数据报(IP 数据报),并为该数据报进行路径选择,最终将数据报从源主机发送到目的主机。本层涉及为数据报提供最佳路径的选择和交换功能,并使这一过程与它们所经过的路径和网络无关。在网络互联层中,最主要的协议是网际互联协议 IP,其他的一些协议(主要有 ICMP、ARP 和 RARP)通过发送不同功能的数据报来协助 IP 的操作。

(3)传输层

TCP/IP 的传输层与 OSI 的传输层类似,它主要负责进程到进程的端对端通信,为保证数据传输的可靠性,传输层协议也提供了确认、差错控制和流量控制等机制。传输层从应用层接收数据,并且在必要的时候把它分成较小的单元传递给网络层,并确保到达对方的各段信息准确无误。该层使用了 TCP 协议和 UDP 协议来支持两种不同的数据传输方法。

(4)应用层

在 TCP/IP 模型中,应用层是最高层,它对应着 OSI 模型中的高三层,为用户提供网络服务,比如文件传输、远程登录、域名服务和简单网络管理等。因提供的服务不同,在这一层上定义了 HTTP、FTP、Telnet、SMTP 和 DNS 等协议。

2. 各层主要协议

TCP/IP 事实上是一个协议系列或协议簇，目前包含了 100 多个协议，用来将各种计算机和数据通信设备组成实际的 TCP/IP 计算机网络。TCP/IP 模型各层的主要协议，如图 3-7 所示。

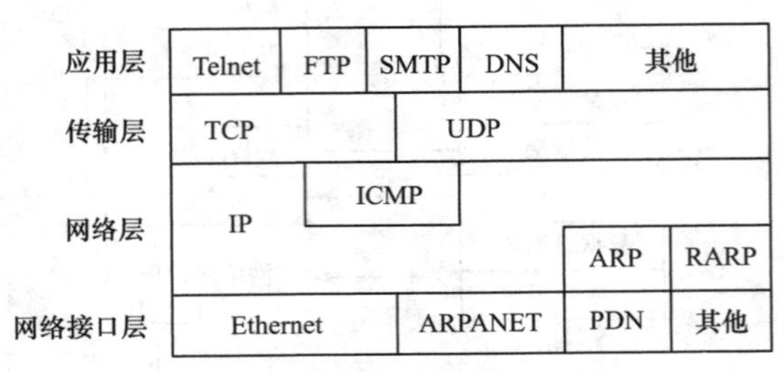

图 3-7 TCP/IP 各层主要协议

(1)网络接口层协议

TCP/IP 的网络接口层中包括各种物理网协议，例如 Ethernet、令牌环、帧中继、ISDN 和分组交换网 X. 25 等。当各种物理网被用作传输 IP 数据包的通道时，就可以认为是属于这一层的内容。

(2)网络层协议

网络层包括多个重要协议，主要协议有四个，即 IP 协议、ARP 协议、RARP 协议和 ICMP 协议。

①网际协议(Internet Protocol，IP)是其中的核心协议，IP 协议规定网络层数据分组的格式。

②互联网控制消息协议 (Internet Control Message Protocol，ICMP)：提供网络控制和消息传递功能。

③地址解释协议(Address Resolution Protocol，ARP)：用来将逻辑地址解析成物理地址。

④反向地址解释协议(Reverse Address Resolution Protocol，RARP)：通过 RARP 广播，将物理地址解析成逻辑地址。

(3)传输层协议

传输层的主要协议有 TCP 协议和 UDP 协议。

①传输控制协议(Transport Control Protocol，TCP)，是面向连接的协议，用三次握手和滑动窗口机制来保证传输的可靠性和进行流量控制。

②用户数据报协议(User Datagram Protocol，UDP)，是面向无连接的不可靠传输层协议。

(4)应用层协议

应用层包括了众多的应用与应用支撑协议。常见的应用协议有：文件传输协议 FTP、超文本传输协议 HTTP、简单邮件传输协议 SMTP、虚拟终端协议 Telnet；常见的应用支撑协议包括域名服务协议 DNS 和简单网络管理协议 SNMP 等。

3.3.3 一种建议的理论与实际结合的参考模型

OSI 参考模型与 TCP/IP 参考模型的共同之处是，它们都采用了层次结构的概念，在传输层中两者定义了相似的功能。但是，两者在层次划分与使用的协议上有很大区别。

两者的相似之处：都采用了层次结构；都存在可比的传输层和网络层；都有应用层。

两者的主要区别：OSI 模型包括了七层，而 TCP/IP 模型只有四层；TCP/IP 模型中没有专门的表示层和会话层，它将与这两层相关的表达、编码和会话控制等功能包含到了应用层中去完成；TCP/IP 模型将 OSI 的数据链路层和物理层包含到网络接口层中；OSI 模型在网络层支持无连接和面向连接的两种服务，而在传输层仅支持面向连接的服务。TCP/IP 模型在网络层则只支持无连接的服务，但在传输层支持面向连接和无连接两种服务；TCP/IP 成了网络互联的事实标准，OSI 仅仅作为理论的参考模型被广泛使用。

无论是 OSI 参考模型与协议，还是 TCP/IP 参考模型与协议都不是完美的，对二者的评论与批评都很多。

在 20 世纪 80 年代专家几乎都认为 OSI 参考模型与协议将风靡世界，但事实却与他们预想的相反，造成 OSI 协议不能流行的原因之一是模型与协议自身的缺陷：OSI 参考模型的会话层在大多数应用中很少用到，表示层几乎是空的。在数据链路层与网络层有很多的子层插入，每个子层都有不同的功能；OSI 参考模型将“服务”与“协议”的定义结合起来，使得参考模型变得格外复杂，实现起来非常困难。另外，OSI 参考模型与协议迟迟没有成熟的产品推出，妨碍了第三方厂家开发相应的硬件和软件，从而影响了 OSI 产品的市场占有率与今后的发展。

TCP/IP 协议自 20 世纪 70 年代诞生以来已经成功地赢得了大量的用户和投资。TCP/IP 协议的成功促进了 Internet 的发展，同时 Internet 的发展又进一步扩大了 TCP/IP 协议的影响。TCP/IP 首先在学术界争取了一大批用户，同时也越来越受到计算机产业界的青睐。TCP/IP 参考模型与协议也有缺陷：TCP/IP 参考模型在服务、接口与协议的区分上不清楚，不适合于其他非 TCP/IP 协议簇；TCP/IP 的网络接口层本身并不是实际的一层，它定义了网络层与数据链路层的接口；物理层与数据链路层的划分是必要和合理的，而 TCP/IP 参考模型却没有做到这点。

Andrew S. Tanenbaum，著名的技术作家、计算机专家、教育家和研究者，IEEE 高级会员，他将两者结合起来，用数据链路层与物理层取代了网络接口层，去掉表示层与会话层得到五层协议的原理体系结构。如图 3-8 所示。

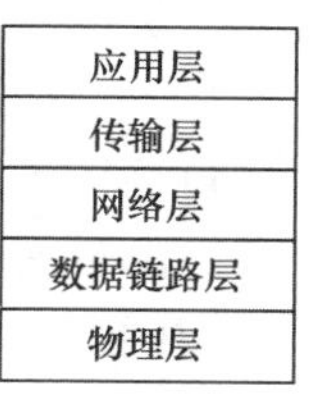

图 3-8 建议的五层模型

3.3.4 数据传输过程

数据传输过程

1. 对等层通信的实质

现在我们已经知道了网络中的任何一个系统都是按照层次结构来组织的。每层使用其下层提供的服务，并向其上层提供服务。那么，终端用户最终如何享受各层提供的网络服务呢？即数据究竟是怎样在两个系统中传输的呢？

我们先来看个例子：两地邮局寄送邮件。如图 3-9 所示，两地寄、收邮件，邮件经过发件人包装，邮局打包，填写寄送地址，再经运输系统运送到邮局，邮局再根据邮件地址，拆包分拣到不同的区域，最后送至收件人，拆封邮件。在这个过程中，收件人与发件人、邮局之间，是直接通信吗？邮局、运输系统各向谁提供什么样的服务？邮局、收/发件人各使用谁提供的什么服务？显然，收件人、发件人、邮局系统不是直接通信；邮局向发件人、收件人提供服务，运输系统向邮局提供服务；反之，邮局与运输系统打交道，使用运输系统提供的运输服务，收件人、发件人与当地邮局打交道，使用邮局提供的邮寄服务。

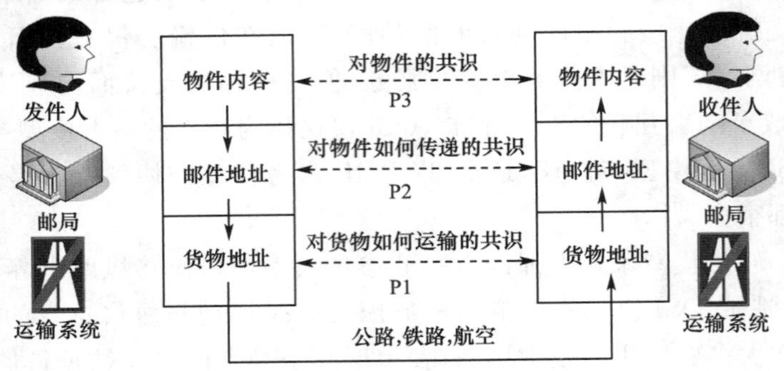

图 3-9　邮局寄送邮件实例

通过上面的例子，我们能够得到对等实体数据通信的如下启示：

(1)同一网络中，任意两个端系统必须具有相同的层次。

(2)下层向上层提供服务，上层依赖下层提供的服务来与其他主机上的对等层通信。

(3)通信只在对等层间进行(间接的、逻辑的、虚拟的)，非对等层之间不能互相通信。

(4)实际的物理通信只在最底层完成。

(5)第 N 层协议，即第 N 层对等实体间通信时必须遵循相应规则或约定。

如图 3-10 所示，源进程传送消息到目标进程的过程为：

(1)消息送到源系统的最高层。

(2)从最高层开始，自上而下逐层封装。

(3)经物理通信线路传输到目标系统；

(4)目标系统将收到的信息自下而上逐层处理并拆封。

(5)由最高层将消息提交给目标进程。

2. 封装

下层把上层的数据单元作为本层的数据部分，然后加入本层的协议头部和尾部形成本层的协议数据单元(Protocol Data Unit，PDU)，如图 3-11 所示。即在网络体系结构中，对等层之间交换的信息单元统称为协议数据单元。就是在数据前面加上特定的协议头部。协议头部中含有完成数据传输所需的控制信息：地址、序号、长度、分段标志、差错控制信息等。

传输层及以下各层的 PDU 都有各自特定的名称：传输层的 PDU 称为段(Segment)，网络层的 PDU 称为分组/包(Packet)，数据链路层的 PDU 称为帧(Frame)，物理层的 PDU 称为比特(Bit)。

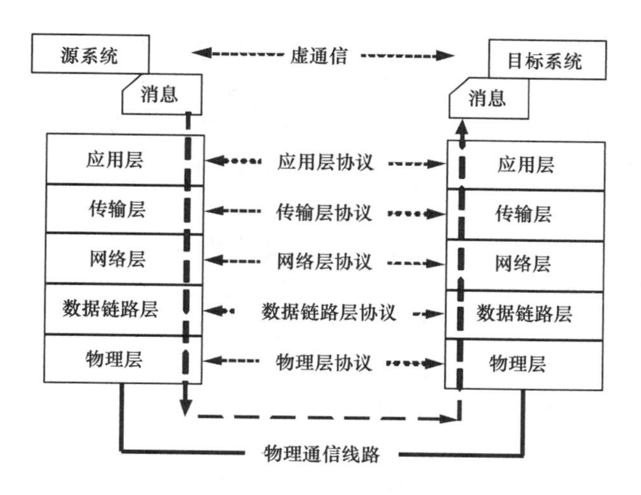

图 3-10　同等层通信示意图

协议控制信息PCI	用户数据信息UDI

图 3-11　*N* 层协议数据单元的构成

在发送方，应用程序生成数据之后，数据在从上到下逐层传递的过程中，为了使每层功能的软、硬件完成各自的工作，每层都要加上适当的控制信息，即协议头部和尾部。如图 3-12 中 TCP 头、IP 头、帧头等，统称为协议头部。数据链路层不仅要加上控制头部，还要进行数据的校验，校验编码增加在帧尾部。数据到最底层成为由“0”或“1”组成的数据比特流，然后再转换为电信号在物理媒体上传输至接收方。

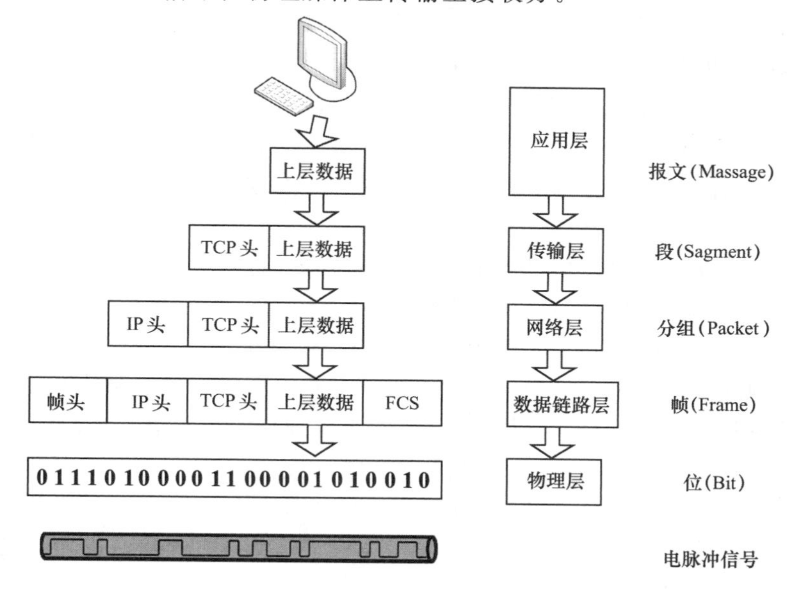

图 3-12　发送方数据的封装过程

参考图 3-12，从用户数据的生成到编码物理信号的整个封装过程如下：

步骤 1：应用程序生成可以通过互联网传输的数据，例如，当用户发送一个电子邮件信息时,它的字母、数字或字符等被转换成可在网络传输的数据。

步骤 2:数据向下传输到传输层,通过对数据打包,即加上传输层的协议头部,如 TCP 头,来实现互联网的传输。例如,通过使用段传输功能确保在两端的信息主机的电子邮件系统之间进行可靠的通信。然后,生成的数据被传递到网络层。

步骤 3:网络层生成该层的协议头部,例如 IP 头,并将上层数据放在其后,形成分组(或包)。IP 头中包含了带有源逻辑地址和目的逻辑地址(也称网络地址)的地址,即 IP 地址。这些地址有助于网络设备在动态选定的路径上发送这些分组,标识位于远程目的地的网络设备的逻辑位置。本层生成的数据被传输到数据链路层。

步骤 4:数据链路层将来自网络层的分组封装在本层形成的帧头、帧尾之间,帧头中包含源设备的物理地址(也称 MAC 地址、网卡地址)和在路径中下一台直接相连设备的物理地址,即目的 MAC 地址。MAC 地址能够真正标识发出数据的源端设备和与发送数据的源端设备直接相连的接收数据的目的端设备;帧尾的帧校验序列(FCS),通过增加满足一定关系的冗余码,形成符合一定规律的发送序列,用来在接收时检查数据传输过程中是否出错。生成的数据帧被传输到物理层。

步骤 5:物理层将数据帧转换成一种"1"和"0"数据位的模式,以电脉冲的形式,即编码,在传输介质(通常为线缆)上进行传输。时钟功能(Clocking Function)使得设备可以区分这些在介质上传输的比特。物理互联网上的介质可能随着使用的路径不同而有所不同。例如,电子邮件信息可以起源于一个局域网(LAN),通过校园骨干网,然后到达广域网(WAN)链路,直到它到达另一个远端局域网(LAN)上的目的主机。

3. 解封装

接收方在向上传递时过程正好相反,要逐层剥去发送方相应层加上的控制信息(各层头部)。因接收方的某一层不会收到底下各层的控制信息,而高层的控制信息对它来说又只是透明的数据,所以它只阅读和去除本层的控制信息,并进行相应的协议操作。发送方和接收方的对等实体看到的信息是相同的,就好像这些信息通过虚通信直接给了对方一样。这个过程被称为解封装,每个后续层都会经历类似过程,如图 3-13 所示。

接收方进行逐层向上递交数据的过程如下:

步骤 1:接收方的物理层保证接收时比特的同步,将收到的二进制数据位放到缓存中,通知数据链路层已经接收到一个数据帧。

步骤 2:当数据链路层接收到该帧时,它会执行以下工作。

(1)读取物理地址和由直接相连的对等数据链路层所提供的控制信息,决定是否需要对接收到的数据做进一步处理,比如,若读取的物理地址是本设备(或主机)的地址,就剥离掉帧头、帧尾,将数据向上传递到相邻的网络层,创建一个分组(包)。

(2)数据链路层检查帧尾的帧校验序列(FCS),通过一定的冗余码编码规则,判断传输过程中是否有差错,即进行差错控制。如果有错误,则丢弃该帧。再通过重传机制,等待发送方重新发送该数据帧。

步骤 3:数据传输到网络层后,检查网络层的目的 IP 地址。如果该地址是目的地主机的地址,则剥离掉本层的协议头部,即 IP 头,将分组数据传递给传输层的软件。

步骤 4:传输层可以选择对数据进行差错恢复,然后剥离掉传输层的协议头部,例如

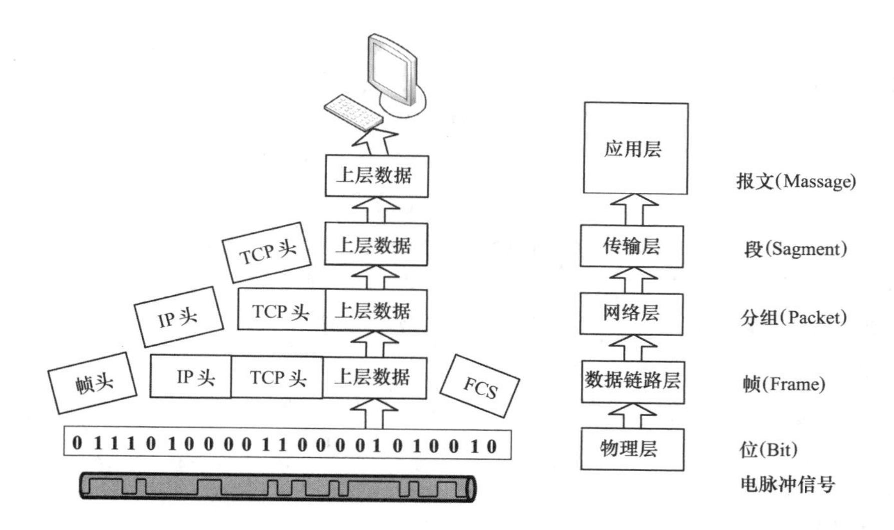

图 3-13 接收方数据的解封装过程

TCP 头，将数据传递给应用层。

步骤 5：应用层处理一些运行参数，形成最终的用户数据。

数据自上而下递交的过程实际上就是不断封装的过程，到达目的地后自下而上递交的过程就是不断解封装的过程。但是，某一层只能识别由对等层封装的“协议头”，而对被封装在“协议头”内部的数据仅仅是拆封后将其提交给上层，本层不做任何处理。

综上所述：通信的实质是借助封装构成控制信息头达成彼此理解的协议数据在物理线路上传输。

练习题

一、选择题

1. 下面(　　)不是协议的三要素。

A. 语法　　B. 语义　　C. 服务　　D. 定时

2. 下面哪一个说法是正确的(　　)?

A. 物理层的数据单元是二进制的比特流

B. 物理层是 OSI/RM 中的第一层，而传输媒介是第零层

C. 物理层的功能是将一条有差错的物理链路改造成无差错的数据链路

D. 以上说法都不对

3. 关于 OSI 的体系结构，下面哪个说法是正确的(　　)?

A. OSI 的体系结构定义了一个七层模型，用以进行进程间的通信

B. OSI 的体系结构定义描述了各层所提供的服务

C. OSI 的体系结构定义了应当发送何种控制信息及解释该控制信息的过程

D. 以上说法都不对

4. 在国际标准化组织 ISO 提出的不基于特定机型、操作系统或公司的网络体系结构 OSI 模型中，第二层和第四层分别为(　　)。

A. 物理层和网络层　　B. 数据链路层和传输层
C. 网络层和表示层　　D. 会话层和应用层

5. 在下面给出的协议中，(　　)是 TCP/IP 的应用层协议。
A. TCP 和 FTP　　B. DNS 和 SMTP
C. RARP 和 DNS　　D. IP 和 UDP

6. 在 OSI 参考模型中能实现路由选择、拥塞控制与互联功能的层是(　　)。
A. 传输层　　B. 应用层　　C. 网络层　　D. 物理层

7. 若要对数据进行字符转换和数字转换，以及数据压缩，应在 OSI 的(　　)上实现。
A. 网络层　　B. 传输层　　C. 会话层　　D. 表示层

8. 网络层、数据链路层和物理层传输的数据单位分别是(　　)。
A. 报文、帧、比特　　B. 包、报文、比特
C. 包、帧、比特　　D. 数据块、分组、比特

9. 允许计算机相互通信的语言被称为(　　)。
A. 协议　　B. 寻址　　C. 轮询　　D. 对话

10. 在 OSI 参考模型中，把传输的比特流划分成帧的层次是(　　)。
A. 网络层　　B. 数据链路层　　C. 传输层　　D. 会话层

11. 以下协议中，不属于 TCP/IP 的网络层协议的是(　　)。
A. ICMP　　B. ARP　　C. PPP　　D. RARP

二、简答题

1. 简述计算机网络体系结构的概念。

2. OSI/RM 将计算机网络体系结构划分为几层？每层叫什么名字，并分别说出每层传输的数据单元是什么。

3. 网络协议的三要素是什么？各有什么含义？

4. 简述 OSI 参考模型各层的功能。

5. TCP/IP 模型分为几层？分别叫什么名字？

6. 图示 TCP/IP 协议的组成。

7. 在 TCP/IP 协议中各层有哪些主要协议？

8. 同一台计算机相邻层如何通信？

9. 简述发送方数据的封装过程。

10. 简述任意两台主机系统之间是如何实现通信的？

第4章 TCP/IP协议

本章概要

TCP/IP 是 Internet 上所有网络和主机进行交流所使用的共同语言，是 Internet 上使用的一组完整的标准网络连接协议。本章按照 TCP/IP 体系结构的层次，依次介绍各层的协议和功能，讲解了 IPv4 地址的作用、层次结构、表示、分类以及特殊 IP 地址的含义，重点阐述了网络地址规划、子网划分与 IP 地址分配的基本原理与过程，同时介绍了 IPv6 地址的特点、表示和类型。由于局域网连接涉及物理层和数据链路层，因此，本章按照五层的建议模型，将网络接口层的功能分成物理层和数据链路层进行讲解。

训教重点

- 物理层协议规定的四个特性
- 数据链路层的帧同步、帧格式
- 流量控制、差错控制技术
- 数据交换方式
- IP 地址的作用和层次结构
- 网络地址和广播地址
- 子网编址方法
- IP 数据报协议的格式
- ARP 协议工作原理
- TCP 协议格式及数据传输过程
- C/S、B/S 模式

能力目标

- 掌握物理层功能
- 掌握数据链路层功能及流量控制、差错控制技术
- 掌握数据链路层的协议类型

➢掌握网络层的功能和数据交换技术

➢掌握网络层 IP、ARP 等协议

➢掌握子网规划与 IP 地址的分配方法

➢掌握 IPv4 与 IPv6 地址的表示和应用

➢掌握传输层的功能及 TCP、UDP 协议

➢掌握应用层的功能

Internet 的中文名称是“国际互联网”，它起源于美国的 ARPANET。TCP/IP 协议能使互联网中的各种计算机协同工作。TCP/IP 由它的两个主要协议，即 TCP 协议和 IP 协议而得名。通常所说的 TCP/IP 协议实际上包含了大量的协议和应用，由多个独立定义的协议模块组合在一起。因此，更确切地说，应该称其为 TCP/IP 协议集。

4.1 网络接口层

TCP/IP 模型的最底层是网络接口层(Network Interface Layer)，它包括了使用 TCP/IP 与物理网络进行通信的协议，定义了网络层与数据链路层的接口，TCP/IP 的网络接口层本身并不是常规意义上的层次概念，且与 OSI/RM 中的物理层、数据链路层相对应，而物理层与数据链路层的划分是必要和合理的。本书基于计算机网络体系结构必需的五层结构，将物理层和数据链路层的功能放在 TCP/IP 的网络接口层讲解。

网络接口层对应于网络的基本硬件，是 Internet 的物理构成。如 PC、互联网服务器和网络设备等，必须对这些硬件设备的电气特性加以规范，使这些设备都能够互相连接并兼容使用。该层中所使用的协议大多是各通信子网固有的协议，如以太网协议、令牌环网协议等。网络接口层负责网络层与硬件设备间的联系，定义了 Internet 与各种物理网络之间的网络接口，指出主机必须使用某种协议与网络相连，采用不同技术和网络硬件的网络之间能够互联，它包括属于操作系统的设备驱动器和计算机网络接口卡，处理具体的硬件物理接口。

4.1.1 物理层

1. 物理层概述

物理层对应 OSI 参考模型的最底层。它向下直接与传输介质相连接，是开放系统和物理传输介质的接口，向上相邻且服务于数据链路层。物理层的主要功能是利用物理传输介质为数据链路层提供物理连接，以便透明地传送原始比特流。物理层必须解决好与比特流的物理传输有关的一系列问题，包括传输介质、信道类型、数据与信号之间的转换、信号传输中的衰减和噪声，以及设备之间的物理接口等。它是连接两个物理设备、为数据链路层提供透明比特流传输所必须遵循的协议。物理层协议要解决的是主机、工作站等数据终端设备与通信线路上通信设备之间的接口问题。

物理层的许多协议是在标准化模型公布之前制定的，并为众多的厂商接受和采纳，因此，对物理层协议就不便使用标准化的术语加以阐述，而只能将物理层实现的主要功能描述为与传输介质接口有关的一些特性，即机械特性、电气特性、功能特性、规程特性。物理层就是通过这四个特性的作用，在数据终端设备 DTE 和数据电路端接设备 DCE 之间，实

现物理通路的建立、保持和拆除功能。

这里的 DTE，指的是对属于用户所有的联网设备或工作站的统称，它们是通信的信源或信宿。DTE 的基本功能是产生、处理数据，如计算机、终端等；DCE，指的是为用户提供入接点的网络设备的统称。DCE 的基本功能是沿传输介质发送和接收数据，如自动呼叫应答设备、调制解调器等。图 4-1 为 DTE/DCE 接口框图。

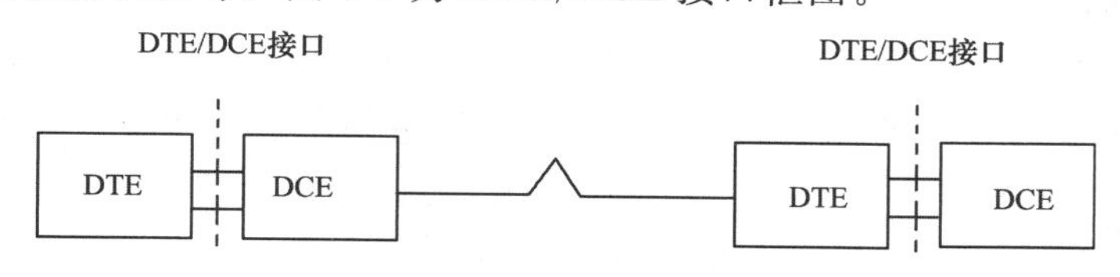

图 4-1 DTE/DCE 接口框图

物理层接口协议实际上是 DTE 和 DCE 或其他通信设备之间的一组约定，主要解决网络节点与物理信道如何连接的问题。物理层协议规定了标准接口的机械连接特性、电气信号特性、信号功能特性以及交换电路的规程特性，这样做的主要目的是便于不同的制造厂家能够根据公认的标准各自独立地制造设备，使各个厂家的产品都能够相互兼容。

(1)机械特性。物理层的机械特性规定了连接时所采用的可接插连接器的规格和尺寸、连接器中引脚的数目和排列情况等，即大小和形状合适的电缆、插头或插座。通信电缆可以是圆形的，也可以是扁平带状的。连接器各个引脚的分配，具体地说，就是插头(或插座)的线(芯)数及线的排列，两设备间接线的数目。连接器一般都是插接式的。

(2)电气特性。物理层的电气特性规定了在物理连接上传输二进制比特流时，线路上信号电压高低、阻抗匹配情况、传输速率和距离的限制等。一般包括最大数据传输速率的说明，信号状态(逻辑电平、通/断、传号/空号)的电压和电流的识别，以及电路特性的说明和与互联电缆相关的规定。例如，位信号 1 和 0 电压的大小和 1 比特占多少微秒。电气特性决定了传输速率和传输距离。

(3)功能特性。物理层的功能特性规定了物理接口上各条信号线的功能分配和确切定义，即 DTE-DCE 之间各信号的信号含义。通常信号线可分为四类：数据线、控制线、同步线和地线。

(4)规程特性。物理层的规程特性规定了利用信号线进行比特流传输的一组操作过程，即各信号线的工作规则和先后顺序，也即完成连接的建立、维持、拆除时，DTE 和 DCE 双方在各线路上的动作序列或动作规则。它涉及 DTE 与 DCE 双方在各线路上的动作规程以及执行的先后顺序，如怎样建立和拆除物理线路的连接，信号的传输采用单工、半双工还是全双工方式等。

只有符合相同特性标准的设备之间才能有效地进行物理连接的建立、维持和拆除。

2. 物理层标准举例

(1)EIA RS-232C/V.24 接口标准

EIA RS-232C 接口标准是由美国电子工业协会 EIA (Electronic Industries Association)在 1969 年颁布的一种目前使用最广泛的串行物理接口标准。

RS(Recommended Standard)的意思是“推荐标准”，232 是标识号码，而后缀“C”则表示是 RS-232 标准的最新一次修订。RS-232-C 接口标准与国际电报电话咨询委员会

CCITT 的 V.24 标准兼容，是一种非常实用的异步串行通信接口。RS-232 标准提供了一个利用公用电话网络作为传输媒体，并通过调制解调器将远程设备连接起来的技术规定。远程电话网相连接时，通过调制解调器将数字转换成相应的模拟信号，以使其能与电话网相容；在通信线路的另一端，另一个调制解调器将模拟信号逆转换成相应的数字数据，从而实现比特流的传输。

RS-232C 标准是目前用来连接 DTE（主机或终端）与 DCE（调制解调器）设备最流行的标准接口。大多数主要的调制解调器和 DTE 制造商都已把其设备设计得符合 RS-232C 标准。由于 EIA 促进了其标准化工作，因此，RS-232C 常简称为 EIA 接口。

图 4-2 为两台远程计算机通过电话网相连的结构。RS-232C 标准接口只控制 DTE 与 DCE 之间的通信，与连接在两个 DCE 之间的电话网没有直接的关系。

图 4-2 RS-232C 的远程连接

(2)EIA RS-232C 特性

①机械特性

RS-232C 的机械特性使用 25 针的 D 型连接器 DB-25，但也可使用其他形式的连接器，如：在微型计算机的 RS-232C 串行端口上，大多使用 9 针连接器 DB-9，如图 4-3 所示。

DB-25 的机械技术指标是宽 47.04 mm±13 mm（螺丝中心间的距离），25 针插头/座的顶上一排针（从左到右）分别编号为 1～13，下面一排针（也是从左到有）编号为 14～25。还有其他一些严格的尺寸说明。

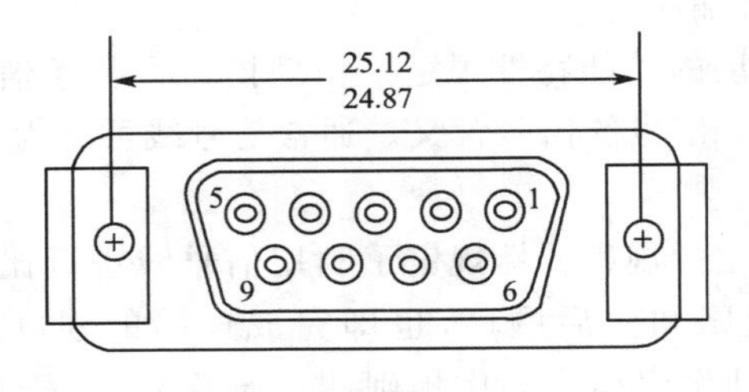

图 4-3 9 针连接器

②电气特性

RS-232C 的电气特性对它所用的信号做出了统一的规定，主要是为了保证二进制数据正确传送和设备控制正确完成。信号驱动器的输出阻抗≤300 Ω，接收器输入阻抗为 3～7 kΩ。信号电平－5～－15 V 代表逻辑“1”，＋5～＋15 V 代表逻辑“0”。在传输距离不大于 15 m 时，最大速率为 19.2 Kbit/s。

③功能特性

RS-232C 的功能特性定义了接口信号线所具有的特定功能。定义了 25 芯标准连接器中的 20 根信号线，其中 2 根地线、4 根数据线、11 根控制线、3 根定时信号线、剩下的

5 根线作为备用线。表 4-1 给出了其中最常用的 10 根信号线的功能特性。

表 4-1　　常用信号线的功能特性

引脚线	信号线名称	功能说明	信号线类型	信号方向
1	AA	保护地线(GND)	地线	
2	BA	发送数据(TD)	数据线	DTE→DCE
3	BB	接收数据(RD)	数据线	DCE→DTE
4	CA	请求发送(RTS)	控制线	DTE→DCE
5	CB	清除发送(CTS)	控制线	DCE→DTE
6	CC	数据设备就绪(DSR)	控制线	DCE→DTE
7	AB	信号地(SG)	地线	
8	CF	载波检测(CD)	控制线	DCE→DTE
20	CD	数据终端就绪(DTR)	控制线	DTE→DCE
22	CE	振铃指示(RI)	控制线	DCE→DTE

通常在使用中 25 根线不是全部连接的，使用主要的 3～5 根就够用了。计算机和终端通过 Modem 接口时，发送数据和接收数据提供两个方向的数据传送，而请求发送和清除发送用来进行握手应答、控制数据的传送。也就是说，主要使用 2 号、3 号、4 号、5 号和 7 号线，甚至只用 2 号、3 号和 7 号线。图 4-4 是 RS-232 的 DTE-DCE 连接。

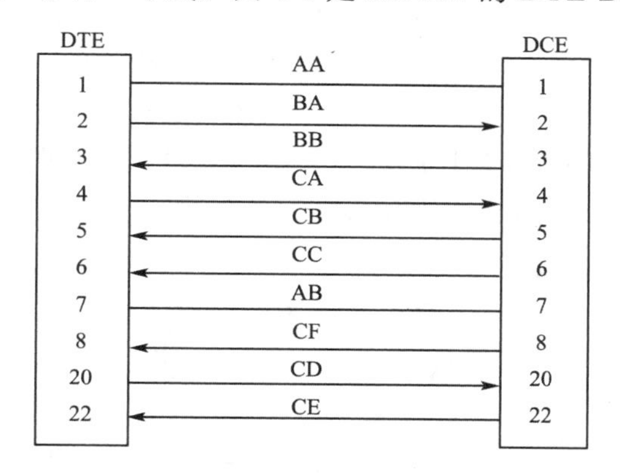

图 4-4　RS-232C 的 DTE-DCE 连接

④规程特性

RS-232C 的工作规程是在各根控制信号线有序的“ON”(逻辑“0”)和“OFF”(逻辑“1”)状态的配合下进行的。在 DTE-DCE 连接的情况下，只有 CD(数据终端就绪)和 CC(数据设备就绪)均为“ON”状态时，才具备操作的基本条件。若 DTE 要发送数据，则需先将 CA(请求发送)置为“ON”状态，等待 CB(清除发送)应答信号为“ON”状态后，才能在 BA 上发送数据。

目前，许多终端和计算机都采用 RS-232C 接口标准。但 RS-232C 只适合于短距离使用，一般规定终端设备的连接电线不超过 15 m，即两端总长为 30 m 左右，距离过长，其可靠性下降。

4.1.2 数据链路层

数据流传输过程中受电磁干扰、线路问题等因素影响，不可避免地会出现差错，但是物理层不可能识别或判断数据在传输过程中是否出现了损坏或丢失；另外，物理层也不考虑当发送站点的发送速度过快而接收站点接收的速度过慢时，应采取何种策略来控制发送站点的发送速度；如何识别相邻的设备；等等。所以物理层未解决的问题需要数据链路层解决。因此，数据链路层需要解决的主要问题是：识别相邻的机器；编址与寻址；差错控制和流量控制；识别数据流的开始与结束；成帧。

1. 数据链路层概述

数据链路层对应 OSI 参考模型中的第二层，基于物理层和网络层提供的服务的基础上向网络层提供服务。数据链路层的作用是对物理层传输原始比特流的功能的加强，将物理层提供的可能出错的物理连接改造成为逻辑上无差错的数据链路，即使之对网络层表现为一条无差错的链路。数据链路层的基本功能是向网络层提供透明的和可靠的数据传送服务。透明是指该层上传输的数据的内容、格式及编码没有限制，也没有必要解释信息结构的意义；可靠的传输使用户免去对丢失信息、干扰信息及顺序不正确等的担心。

“链路”和“数据链路”的含义在网络中并不相同。所谓“链路”，就是一条无源的点到点的物理线路段，中间没有任何交换节点。在进行数据通信时，两个主机之间的通路往往是由许多的链路串接而成的。可见，一条链路只是一条线路的一个组成部分。数据链路却是另一个概念。这是因为当需要在一条线路上传送数据时，除了必须具有一条物理线路外，还必须有一些必要的规程来控制这些数据的传输。把实现这些规程（协议）的硬件和软件加到链路上，就构成了数据链路。如图 4-5 所示。

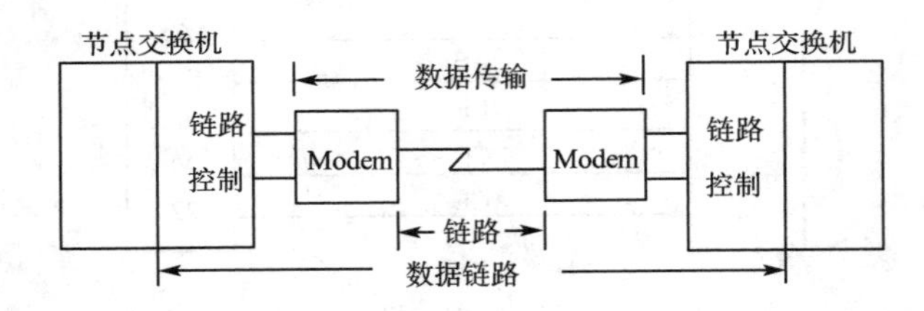

图 4-5 数据链路与链路

数据链路就像一个数字管道，可以在它上面进行数据通信。当采用复用技术时，一条链路上可以有多条数据链路，从而大大提高了链路的利用率。有些教科书也将数据链路称为逻辑链路，链路称为物理链路。

数据链路层最重要的作用就是：通过一些数据链路层协议（链路控制规程），在不太可靠的物理链路上实现可靠的数据传输。

数据链路层的主要功能如下：

(1)链路管理(Link Management)：主要负责数据链路的建立、维持和释放。

(2)帧同步(Frame Synchronism)：接收方应能从收到的比特流中明确区分出一帧的开始和结束在什么地方。

(3)流量控制(Flow Control)：对发送方数据流量的控制，其发送速率不会超过接收

方所能处理的速率。

(4)差错控制(Error Control):在计算机通信中,往往要求有极低的比特差错率。这就要求通信系统必须具备发现(检测)差错的能力,并采取措施进行纠正,使差错被控制在所能允许的尽可能小的范围内,这就是差错控制过程。

(5)组帧(Frame Encapsulation):将从网络层传来的分组数据进行分割,按照一定的格式组成若干个"帧",以帧为单位进行传输。

(6)透明传输(Transparent Transmission):不管所传数据是什么样的比特组合,都应当能够在链路上传输。当所传输的数据中的比特组合恰巧与某一个控制信息完全一样时,必须采取适当的措施,使接收方不会将这样的数据误认为是某种控制信息,这样才能保证数据链路层的传输是透明的。

(7)寻址(Addressing):在多点连接或多条数据链路连接的情况下,提供数据链路端口标识的识别,支持网络层实体建立网络连接,以保证每一帧都能被送到正确的目的地址。接收端也应该知道发送端是哪一个节点。

2. 帧同步

(1)帧的基本格式

数据链路层协议数据单元称为帧(Frame)。不同的数据链路层协议的核心任务就是根据所要实现的数据链路层功能来规定帧的格式。尽管不同的数据链路层协议给出的帧格式都存在一定的差异,但它们的基本格式组成还是大同小异的。图 4-6 为帧的基本格式,其中具有特定意义的部分被称为域或字段(Field)。数据字段之前的所有字段被统称为帧头部分;数据字段之后的所有字段被称为帧尾部分。各字段含义如下:

帧开始	地址	长度/类型/控制	数据	FCS	帧结束

图 4-6　帧的基本格式

帧开始字段和帧结束字段分别用以指示帧或数据流的开始和结束。

地址字段给出节点的物理地址信息,物理地址可以是局域网网卡地址,也可以是广域网中的数据链路标识,地址字段用于设备或机器的物理寻址。

第三个字段则提供有关帧的长度或类型的信息,也可能是其他一些控制信息。

数据字段承载的信息来自高层,即网络层的数据分组(Packet)。来自高层的数据在数据链路层加上必要的帧头部(帧开始、地址、长度/类型/控制字段)和帧尾部(FCS、帧结束字段)被封装成数据链路层的帧,通常称此为成帧。

FCS (Frame Check Sequence)字段提供与差错检测有关的信息。

(2)帧同步功能

为了使传输中发生差错后只将出错的有限数据进行重发,数据链路层将比特流以帧为单位传送。帧的组织结构必须设计成使接收方能够明确地从物理层收到比特流并对其进行识别,也即能从比特流中区分出帧的起始与终止,这就是帧同步要解决的问题。由于网络传输中很难保证计时的正确和一致,所以不能采用依靠时间间隔关系来确定一帧的起始与终止的方法。

下面介绍几种常用的帧同步方法。

①字节计数法。这种帧同步方法以一个特殊字符标识一帧的起始,并以一个专门字段来标明帧内的字节数。接收方可以通过对该特殊字符的识别从比特流中区分出帧的起

始，并从专门字段中获知该帧中随后跟随的数据字节数，从而确定出帧的终止位置。

面向字节计数的同步规程的典型实例是 DEC 公司的数字数据通信报文协议 DDCMP(Digital Data Communication Message Protocol)。DDCMP 采用的帧格式如图 4-7 所示：

8	14	2	8	8	8	16	8~131 064	16 (位)
SOH	Count	Flag	Ack	Seg	Addr	CRC1	Data	CRC2

图 4-7 数字数据通信报协议帧格式

其中，格式中控制字符 SOH 标志数据帧的起始。Count 字段共有 14 位，用以指示帧中数据段中数据的字节数，数据段最大长度为 $8\times(2^{14}-1)=131\ 064$ 位，长度必须为字节(8 位)的倍数，DDCMP 协议就是靠这个字节计数来确定帧的终止位置的。DDCMP 帧格式中的 Ack、Seg、Addr 及 Flag 中的第 2 位。它们的功能分别类似于本节稍后要详细介绍的 HDLC 中的 N(S)、Addr 字段及 P/F 位。CRC1、CRC2 分别对标题部分和数据部分进行双重校验，强调标题部分单独校验的原因是，一旦标题部分中的 Count 字段出错，即失去了帧边界划分的依据，将造成灾难性的后果。

由于采用字段计数方法来确定帧的终止边界不会引起数据及其他信息的混淆，因而不必采用任何措施便可实现数据的透明性，即任何数据均可不受限制地传输。

②使用字符填充的首尾定界符法。该方法用一些特定的字符来定界一帧的起始与终止，典型代表是 IBM 的二进制同步通信 BSC(Binary Synchronous Communication)协议。在每一帧的开头用 ASCII 字符 DLE STX，在帧末尾用 ASCII 字符 DLE ETX 标识。如图 4-8 所示。

DLE	STX	… Data …	DLE	ETX

图 4-8 字符首尾定界

为了不使数据信息位中出现的与特定字符相同的字符被误判为帧的首尾定界符，发送方可以在这种数据字符前填充一个转义控制字符(DLE)以示区别，从而达到数据的透明性，这就称为字符填充。接收方若在数据中遇到单个 DLE，就断定是帧边界；若遇到成对出现的 DLE，则认为是数据，并删除一个 DLE。

例如，待发送的数据是A DLE C B，则在数据链路层封装的帧为

DLE STX A DLE DLE C B DLE ETX

这种方法的不足：完全依赖于 8 位编码的字符。

③使用比特填充的首尾定界符法。该方法以一组特定的比特模式(如 01111110)来标识一帧的起始与终止。本节稍后要详细介绍的 HDLC 规程即采用该法。

为了不使数据信息位中出现的与该特定模式相似的比特串被误判为帧的首尾标志，可以采用比特填充的方法。比如，采用特定模式 01111110，则对数据信息位中的任何连续出现的 5 个“1”，发送方自动在其后插入一个“0”，即该技术简称“逢五 1 插 0”；而接收方则做该过程的逆操作，即每收到连续 5 个“1”，则自动删去其后所跟的“0”，以此恢复原始信息，实现数据传输的透明性，简称“逢五 1 删 0”。

例如，若原始数据为

0 1 1 1 0 0 1 1 1 1 1 1 1 1 1 1 1 1 1 1 1 1 0 1 0

则经过填充后就变为

01111110 0 1 1 1 0 0 1 1 1 1 1 0 1 1 1 1 1 0 1 1 1 1 1 0 0 1 0 01111110

比特填充技术使两帧之间的边界可以通过位模式“01111110”唯一地识别，很容易由硬件来实现，性能优于字符填充方法，常采用此方法。

④违法编码法。该方法在物理层采用特定的比特编码方法时采用。例如，曼彻斯特编码方法，是将数据比特“1”编码成“高-低”电平对，将数据比特“0”编码成“低-高”电平对。而“高-高”电平对和“低-低”电平对在数据比特中是违法的。可以借用这些违法编码序列来定界帧的起始与终止。局域网IEEE 802标准中就采用了这种方法。违法编码法不需要任何填充技术，便能实现数据的透明性，但它只适用采用冗余编码的特殊编码环境。

由于字节计数法中Count字段的脆弱性（其值若有差错将导致灾难性后果）以及字符填充实现上的复杂性和不兼容性，目前较普遍使用的帧同步法是比特填充法和违法编码法。

3. 差错控制

(1)差错产生的原因及其控制机制

信号在物理信道中传输时不可避免地存在噪声。线路本身电器特性造成的随机噪声、信号幅度的衰减、频率和相位的畸变、电器信号在线路上产生反射造成的回音效应、相邻线路间的串扰以及各种外界因素（如大气中的闪电、开关的跳火、外界强电流磁场的变化、电源的波动等）都会造成信号的失真。在数据通信中，将会使接收端收到的二进制数位和发送端实际发送的二进制数位不一致，从而造成由“0”变成“1”或由“1”变成“0”的差错。

传输中的差错都是由噪声引起的。噪声有两大类：一类是由传输介质中的电子热运动引起的，如信道固有的、持续存在的随机热噪声；另一类是由外界特定的短暂、突发原因所造成的冲击噪声，如电磁干扰、无线电干扰等。

所谓差错，是指接收端收到的数据与发送端实际发出的数据不一致的现象。差错主要是在通信线路上噪声干扰的结果。根据噪声类型不同，可将差错分为随机错和突发错。热噪声引起的差错称为随机错，所引起的某位码元的差错是孤立的，与前后码元没有关系。它导致的随机错通常较少；冲击噪声呈突发状，由其引起的差错称为突发错。冲击噪声幅度可能相当大，无法靠提高幅度来避免冲击噪声造成的差错，它是传输中产生差错的主要原因。冲击噪声虽然持续时间较短，但在一定的数据速率条件下，仍然会影响到一串码元。

物理层不解决传输出现差错的问题，而差错又是不可避免的。因此，将差错检测的任务交给其上层数据链路层来完成。

差错的严重程度由误码率来衡量，误码率等于错误接收的码元数与所接收的码元总

数之比。显然，误码率越低，信道的传输质量越高，但是由于信道中的噪声是客观存在的，所以不管信道质量多高，都要进行差错控制。差错控制在数据通信过程中能发现差错，并采取相应的技术和方法，把差错限制在尽可能小的允许范围内。

差错控制的主要作用是通过发现数据传输中的错误，来采取相应的措施减少数据传输错误。差错控制的核心是对传送的数据信息加上与其满足一定关系的冗余码（帧校验码 Frame Check Sequence，FCS）形成一个加强的、符合一定规律的发送序列。

校验码按功能的不同被分为纠错码和检错码。纠错码不仅能发现传输中的错误，还能利用纠错码中的信息自动纠正错误，例如，海明码（Hamming Code）为典型的纠错码，具有很高的纠错能力。检错码只能用来发现传输中的错误，但不能自动纠正所发现的错误，需要通过反馈重发来纠错。常见的检错码有奇偶校验码和循环冗余码。目前计算机网络通信中大多采用检错码方案。

（2）常见检错码

①奇偶校验码

奇偶校验（Parity Detection）是一种最基本的校验方法，即在面向字节的数据通信中，在每个字节的尾部加上一个校验码，构成一个带有校验位的码组，使得码组中“1”的个数成为偶数（称为偶校验）或者奇数（称为奇校验），并把整个码组一起发送出去。

接收端在收到信号后，对每一个码组检查其中“1”的个数是否为偶数（对奇校验则检查“1”的个数是否为奇数），如果检查通过就认为收到的数据正确，否则发回一个信号给发送端，要求重新发送该段数据。奇偶校验有三种使用方式，即水平奇偶校验、垂直奇偶校验和水平垂直奇偶校验。

下面以奇校验为例进行介绍。水平奇校验码是指在面向字符的数据传输中，在每个字符的 7 位信息码后附加一个校验位“0”或“1”，使整个字符中二进制位“1”的个数为奇数。

例如，设待传送字符的比特序列为“11000010”，则采用奇校验码后的比特序列形式为“11000010”。接收方在收到所传送的比特序列后，通过检查序列中的“1”的个数是否仍为奇数来判断传输是否发生了错误。若比特在传送过程中发生错误，就可能会出现“1”的个数不为奇数的情况。水平奇校验只能发现字符传输中的奇数位错，而不能发现偶数位错。例如上述发送序列“11000010”，若接收端收到“11001010”，则可以校验出错误，因为有一位“0”变成了“1”；但是若收到“11011010”，则不能识别出错误，因为有两位“0”变成了“1”。如图 4-9 所示。不难理解，水平偶校验也存在同样的问题。

为了提高奇偶校验码的检错能力，引入了水平垂直奇偶校验，即由水平奇偶校验和垂直奇偶校验综合构成。

垂直奇偶校验（Vertical Parity Detection）也称为组校验，是将所发送的若干个字符组成字符组或字符块，形式上相当于一个矩阵。即将要发送的整个信息块分为定长（p 位）的若干段（比如 q 段），每段后面按“1”的个数为奇数或偶数的规律加上一位奇偶位，如图 4-10 所示。pq 位信息（$I_{11},I_{21},\cdots,I_{p1},\cdots,I_{1q},I_{2q},\cdots,I_{pq}$）中，每 p 位构成一段

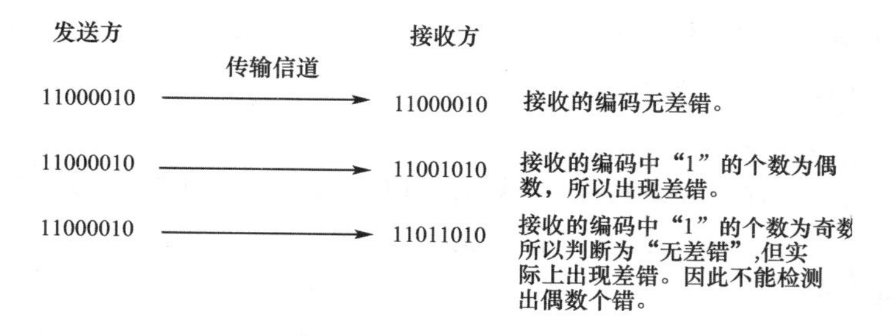

图 4-9　奇校验示意图

（图 4-10 中的一列），共有 q 段（共有 q 列）。每段加上一位奇偶校验位，即图 4-10 中的 r_i 的编码规则为

偶校验：$r_i = I_{1i} \oplus I_{2i} \oplus \cdots I_{pi}$　　　　$(i=1,2,\cdots,q)$

奇校验：$r_i = I_{1i} \oplus I_{2i} \oplus \cdots I_{pi} + 1$　　　　$(i=1,2,\cdots,q)$

其中，$\oplus$表示异或加。

垂直奇偶校验能检测出每列中奇数位错，但检测不出偶数位错。对于突发性错误来说，奇数位错与偶数位错的发生概率相同，因而对差错的检出率只有 50%。

为了降低对突发错误的漏检率，可以采用水平奇偶校验的方法。水平奇偶校验又称为横向奇偶校验，它是对各个信息段的相应位横向进行编码，产生一个奇偶校验冗余位。如图 4-11 所示。水平奇偶校验不但可以检测出各段同一位上的奇数位错，而且还能检测出突发长度小于等于 p 的所有突发错误码，所以水平奇偶校验的差错漏检率比垂直奇偶校验要小一些。但是实现水平奇偶校验时必须等待要发送的全部信息块都到齐后才能计算冗余位，也就是要使用数据缓冲器，因此它的编码和检测实现起来都要复杂一些。

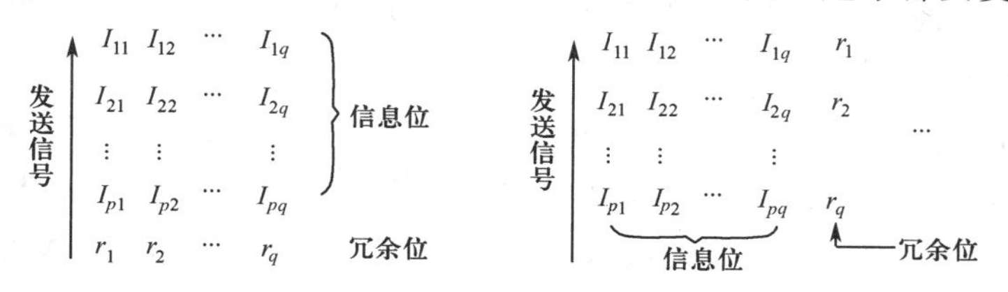

图 4-10　垂直奇偶校验　　　　图 4-11　水平奇偶校验

如果同时采用水平奇偶校验和垂直奇偶校验，即水平垂直奇偶校验，则检错能力可以明显得到提高。例如，对图 4-12 所示数据块采用水平垂直偶校验。

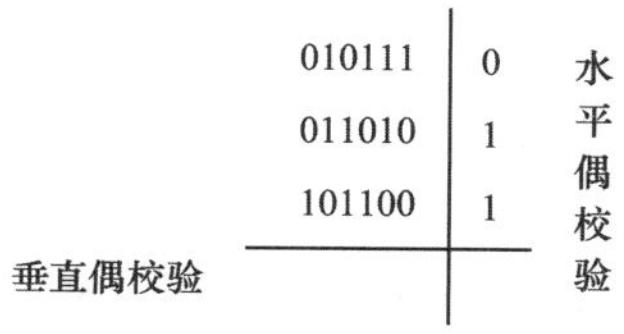

010111	0	水平偶校验
011010	1	
101100	1	
垂直偶校验		

图 4-12　水平垂直偶校验

水平垂直奇偶校验能检测出所有 3 位或 3 位以下的错误、奇数位错、突发长度小于等

于 $p+1$ 的突发错误以及很大一部分偶数位错。测量表明，这种方式的编码可使误码率降至原误码率的百分之一到万分之一。

②循环冗余码(CRC)

奇偶校验码作为检错码虽然简单，但是漏检率太高。在计算机网络和数据通信中用得最广泛的检错码是一种漏检率低得多的也便于实现的多项式编码循环冗余码 CRC (Cyclic Redundancy Code)。

循环冗余码的原理：假设要传送的信息有 k 位，则发送端会自动加上 r 位的校验序列，然后再传送出去，这 $k+r$ 位数可以被某个事先设定好的数整除。当接收端收到数据后用原先那个设定好的数来除，若没有余数出现，则表示数据传送正确；相反，若有余数出现，则表示数据传送有误。简言之，就是多项式除法，将余式作为冗余信息传送。所以，CRC 码的产生关键在于冗余位 r 的计算。CRC 的工作原理如下：

任何一个由二进制位串组成的代码，都可以唯一地与一个含有 0 和 1 两个系数的多项式建立一一对应的关系。例如，101101 对应的多项式是 $X^5+X^3+X^2+1$，而多项式 $X^5+X^3+X^2+X+1$ 对应的代码为 101111。

CRC 码在发送端编码和接收端校码时，都可以利用事先约定生成的多项式 $G(X)$ 来得到。k 位要发送的信息可对应于一个 $(k-1)$ 次的多项式 $K(X)$，r 位的冗余位则对应于一个 $(r-1)$ 次的多项式 $R(X)$，由 k 位信息位加 r 位冗余位组成的 $n=k+r$ 位码字则对应于一个 $(n-1)$ 次得多项式 $T(X)=X^rK(X)+R(X)$。例如：

信息位：1011001→$K(X)=X^6+X^4+X^3+1$；

冗余位：1010→$R(X)=X^3+X$。

信息位加上冗余位后的码字：10110011010→$T(X)=X^4K(X)+R(X)=X^{10}+X^8+X^7+X^4+X^3+X$。

由信息位产生冗余位的编码过程，就是已知 $K(X)$ 求 $R(X)$ 的过程。在 *CRC* 码中可以通过找到一个特定的 r 次多项式 $G(X)$，然后用 $X^rK(X)$ 除以 $G(X)$，得到的余式就是 $R(X)$。需要特别强调的是：进行除法运算时，采用模 2 算术(异或运算)，即加法不进位，减法不借位。即 $1\pm1=0$，$0\pm1=1$，$1\pm0=1$，$0\pm0=0$。

例如：要发送的信息位为 1011001，选用 $G(X)=X^4+X^3+1$ 作为冗余多项式，求 *CRC*。

①由信息位 1011001 得到多项式：

1011001→$K(X)=X^6+X^4+X^3+1$

②将信息多项式乘以 X^r(r 为冗余多项式 $G(X)$ 的最高次幂)，即

$T(X)=X^4K(X)=X^{10}+X^8+X^7+X^4$

③将 $T(X)$ 转化为对应的二进制位串：10110010000(其实就是在原信息位 1011001 后加了 4 个 0，其中 4 为冗余多项式 X^4+X^3+1 的最高次幂，如熟练后可省去第 1、2 两步，直接在信息位后加 0)。

④将 $G(X)$ 得到二进制位串，即：X^4+X^3+1→11001。

⑤用 10110010000 除以 11001。除法的过程如图 4-13 所示。

得到的最后余数为 1010，这就是冗余位，对应 $R(X)=X^3+X$。

由于 $T(X)=X^4K(X)+R(X)=X^{10}+X^8+X^7+X^4+X^3+X$，对应的要传输的 CRC 为 10110011010（在信息位 1011001 后面加上 1010，熟练后可直接在信息位后面加冗余位来得到要传输的码字）。

在接收方收到此码字后，再用此码字除以冗余多项式 $G(X)$ 所对应的二进制位串 11001，若能整除，即余式为零，则表明传输中没有差错，否则，则表明传输有差错。

例如：前述例子中若码字 10110011010 经传输后由于受噪声的干扰，在接收端变为 10110011100，则求余式的除法如图 4-14 所示，求得的余数不为零，表示传输有差错。

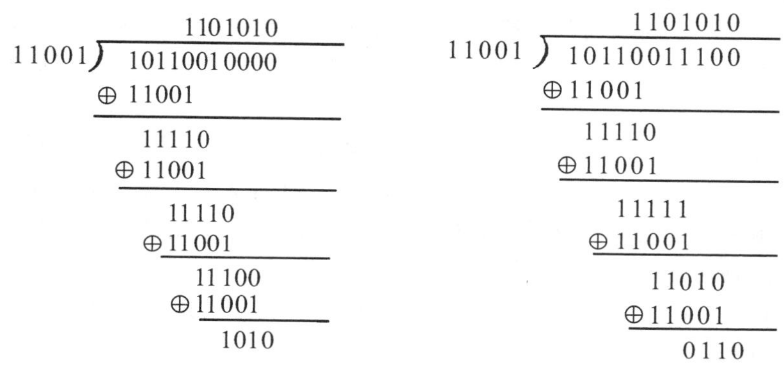

图 4-13　多项式除法　　　图 4-14　求多项式余式

在纠错时，将余数与接收的错误码字异或加，则得到要接收的正确码字，如 10110011100 ⊕ 00000000110 = 10110011010。

目前常见的生成多项式有：

CRC12：$G(x)=x^{12}+x^{11}+x^3+x^2+1$

CRC16：$G(x)=x^{16}+x^{15}+x^2+1$

CRC－CCITT：$G(x)=x^{16}+x^{12}+x^5+1$

CRC32：$G(x)=x^{32}+x^{26}+x^{23}+x^{22}+x^{16}+x^{12}+x^{11}+x^{10}+x^8+x^7+x^5+x^4+x^2+x+1$

理论证明，CRC 的检错能力：

- 全部离散的二位错误
- 全部奇数个错误
- 全部长度小于或等于 r 的突发错误（r 为生成多项式的最高幂次）

CRC 码的检错能力强，且容易实现。CRC 校验可以由软件或硬件来实现，现多采用超大规模集成电路芯片以硬件方式实现。

4. 反馈重发机制

由于检错码本身不提供自动的错误纠正能力，所以需要提供一种与之相配套的错误纠正机制，即反馈重发。通常当接收方检出错误的帧时，首先将该帧丢弃，然后给发送方反馈信息请求发送方重发相应的帧。反馈重发又被称为自动请求重传 ARQ（Automatic Repeat Request）。反馈重发机制 ARQ 仅需返回少量控制信息，便可有效地确认所发数据帧是否正确被接收。ARQ法有两种常见的实现方案,空闲重发请求(Idle RQ)和连续重发请求(Continuous RQ)是其中最基本的两种方案。反馈重发有两种常见的实现方法,即停止等待方式和连续ARQ方式。

(1)空闲重发请求(Idle RQ)。空闲重发请求方案也称停等(Stop and Wait)方案,该方案规定发送方每发送一帧后就要停下来等待接收方的确认返回,仅当接收方确认正确接收后再继续发送下一帧 。空闲重发请求方案的实现过程如下:

①发送方每次仅将当前信息帧作为待确认帧保留在缓冲存储器中。

②当发送方开始发送信息帧时,随即启动计时器。

③当接收方收到无差错信息帧后,即向发送方返回一个确认帧。

④当接收方检测到一个含有差错的信息帧时,便舍弃该帧。

⑤若发送方在规定时间内收到确认帧,即将计时器清零,继而开始下一帧的发送;

⑥若发送方在规定时间内未收到确认帧(计时器超时),则应重发存于缓冲器中的待确认信息帧。

从以上过程可以看出,空闲重发请求方案的接收、发送方仅需设置一个帧的缓冲存储空间,便可有效地实现数据重发并确保接收方接收的数据不会重复。空闲重发请求方案最主要的优点就是所需的缓冲存储空间最小,因此在链路端使用简单终端的环境中被广泛采用。缺点是通信效率低。

(2)连续重发请求(Continuous RQ)。连续重发请求方案是指发送方可以连续发送一系列信息帧,即不用等前一帧被确认便可发送下一帧。这就需要在发送方设置一个较大的缓冲存储空间(称作重发表),用以存放若干待确认的信息帧。当发送方收到对某信息帧的确认帧后便可从重发表中将该信息帧删除。所以,连续重发请求方案的链路传输效率大大提高,但相应地需要更大的缓冲存储空间。连续重发请求方案的实现过程如下:

①发送方连续发送信息帧而不必等待确认帧的返回。

②发送方在重发表中保存所发送的每个帧的备份。

③重发表按先进先出(FIFO)队列规则操作。

④接收方对每一个正确收到的信息帧返回一个确认帧。

⑤每一个确认帧包含唯一的序号,随相应的确认帧返回。

⑥接收方保存一个接收次序表,它包含最后正确收到的信息帧的序号。

⑦当发送方收到相应信息帧的确认后,从重发表中删除该信息帧的备份。

⑧当发送方检测出失序的确认帧(第N号信息帧和第$N+2$号信息帧的确认帧已返回,而$N+1$号的确认帧未返回)后,便重发未被确认的信息帧。

上面连续重发请求过程是假定在不发生传输差错的情况下描述的,如果出现差错,如何进一步处理还可以有两种策略,即GO-BACK-N策略和选择重发策略。

GO-BACK-N策略的基本原理是,当接收方检测出失序的信息帧后,要求发送方重发最后一个正确接收的信息帧之后的所有未被确认的帧;或者当发送方发送了N个帧后,若发现该N帧的前一个帧在计时器超时后仍未返回其确认信息,则该帧被判为出错或丢失,此时发送方就不得不重新发送出错帧及其后的N帧。这就是GO-BACK-N(退回N)法名称的由来。因为,对接收方来说,由于这一帧出错,就不能以正常的序号向它的高层

递交数据，对其后发送来的 N 帧也可能都不能接收而丢弃。GO-BACK-N 法操作过程如图 4-15 所示。图中假定发送完 8 号帧后，发现 2 号帧的确认帧在计时器超时后还未收到，则发送方只能退回从 2 号帧开始重发。

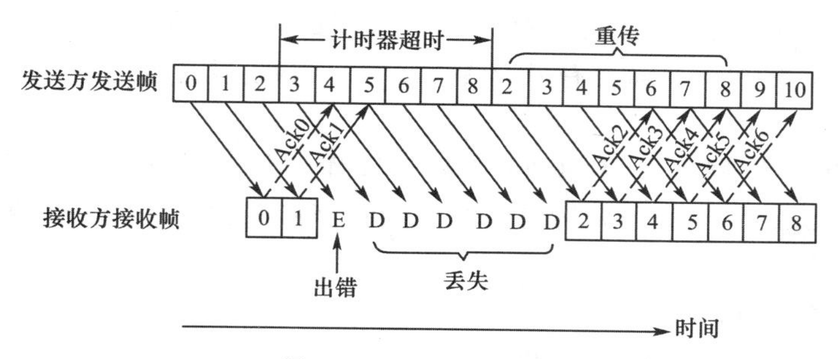

图 4-15 Go-Back-N 举例

GO-BACK-N 可能将已正确传送到目的方的帧再重传一遍，这显然是一种浪费。另一种效率更高的策略是当接收方发现某帧出错后，其后继续送来的正确的帧虽然不能立即递交给接收方的高层，但接收方仍可收下来，存放在一个缓冲区中，同时要求发送方重新传送出错的那一帧。一旦收到重新传来的帧后，就可以原已存于缓冲区中的其余帧一并按正确的顺序递交高层。这种方法称为选择重发(Selectice Repeat)，其工作过程如图 4-16 所示。图中 2 号帧的否认返回信息 Ack2 要求发送方选择重发 2 号帧。显然，选择重发减少了浪费，但要求接收方有足够大的缓冲区空间。显然，选择重发只重发出错的帧，效率高。

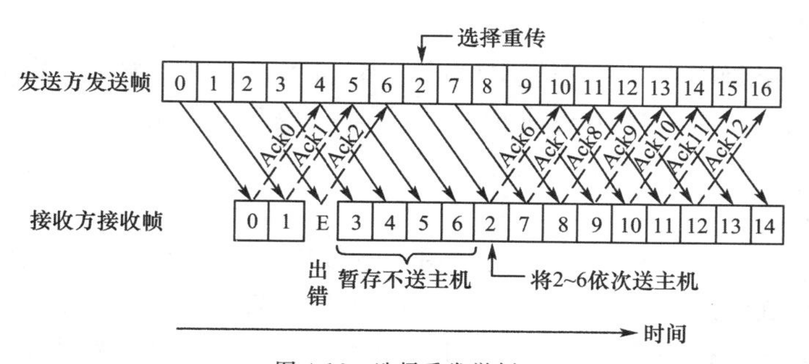

图 4-16 选择重发举例

值得一提的是，三种方案中，如何解决由于物理信道的突发噪声可能完全“淹没”一帧，即使得整个数据帧或反馈信息帧丢失，导致发送方永远收不到接收方发来的信息，从而使传输过程停滞的问题？以及如何解决同一帧可能被多次接收，重复递交给网络层的问题？

为了避免第一种情况的出现，通常引入计时器(Timer)来限定接收方发回反馈消息的时间间隔。当发送方发送一帧的同时也启动计时器，若在限定时间间隔内未能收到接收方的反馈信息，即计时器超时(Timeout)，则可认为传出的帧已出错或丢失，就要重新发送。

为了避免第二种情况的出现，采用对发送的帧编号的方法，即赋予每帧一个序号，从而使接收方能从该序号来区分是新发送来的帧还是已经接收但又重发来的帧，以此来确定要不要将接收到的帧递交给网络层。数据链路层通过使用计数器和序号来保证每帧最终都能被正确地递交给目标网络层一次。

5.流量控制

由于系统性能的不同,如硬件能力(包括 CPU、存储器等)和软件功能的差异,会导致发送方与接收方处理数据的能力有所不同。

流量控制的作用是使发送方所发出的数据流量的发送速率不要超过接收方所能接收的速率。流量控制的关键是需要有一种信息反馈机制,使发送方能了解接收方是否能接收到。

流量控制有多种机制。如简单的停、等协议,而滑动窗口协议则将确认与流量控制巧妙地结合在了一起。下面介绍两种常用的流量控制机制:XON/XOFF 机制和滑动窗口协议。

(1)XON/XOFF 协议

增加缓冲空间在某种程度上可以缓解接收、发送双方在传输速率上的差异,但这是一种被动、消极的方法。因为,一方面系统不允许开设过大的缓冲空间,另一方面,对于速率明显失配并且又需要传送大量数据的场合,仍会出现缓冲空间不够的现象。XON/XOFF 协议则是一种相比之下更主动、更积极的流量控制方法。

XON/XOFF 协议使用一对控制字符来实现流量控制,其中 XON 采用 ASCII 字符集中地控制字符 DC1,XOFF 采用 ASCII 字符集中地控制字符 DC3。当信道上的接收方发生过载时,便向发送方发送一个 XOFF 字符,发送方接收到 XOFF 字符后便暂停发送数据;等接收方处理完缓冲器中的数据,过载恢复后,再向发送方发送一个 XON 字符,以通知发送方恢复数据发送。在一次数据传输过程中,XOFF、XON 的周期可重复多次,但这些操作对用户来说是透明的。

许多异步数据通信软件均支持 XON/XOFF 协议。这种方案也可用于计算机向打印机或其他终端设备发送字符,在这种情况下,打印机或其他终端设备中的控制部件用以控制字符流量。

(2)滑动窗口协议

为了提高信道的有效利用率,上述采用了不等待需确认帧返回就连续发送若干帧的方案。由于允许连续发送多个未被确认的帧 ,帧号就需采用多位二进制才能加以区分。因为凡被发出且尚未被确认的帧都可能出错或丢失而需要重发,因而这些帧都要保留下来。这就要求发送方有较大的发送缓冲区保留可能被要求重发的未被确认的帧。

但是缓冲区容量总是有限的,如果接收方不能以发送方的发送速率处理接收到的帧,则还是可能用完缓冲容量而暂时过载。为此,可引入类似空闲 RQ 控制方案的调整措施,其本质是在接收方收到一确定帧之前,对发送方可发送的帧的数目加以限制。这是由发送方调整保留在重发表中的待确认帧的数目来实现的。如果接收方来不及对新到的帧进行处理,便停发确认信息,此时发送方的重发表就会增长,当达到重发表限度时,发送方就不再发送新帧,直至再次收到确认信息为止。

为了实现此方案,可采用滑动窗口协议机制。发送方存放待确认帧的重发表中,应设置待确认帧数目的最大限度,这一限度被称为链路的发送窗口。重发表是一个连续序号的列表,对应发送方已发送但尚未被确认的帧。这些帧的序列号有一个最大值,这个最大值即发送窗口的限度。所谓发送窗口,就是指发送方已发送但尚未被确认的帧序号队列的界，其上、下界分别称为发送窗口的上、下沿。在滑动窗口协议中，每一个要发送的帧都包含一个序列号，其范围从 0 到某一个值。若帧中用以表达序列号的字段长度为 n，则最大值为 2^n-1；只有在窗口内的帧才能够被发送，如果窗口大小固定，则每发出一帧，可以发送的帧的数目减 1，收到确认帧后，窗口向前滑动。

显然，如果窗口设置为 1，即发送方缓冲能力仅为一个帧，则传输控制方案就回到了空闲 RQ 方案，此时传输效率很低。故窗口限度应选为使接收方尽量能处理接收到的所有帧。当然选择时还必须考虑诸如帧的最大长度、可使用的缓冲空间以及传输速率等因素。

发送方每次发送一帧后，待确认帧的数目便增 1，每收到一个确认信息后，待确认帧的数目便减 1。当重发表长度计数值，即待确认帧的数目等于发送窗口尺寸时，便停止发送新的帧。

接收窗口中也保存着一组序列号，但其对应于允许接收的帧。若帧被正确接收，则接收窗口向前滑动一个位置，即窗口的上、下限各加 1，使一个新序列号落入窗口内，同时给发送方返回一个确认信息。

需要指出的是，发送窗口与接收窗口可以不具有相同的窗口上限与下限，也可不具有相同的窗口大小；在某些协议中，窗口大小在传输过程中还可动态调整；当接收窗口保持不动时，发送窗口无论如何也不会旋转（滑动）。只有当接收窗口发生旋转后，发送窗口才有旋转的可能。

一般帧号只取有限位二进制数，到一定时间后就又反复循环。若帧号配 3 位二进制数，则帧号在 0～7 循环。如果发送窗口尺寸取值为 2，则发送如图 4-17 所示。图中发送方阴影部分表示打开的发送窗口，接收方阴影部分则表示打开的接收窗口。当传送过程进行时，打开的窗口位置一直在滑动，所以称为滑动窗口（Sliding Window）。

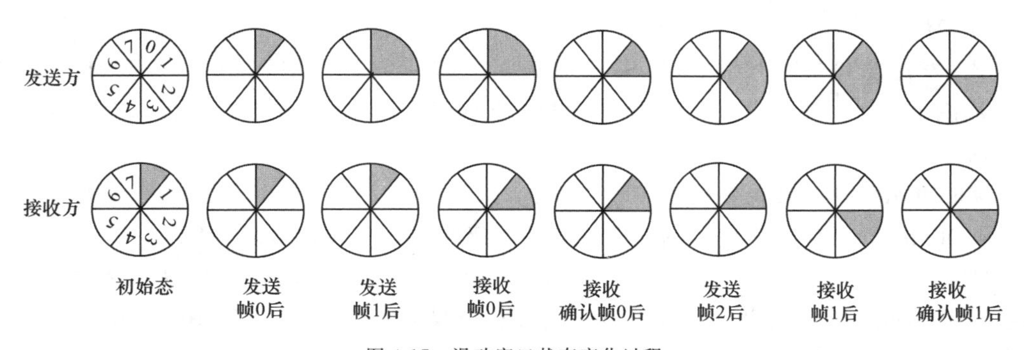

图 4-17　滑动窗口状态变化过程

图 4-17 中的滑动窗口变化过程可叙述如下（假设发送窗口尺寸为 2，接收窗口尺寸为 1）：

①初始态，发送方没有帧发出，发送窗口前后沿重合。接收方 0 号窗口打开，表示等待接收 0 号帧。

②发送方已发送 0 号帧，此时发送方打开 0 号窗口，表示已发出 0 帧但尚未确认返回信息。此时接收窗口状态同前，仍等待接收 0 号帧。

③发送方在未收到 0 号帧的确认返回信息前，继续发送 1 号帧。此时，1 号窗口打

开，表示1号帧也属于等待确认之列。至此，发送方打开的窗口数已达规定限度，在未收到新的确认返回帧之前，发送方将暂停发送新的数据帧。接收窗口此时状态仍未变。

④接收方已收到0号帧，0号窗口关闭，1号窗口打开，表示准备接收1号帧。此时发送窗口状态不变。

⑤发送方收到接收方发来的0号帧确认返回信息，关闭0号窗口，表示从重发表中删除0号帧。此时接收窗口状态仍不变。

⑥发送方继续发送2号帧，2号窗口打开，表示2号帧也纳入待确认之列。至此，发送方打开的窗口又达规定限度，在未收到新的确认返回帧之前，发送方将暂停发送新的数据帧，此时接收窗口状态仍不变。

⑦接收方已收到1号帧，1号窗口关闭，2号窗口打开，表示准备接收2号帧。此时发送窗口状态不变。

⑧发送方收到接收方发来的1号帧收毕的确认信息，关闭1号窗口，表示从重发表中删除1号帧。此时接收窗口状态仍不变。

一般来说，凡是在一定范围内到达的帧，即使它们不按顺序发送，接收方也要接收下来。若把这个范围看成接收窗口的话，那么接收窗口的大小也应该是大于1的。而Go-BACK-N正是接收窗口等于1的一个特例，选择重发也可以看作是一种滑动窗口协议，只不过其发送窗口和接收窗口都大于1。若从滑动窗口的观点来统一看待空闲RQ、Go-BACK-N及选择重发三种协议，它们的差别仅在于各自窗口尺寸的大小不同而已：

空闲RQ：发送窗口=1，接收窗口=1；

Go-BACK-N：发窗口>1，接收窗口>1；

选择重发：发送窗口>1，接收窗口>1。

若帧序列号采用3位二进制编码，则最大序号为$S_{max}=2^3-1=7$。对于有序接收方式，发送窗口最大尺寸选为S_{max}；对于无序接收方式，发送窗口最大尺寸至多是序号范围的一半。发送方管理超时控制的计时器数应等于缓冲器数，而不是序号空间的大小。

*6. 数据链路层协议举例

下面主要介绍应用较广泛的面向比特的高级数据链路控制协议HDLC。

HDLC具有以下特点：协议不依赖任何一种字符编码集；数据报文可透明传输，用于实现透明传输的“0比特插入法”易于硬件实现；全双工通信，不必等待确认便可连续发送数据，有较高的数据链路传输效率；所有帧均采用CRC校验，对信息帧进行顺序编号，可防止漏收或重收，传输可靠性高；传输控制功能与处理功能分离，具有较大的灵活性。由于以上特点，目前网络设计普遍使用HDLC数据链路控制协议。

(1)HDLC的操作方式

HDLC是通用的数据链路控制协议，在开始建立数据链路时，允许选用特定的操作方式。所谓操作方式，通俗地讲就是某站是以主站方式操作还是以次站方式操作，或者是两者兼备。

①三种类型的站

• 主站：对链路进行控制，主站发出的帧称为命令帧。

它的主要功能：发送命令帧和接收响应帧，并负责对整个链路实施管理。

• 次站：在主站控制下进行操作，次站发出的帧称为响应帧。在多点链路中，主站与每一个次站都有一个分开逻辑链路。

它的主要功能：接收来自主站的命令帧，向主站发送响应帧，并配合主站参与对链路的控制。

• 组合站：可兼备主站和从站的功能。用于组合站之间信息传输的协议是对称的。

它的主要功能：既能发送命令帧和接收响应帧，又能接收命令帧和发送响应帧，并负责对整个链路的控制。

②两种链路配置

• 非平衡配置：如图 4-18(a)所示，操作时有主站、次站之分的，且各自功能不同的操作，称为非平衡操作。由一个主站和若干个次站组成。这里，按次站的数量可分为点到点式和多点式两种，前者由一个主站和一个次站组成，后者则由一个主站和多个次站组成。

• 平衡配置：如图 4-18(b)所示，即在链路上主、次站具有同样的传输控制功能，又称作平衡操作。它只能是点到点工作，由两个复合站组成。

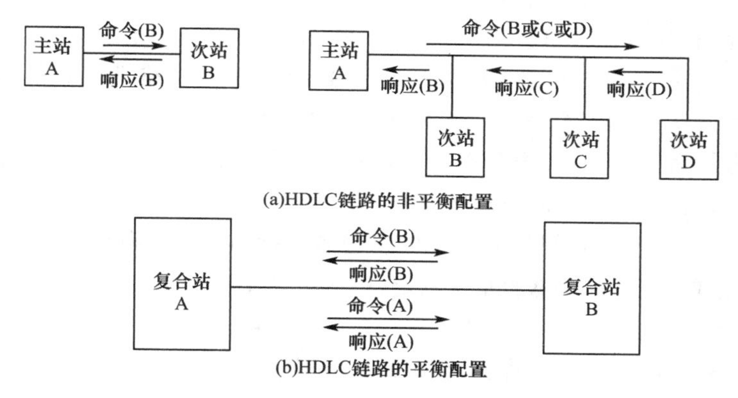

图 4-18 HDLC 链路的非平衡和平衡配置

(2)HDLC 的帧格式

在 HDLC 中，数据和控制报文均以帧的标准格式传送。HDLC 的功能集中体现在 HDLC 帧格式中。HDLC 中的命令和响应以统一的格式按帧传输。完整的 HDLC 帧由标志字段(F)、地址字段(A)、控制字段(C)、信息字段(I)、帧校验序列(FCS)组成，其格式如图 4-19 所示。

①标志字段(F)：标志字段 01111110 的比特模式，用以标志帧的起始和前一帧的终止。通常，在不进行帧传输的时刻，信道仍处于激活状态。标志字段也可以作为帧与帧的填充字符。在这种状态下，发送方不断地发送标志字段，而接收方则检测每一个收到的标志字段，一旦发现某个标志字段后面不再是标志字段时，便可认为一个新的帧传输已经开始。在前面章节，已介绍过采用“0 比特插入法”可以实现数据的透明传输，该法在发送端检测除标志码以外的所有字段，若发现连续 5 个“1”出现时，便在其后添加一个“0”，然后

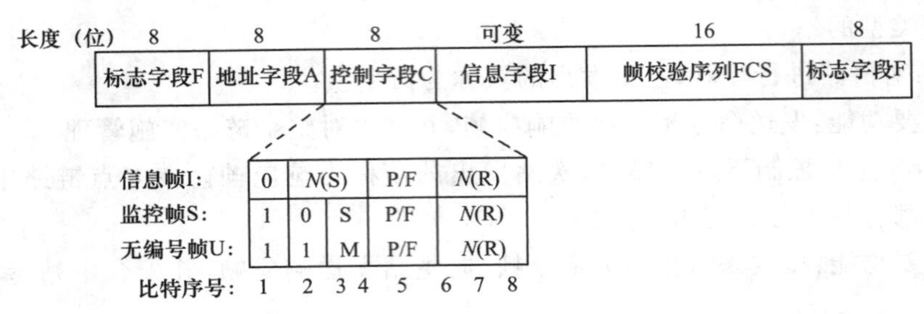

图 4-19　HDLC 帧格式及控制字段的结构

继续发送后面的比特流；在接收端同样检测除标志码以外的所有字段，若发现连续 5 个“1”后是“0”，则将 0 删除以恢复比特流的原貌。

②地址字段(A)：地址字段的内容取决于所采用的操作方式。在操作方式中，有主站、从站、组合站之分，每一个从站和组合站都被分配一个唯一的地址。命令帧中的地址字段携带的地址是对方站的地址，而响应帧中的地址字段所携带的地址是本站的地址。某一地址也可分配给不止一个站，这种地址被称为组地址，利用一个组地址传输的帧能被组内所有拥有该组地址的站接收，但当一个从站或组合站发送响应时，它仍应当用它唯一的地址。还可以用全“1”地址来表示包含所有站的地址，这种地址被称为广播地址，含有广播地址的帧被传送给链路上所有的站。另外，还规定全“1”地址为无站地址，这种地址不分配给任何站，仅用来做测试。

③控制字段(C)：控制字段用于构成各种命令和响应，对链路进行监视和控制。发送方主站或组合站利用控制字段来通知被寻址的从站或组合站以执行约定的操作；相反，从站用该字段作为对命令的响应，报告已完成的操作或状态的变化。该字段是 HDLC 的关键，由 8 位组成，标志了 HDLC 的三种帧类型。

④信息字段(I)：信息字段可以是任意的二进制比特串。比特串长度未做严格限定，其上限由 FCS 字段或站点的缓冲器容量来确定，目前用得较多的是 1 000～2 000 比特；而下限可以为 0，即无信息字段。但是，监控帧(S 帧)中规定不可有信息字段。

⑤帧校验序列(FCS)：帧校验序列可以使用 16 位 CRC，对两个标志字段之间的整个帧的内容进行校验。FCS 的生成多项式由 CCITT V.41 建议规定为 $X^{16}+X^{12}+X^{5}+1$。

(3)HDLC 的帧类型

HDLC 有信息帧(I 帧)、监控帧(S 帧)和无编号帧(U 帧)三种不同类型的帧。各类帧中控制字段的格式及比特定义，如图 4-20 所示。

控制字段位	1	2	3	4	5	6	7	8
I帧格式	0	N(S)			P	N(R)		
S帧格式	1	0	S1	S2	P/F	N(R)		
U帧格式	1	1	M1	M2	P/F	M3	M4	M5

图 4-20　控制字段结构

控制字段中的第 1 位或第 1、第 2 位表示传送帧的类型。第 5 位是 P/F 位，即轮询/终止(Poll/Final)位。当 P/F 位用于命令帧(由主站发出)时，起轮询的作用，即当该位为“1”

时，要求被轮询的从站给出响应，所以此时 P/F 位可称为轮询位（或 P 位）；当 P/F 位用于响应帧（由从站发出）时，称为终止位（或 F 位），当其为“1”时，表示接收方确认结束。为了进行连续传输，需要对帧进行编号，所以控制字段中包括了帧的编号。

①信息帧（I 帧）：信息帧用于传输有效信息或数据，通常简称 I 帧。I 帧以控制字段第 1 位为“0”来标志。第 2～4 比特为发送序号 $N(S)$，而第 6～8 比特为接收序号 $N(R)$。$N(S)$ 表示当前发送的信息帧的序号，具有命令的含义；而 $N(R)$ 表示一个站所期望收到的帧的序号（这个序号是由对方填入的），具有应答的含义。它表示序号为 $N(R)-1$ 的帧以及在这以前的各帧都已被正确无误地接收，并期望收到序号为 $N(R)$ 的帧。如 $N(R)=5$，即表示接收方下一帧要接收 5 号帧，换言之，5 号帧以前的各帧接收方都已正确接收到。

②监控帧（S 帧）：监控帧用于差错控制和流量控制，通常简称 S 帧。S 帧以控制字段第 1、2 位为“10”来标志。S 帧不带信息字段，帧长只有 6 个字节即 8 个比特。S 帧的控制字段的第 3、4 位为 S 帧类型编码，共有四种不同组合（参见表 4-2），分别表示：

“00”——接收就绪（RR），由主站可以使用 RR 型 S 帧来轮询从站，即希望从站传输编号为 $N(R)$ 的 I 帧，若存在这样的帧，便进行传输；从站也可用 RR 型 S 帧来做响应，表示从站期望接收的下一帧的编号为 $N(S)$。

“01”——拒绝（REJ），由主站或从站发送，用以要求发送方对从编号为 $N(R)$ 开始的帧及其以后所有的帧进行重发，这也暗示 $N(R)$ 以前的 I 帧已被正确接收。即采用拉回方式重发。

“10”——接收未就绪（RNR），表示编号小于 $N(R)$ 的 I 帧已被接收到，但目前正处于忙状态，尚未准备好接收编号为 $N(R)$ 的 I 帧，这可用来对链路流量进行控制。

“11”——选择性拒绝（SREJ），它要求发送方发送编号为 $N(R)$ 的单个 I 帧，并暗示其他编号的 I 帧已全部确认。即采用选择重发方式。

表 4-2 四种监控帧的名称和功能

第 3～4 比特	帧　名	功　能
00	RR(Receive Ready) 接收就绪	准备接收下一帧 确认序号为 $N(R)-1$ 及其以前的各帧
01	REJ(Reject) 拒绝	从 $N(R)$ 起的所有帧都被否认 但确认序号为 $N(R)-1$ 及其以前的各帧
10	RNR(Receive Not Ready) 接收未就绪	确认序号为 $N(R)-1$ 及其以前的各帧 暂停接收下一帧
11	SREJ(Selective Reject) 选择性拒绝	只否认序号为 $N(R)$ 的帧 但确认序号为 $N(R)-1$ 及其以前的各帧

可以看出，接收就绪 RR 型 S 帧和接收未就绪 RNR 型 S 帧有两个主要功能：首先，这两种类型的 S 帧都用来表示从站已准备好或未准备好接收信息；其次，确认编号小于 $N(R)$ 的所有接收到的 I 帧。拒绝 REJ 型 S 帧和选择性拒绝 SREJ 型 S 帧，用于向对方站指出发生了差错。REJ 帧对应 Go-BACK-N 策略，用以请求重发 $N(R)$ 起始的所有帧，而 $N(R)$ 以前的帧已被确认，当收到一个 $N(S)$ 等于 REJ 型 S 帧的 $N(R)$ 的 I 帧时，REJ 状态即可清除。

SREJ 帧对应选择重发策略，当收到一个 $N(S)$ 等于 SREJ 帧的 $N(R)$ 的 I 帧时，SREJ 状态即可消除。

③无编号帧（U 帧）：无编号帧因其控制字段中不包含编号 $N(S)$ 和 $N(R)$ 而得名，简称 U 帧。用于控制字段的第 1～2 比特都是用“11”来标志的。U 帧用于提供对链路的建立、拆除以及多种控制功能，这些控制功能用 5 个 M 位（M1～M5，也称修正位）来表示不同功能的无编号帧。虽然总共可以有 32 种不同组合，但实际上目前只定义了 15 种无编号帧。无编号帧主要起控制作用，可在需要时随时发出。

*(4) HDLC 用于实现面向连接的可靠传输

通常，数据链路层有三种基本服务可供选择，即无确认的无连接服务（Unacknowledged Connectionless Service）、有确认的无连接服务（Acknowledged Connectionless Service）、有确认的面向连接服务（Acknowledged Connection-oriented Service）。

无确认的无连接服务：两个相邻机器之间在发送数据帧之前，事先不建立连接，事后也不存在释放连接；源机器向目标机器发送独立的数据帧，而目标机器不对收到的帧做确认。大多数局域网都使用这种无确认的无连接服务方式。

有确认的无连接服务：仍然不需要建立连接，源机器向目标机器发送独立的数据帧，但是接收站点要对收到的每一帧做确认，即在收到数据帧之后回送一个确认帧，而发送站点在收到确认帧之后才会发送下一帧。当在一个确定的时间段内没有收到确认帧时，发送方就认为所发送的数据帧丢失并自动重发此帧。自动重发可能会产生接收站点收到重复的数据帧的问题。有确认的无连接服务方式适用于像无线网之类的不可靠信道。

有确认的面向连接服务：发送数据之前，首先需要建立连接，然后才会启动帧的传送。在发送数据阶段，要为所传送的每一帧编上号，数据链路层提供相应的确认和流量控制机制来保证每一帧都只被正确接收一次，并保证所有帧都按正确的顺序被接收。当数据传输完成之后，还需要拆除或释放所建立的连接。也就是说，面向连接的服务方式分为三个阶段：链路建立阶段、数据传输阶段和链路拆除阶段。可以这么说，只有有确认的面向连接服务方式才真正为网络层提供了可靠的无差错传输服务。这类服务实现的复杂度及代价很高，通常被用于误码率较高的不可靠信道，如某些广域网链路。

HDLC 协议用于实现有确认的面向连接服务。

图 4-21 为将 HDLC 用于实现有确认的面向连接数据传输服务的例子。图 4-21 为正常传输，其中将无编号帧用于链路连接的建立、维护与拆除；将信息帧用于发送数据并实现捎带的帧确认。所谓捎带（Piggybacking）技术，就是当一个数据帧到达后，接收方不是立即发送一个独立的反馈帧，而是等待一定时间。如果接收方也要发送数据，就将确认附加在一起发送。使用捎带技术的主要优点在于能较好地利用有限的信道带宽。

图 4-22 则表示出现差错后的处理过程，省略了关于连接建立的过程。由于 B 方没有数据帧要发送给 A 方，所以不能利用信息帧的捎带技术来反馈帧出错信息，只有专门发送一个监控帧用于告诉 A 方数据帧传输出错并同时给出建议的差错控制方式，显然在该例子中差错控制采用了选择重发方式。

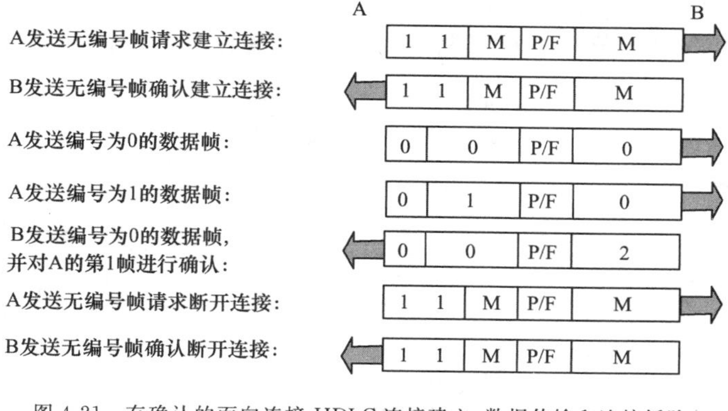

图 4-21 有确认的面向连接 HDLC 连接建立、数据传输和连接拆除

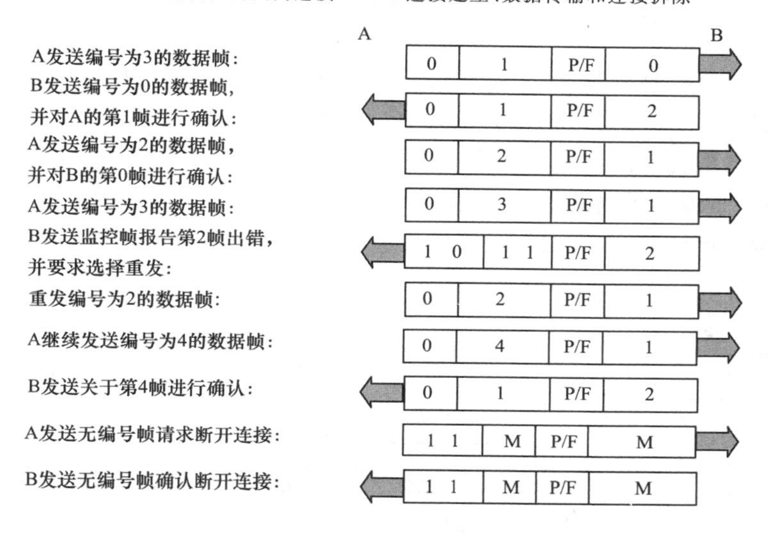

图 4-22 有确认的面向连接 HDLC 差错控制的实现

4.2 网络层

4.2.1 网络层功能概述

数据链路层能利用物理层所提供的比特流传输服务实现相邻节点之间的可靠数据传输,也就是说,数据链路层只能将数据帧由传输介质的一端送到另一端。但多数情况下,采用传输介质直接连接两个设备是不现实的,两个节点相距遥远或要进行多节点之间的通信。

例如,在图 4-23 中,从源主机 DTE1 到目的主机 DTE2 要历经许多中间节点,而这些中间节点构成了多条不同的网络路径,从而必然带来路径选择问题。也就是说,当 DCE1 收到从 DTE1 传来的数据后,就马上面临着是从 DCE2 还是 DCE3 或者是 DCE4 进行数据转发的问题,而数据链路层显然没有提供这种实现源端到目的端数据传输所必需的路径选择功能。数据链路层能够以物理地址(如 MAC 地址)来标识网络中的每一个节点,但不能绕开路径选择问题而直接利用物理层地址实现主机寻址。从源端到目的端存在许多的中间节点,这些中间节点构成了从源端到目的端的多条路径,所以面临路径选择的问题。

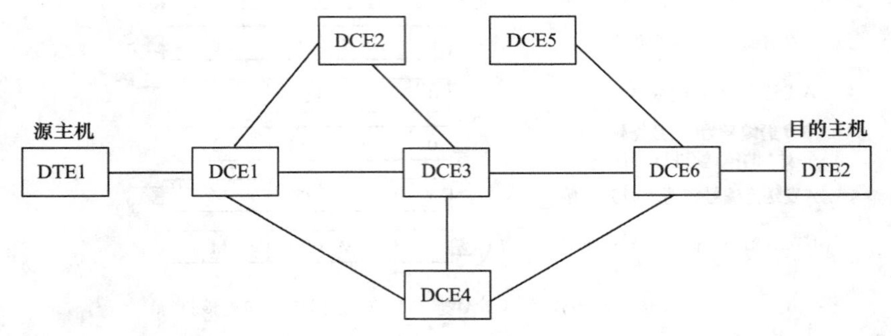

图 4-23 网络中间节点

所以,网络层(也称网际层、网络互联层)是用于解决数据链路层未解决的路径选择问题而存在的,它最主要的作用就是为网络节点选择传输数据的路径。如图 4-24 所示,涉及将源端发出的数据(分组)经各种途径送到目的端,从源端到目的端可能要经过许多中间节点;网络层是通信子网的最高层,但却是处理端到端数据传输的最底层;网络层是通信子网与资源子网的接口,即通信子网的边界;在网络层/传输层的接口上为传输层提供服务。

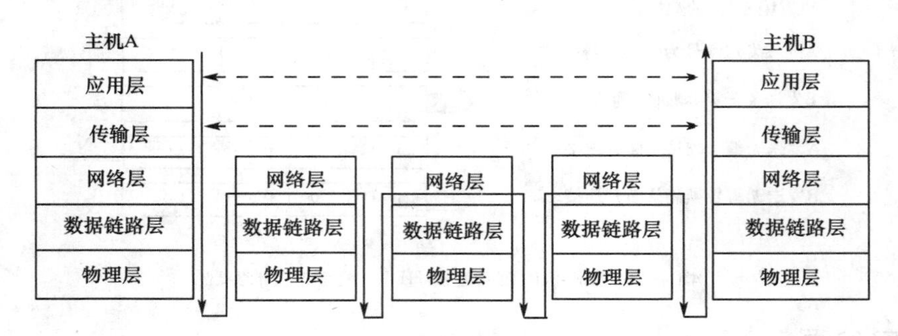

图 4-24 网络层的重要地位

为了有效地实现源端到目的端的分组传输,网络层需要提供多方面的功能。

首先,需要规定该层协议数据单元的类型和格式,网络层的协议数据单元被称为分组(Packet)或数据包。

其次,要了解通信子网的拓扑结构,从而能进行最佳路径的选择,最佳路径选择又被称为路由(Routing)。

最后,进行拥塞控制和负载平衡。

另外,当源主机和目的主机的网络不属于同一种类型时,网络层还要协调好不同网络间的差异即异构网络互联的问题。

TCP/IP 的网络层被称为网络互联层或网际层(Internet Layer)。网络层的主要协议包括 IP 协议、ARP 协议、RARP 协议、ICMP 协议和一系列路由协议。

4.2.2　数据交换技术

经编码后的数据在信源和信宿之间进行传输最理想的方式是在两个互联的站点之间直接建立传输信道并进行数据通信。在大范围的网络环境中直接连接两个设备是不现实的，也是不可取的，通常是通过网络的中间节点把数据从源站点发送到目的站点，实现数据通信。这些中间节点并不关心数据内容，而是提供一个交换设备，使数据从一个节点传到另一个节点，直至到达目的地为止。

数据经编码后在通信信道上传输，按数据传送技术划分，交换网络完成数据交换的方法有三种：电路交换、报文交换和分组交换。

1. 电路交换

电路交换(Circuit Switching)是指在数据传输期间，在源站点与目的站点之间建立专用电路连接，数据传输结束之前，电路一直被占用，而不能被其他节点所使用。用电路交换技术完成的数据传输要经历以下三个阶段。

数据交换技术-电路交换

(1)电路的建立

图 4-25 为一个交换网络的拓扑结构，"○"表示为提供通信交换功能的节点设备。

在传输数据之前，源端先经过呼叫过程建立一条端到端(站到站)的电路。例如在图 4-25 中，信源 H1 站发送一个连接请求(信令)到节点 A，请求与 H5 站建立一个连接。通常的做法是从 H1 站到节点 A 的电路是一条专用线路，这部分的物理连接已经存在。节点 A 必须在通向节点 E 的路径中找到下一个路由。根据路径选择规程，节点 A 选择到节点 B 的电路，在此电路上分配一个未用的通道(可使用复用技术)，并告诉节点 B 它要连接节点 E；节点 B 再呼叫节点 E，并建立电路 BE；节点 E 完成到 H5 站的连接。这样在节点 A 与节点 E 之间就有了一条专用电路 ABE，用于 H1 站与 H5 站之间的数据传输。

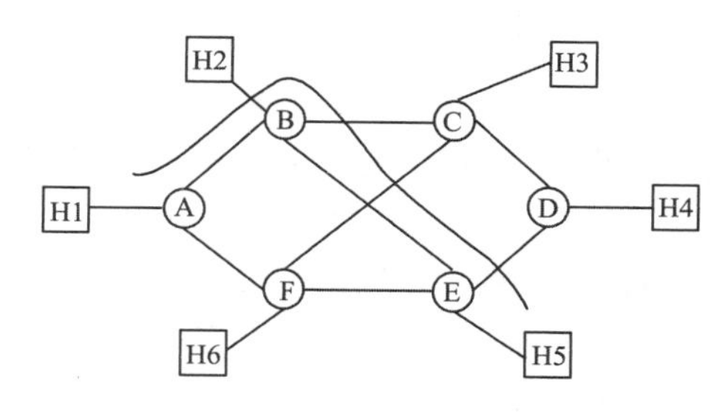

图 4-25　电路交换

(2)数据传输

电路 ABE 建立以后，数据就可以从 A 传送到 B，再由 B 传送到 E，也可以从 E 发送数据通过 B 到 A。这种数据传输经过每个中间节点时几乎没有延迟，并且没有阻塞的问题(因为是专用线路)。在整个数据传输过程中，所建立的电路必须始终保持连接状态，除非有意外的线路或节点故障而使电路中断。

(3)电路拆除

数据传输结束后，由通信的某一方发出拆除电路请求(信令)，对方做出响应并释放链路。被拆除的信道空闲后，可被其他连接请求所使用。

电路交换的优点：数据传输可靠、迅速，数据不会丢失且保持原来的序列。

电路交换的缺点：电路接续时间长；通信双方占有一条信道后，即使不传输数据其他用户也不能使用，造成信道容量的浪费，而且当数据传输阶段的持续时间很短暂时，电路建立和拆除所用的时间也得不偿失；当用户终端或网络节点负荷过重时，可能出现呼叫不通的情况，即不能建立电路连接。

电路交换适用场合：数据传输要求质量高且批量大的情况。在数据传输开始之前必须先建立一条专用的电路，在线路释放之前，该通路由一对用户完全占用。对于猝发式的通信，电路交换效率不高，电路交换的典型例子是电话通信网络。

2.报文交换

报文交换(Message Switching)方式不需要在两个站点之间建立一条专用电路，数据传输单位是报文。所谓“报文”，就是站点一次性要发送的数据块，其长度不限并且可变。传送过程采用“存储、转发”方式。当一个站要发送报文时，它将一个目的地址附加到报文上，途经的网络节点根据报文上的目的地址信息，把报文发送到下一个节点，一直逐个节点地转送到目的节点。每个节点在收到整个报文并检查无误后，就暂存这个报文，然后利用路由信息找出下一个节点的地址，再把整个报文传送给下一个节点。在同一时间内，报文的传输只占用两个节点之间的一段线路。而在两个通信用户间的其他线路段，可传输其他用户的报文，不像电路交换那样必须端到端信道全部占用。如图 4-26 所示。

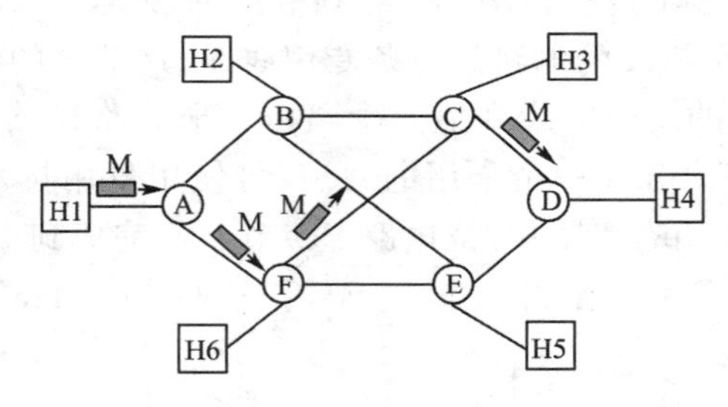

图 4-26 报文交换

报文交换节点通常是一台小型计算机，它具有足够的存储容量来缓冲收到的报文。

报文交换的特点：

(1)报文从源站点传送到目的站点采用“存储-转发”方式，在传送报文时，一个时刻仅占用一段通道。

(2)在交换节点中需要缓冲存储，报文需要排队，故报文交换不能满足实时通信的要求。

报文交换与电路交换相比有以下优点：

(1)电路利用率高。由于许多报文可以分时共享两个节点之间的电路，所以对于同样的通信量来说，报文交换对电路的传输能力要求较低。

(2)在电路交换网络上，当通信量变得很大时，就不能接收新的呼叫。而在报文交换网络上，通信量大时仍然可以接收报文，不过传送延迟会增加。

(3)报文交换系统可以把一个报文发送到多个目的地，而电路交换网络很难做到这一点。

报文交换的缺点：

(1)不能满足实时或交互式的通信要求，报文经过网络的延迟时间长而且不定。

(2)有时节点收到过多的数据而无空间存储或不能及时转发时，就不得不丢弃报文。

3. 分组交换

分组交换(Packet Switching)是报文分组交换的简称，又称包交换。它是报文交换的一种改进，它将报文分成若干个分组(packet)，每个分组的长度都有上限，有限长度的分组使得每个节点所需的存储能力降低了，分组可以存储到内存中，提高了交换速度。每个分组中包括数据和目的地址。其传输过程在表面上看与报文交换类似，但由于限制了每个分组的长度，因此大大地改善了网络传输性能。分组交换有虚电路分组交换和数据报分组交换两种，它是计算机网络中使用最广泛的交换技术。

分组交换与报文交换最大的不同是，它把数据传送单位的最大长度限制在较小的范围内，这样每个节点所需要的存储量降低了；分组是较小的传输单位，只有出错的分组才会被重发，因此大大降低了重发的比例和开销，提高了交换速度。源节点发出一个报文的第一个分组后，可以连续发出第二个、第三个分组，而第一个分组可能还在半路中，这些分组在各个节点中被同时接收、处理和发送，而且可走不同的路径。这种并行性缩短了整体传输时间，并随时根据网络中流量分布的变化来确定尽可能快的路径。分组交换适用于交互式通信，如终端与主机通信。

(1)虚电路方式

虚电路方式又分为两种：呼叫虚电路和永久虚电路。

呼叫虚电路方式也要经历以下三个过程。

①建立虚电路

网络的源节点和目的节点要事先建立一条逻辑通路。在图 4-27 中，假设 H1 站有一个或多个分组要发送到 H3 站去，那么它首先要发送一个呼叫请求分组到节点 A 请求建立一条到节点 B 的连接。节点 A 确定到节点 B 的路径，节点 B 再确定到节点 C 的路径，节点 C 最终把呼叫请求分组传送到 H3 站，如果 H3 站准备接收这个连接，就发送一个呼叫接收分组到节点 C，这个分组通过节点 B 和 A 返回到 H1 站，则在 H1 站与 H3 站建立了一条逻辑通路。

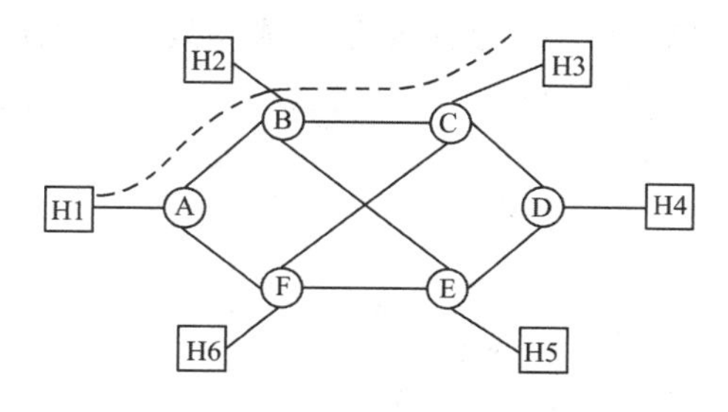

图 4-27　呼叫虚电路方式

②交换数据

在逻辑通路建立后，即可在虚电路上交换数据。每个分组除了包含数据之外还得包含一个虚电路标识符(虚电路号)。根据预先建立好的路径，路径上的每个节点都知道把这些分组传送到哪里去，不再需要路由选择判断。

③拆除虚电路

当数据交换结束后，其中任意一个站均可发送拆除虚电路的请求来结束这次连接。一个站能和任何一个站建立多个虚电路，也能与多个站建立虚电路。这种传输数据的逻辑通路之所以是“虚”的，是因为这条电路不是专用的而是时分复用的。每条虚电路支持特定的两个端点之间的数据传输，两个端点之间也可以有多条虚电路为不同的通信进程服务，这些虚电路的实际路可能相同，也可能不同。

呼叫虚电路技术的主要特点：在数据传输之前先建立站与站的一条路径。需注意的是，虚电路没有专用通路。分组在每个节点上仍需要缓冲，并在输出线路上排队等待输出。

永久虚电路：通信双方虚电路路由信息事先存储在各交换节点的路由表中，通信的双方永远在线，数据传输前不必再有建立连接阶段，当然事后也不存在释放连接的问题。

永久虚电路方式适合于有大量数据传输的用户，每次通信可省去呼叫建立连接过程。

(2)数据报方式

在数据报(Datagram)方式中，每个分组的传送是被单独处理的，就像报文交换中的报文一样也是独立处理的。每个分组被称为一个数据报，每个数据报自身携带足够的地址信息。一个节点接收到一个数据报后，根据数据报中的地址信息和节点所存储的路由信息，找出一个合适的出路，把数据报发送到下一个节点。因此，当某一个站点要发送一个报文时，要先把报文拆成若干个带有分组序号和地址信息的数据报，依次发送到网络节点。各个数据报所走的路径可能不同，各个节点可以随时根据网络流量、故障等情况动态选择路由，从而造成各个数据报的到达不保证是按顺序的，甚至有的数据报会丢失。在整个过程中，没有虚电路建立，中间节点要为每个数据报做路由选择。

以图 4-28 为例，H1 站有由三个分组组成的报文发向 H4 站，它首先将各分组发向节点 A 并存入缓存器中，之后选定空闲的路径向目的站传送。假如分组 P1、P2 选定了节点 B，而分组 P3 选定了节点 F，在分组每经过一个节点时，都按“存储-选径-转发”的方式发送，直至将各分组传送至 H4 工作站。由于各个分组所经的路径不同，再加上各分组在各节点上排队等待的时间不同，从而导致各个分组到达节点 D 的时刻可能不同，为此节点 D 只能在收齐后才能将分组 P1、P2、P3 重新组装成同发送端相同的完整的报文，随后送到工作站 H4，至此一次报文传输完毕。在这种交换方式中，每个分组在各个节点再向前传输时均需经过路由选择；另外，在发送端要将整个报文分割成报文分组，而且在接收端要重新组装。

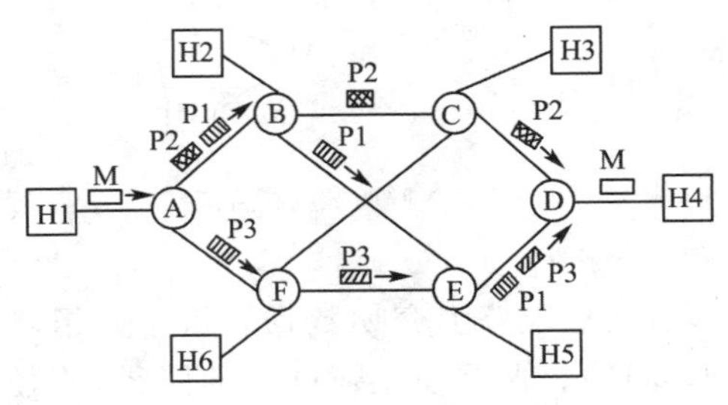

图 4-28 数据报分组交换

虚电路方式与数据报方式相比，其不同点在于：

①虚电路方式是面向连接的交换方式，常用于两端点之间数据交换量大的情况，能提供可靠的通信功能，保证每个分组正确到达，且保持原来的顺序。

但虚电路方式有一个弱点，当某个节点或某条链路因故障而彻底失效时，则所有经过故障点的虚电路将立即破坏，导致本次通信失败。

②数据报方式是面向无连接的交换方式，适用于交互式会话中每次传送的数据报很短的情况。该方式省略了呼叫建立过程，因此当要传输的分组较少时，这种方式比虚电路方式快速、灵活。而且分组可以绕开故障区到达目的地，因此故障的影响要比虚电路方式小得多，但数据报方式不保证分组按顺序到达，即数据报提供的是不可靠无连接的交换方式。

(3)各种数据交换技术的比较

图 4-29 所示为三种交换技术在 4 个节点情况下通信的时序图。传输过程是有延时的，而且传输报文或分组的实际时间和节点数目多少、节点的处理速度、线路传输速率、传输质量、节点的负荷等诸多因素有关。

不同的交换技术适用于不同的场合：

①对于交互式通信来说，报文交换是不合适的。

②对于较轻的或间歇式负载来说，电路交换是最合算的，因为可以通过电话拨号来使用公用电话系统。

③对于两个站之间的很重的和持续的负载来说，使用租用的电路交换是最合算的。

④当有一批中等数量数据必须交换到大量的数据设备时，可用分组交换方法，这种技术的线路利用率是最高的。

⑤数据报分组交换适用于短报文，能使报文具有灵活性。

⑥虚电路分组交换适用于长交换，能减轻各站点的处理负担。

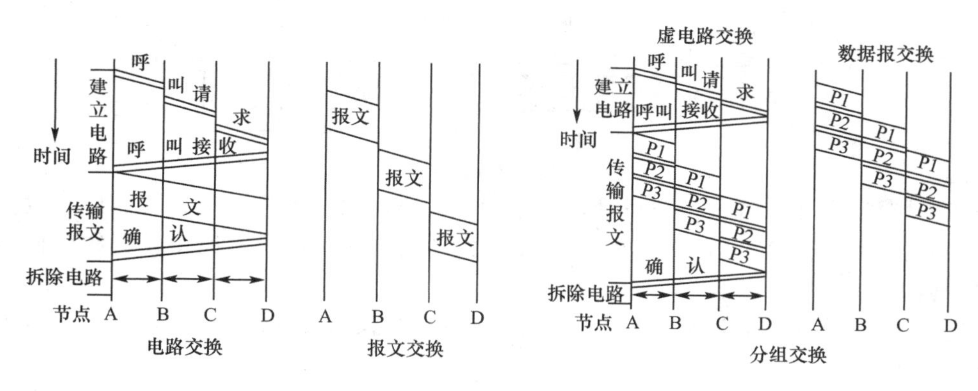

图 4-29　三种交换技术的比较示意图

4.2.3　IP 协议

网络层是 TCP/IP 模型中的关键部分，它的功能是使主机把分组通过任何网络独立地传向目的地。这些分组到达的顺序和发送的顺序可能不同，因此高层必须对分组排序。

网络层定义了正式的IP数据报格式和协议，即IP协议。IP协议屏蔽了下层各种物理子网的差异，能够向上提供统一格式的IP数据报。IP数据报采用数据报分组传输方式，提供的服务是无连接的。

它的主要功能是：

(1)IP协议接收来自传输层的请求，把传输层送来的信息组装成IP数据报，并把IP数据报传递给主机-网络层。

(2)IP协议提供不可靠无连接数据报传送。

所谓不可靠，是指不能保证正确传送，分组可能丢失、重复、延迟或不按顺序传送，服务不检测这些情况，也不通知发送方和接收方。

所谓无连接，是指每个分组都是独立处理的，可能经过不同的路径，有的可能到达，有的可能丢失。

(3)处理互联的路径、流量控制与拥塞问题。

1.IP数据报的格式

IP地址

在TCP/IP的标准中，各种数据格式常以32比特为单位来描述。由于IP协议实现的是面向无连接的数据报服务，所以，IP协议控制传输的协议单元称为IP数据报(或IP分组，IP包)。图4-30给出了IP数据报的格式，可以看出，IP数据报由报头(也称分组头)和正文(数据)两部分组成，最大长度为65 536个字节。报头长度不固定，由20个字节的固定部分和变长的任选字段组成。下面介绍报头各字段的含义。

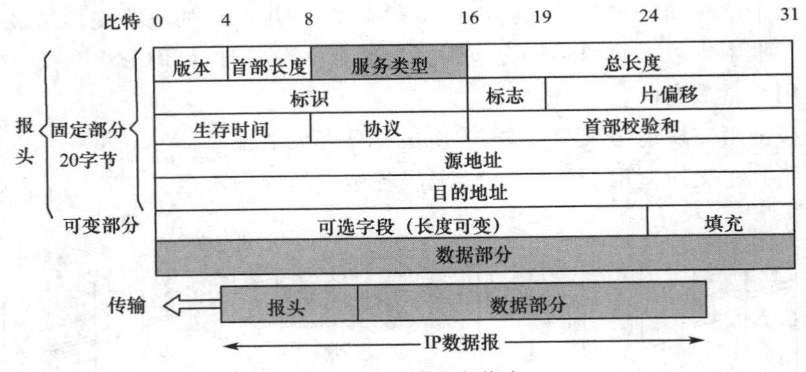

图4-30　IP数据报格式

版本字段：占4比特，表示与数据报对应的IP协议的版本号。包含了创建该数据报的IP协议的版本信息，用来证实发送方、接收方和它们之间的所有路由器都约定使用该数据报格式。

当前的IP协议版本是4，使用IPv4来表示当前协议的版本信息。以前的3个版本目前已不使用。

报头长度字段：占4比特，给出了以32比特字长为单位的报头长度。在IP数据报报头中，除数据可选项字段和填充字段外，其他各字段都是定长。各定长字段长度之和为20(5×32位)个字节，因此报头长度字段最小值为5。一个含数据可选项字段的IP数据报报头的长度取决于数据可选项字段的长度，但报头长度字段最大值为15，故报头最长为60(15×32位)个字节。

服务类型字段：占 8 比特，给出了数据报传送过程中对服务质量的请求，该请求通常由路由器处理。

总长度字段：占 2 个字节，指报头和数据部分的长度之和，最大为 65 536 个字节。

IP 协议提供了 IP 数据报的分段和重组的功能，网络数据都是通过物理网络帧传输的。IP 数据报最终也要通过物理网络帧来传输，将数据报直接映射到物理网络帧的方式称为数据报封装，其中数据报作为物理网络帧的数据部分来传送。封装的过程如图4-31所示。

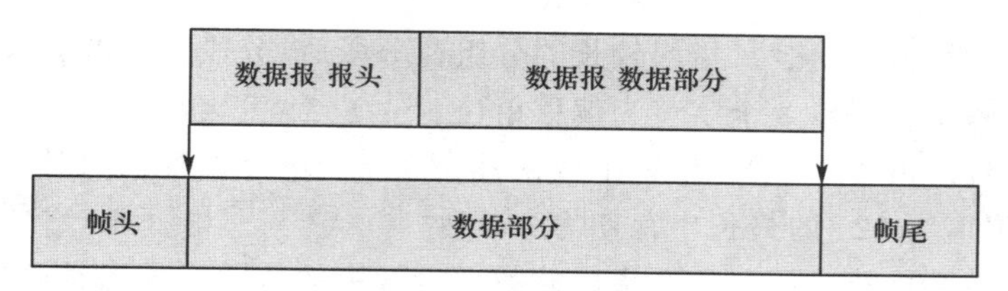

图 4-31　IP 数据报封装成数据帧示意图

数据报分段意味着把它分成几个分段，每个分段的格式与原来的数据报相同。

假设初始的数据报含有 1 400 字节的数据，网络的 MTU 为 660 字节，报头长 20 字节，分段的过程如图 4-32 所示。

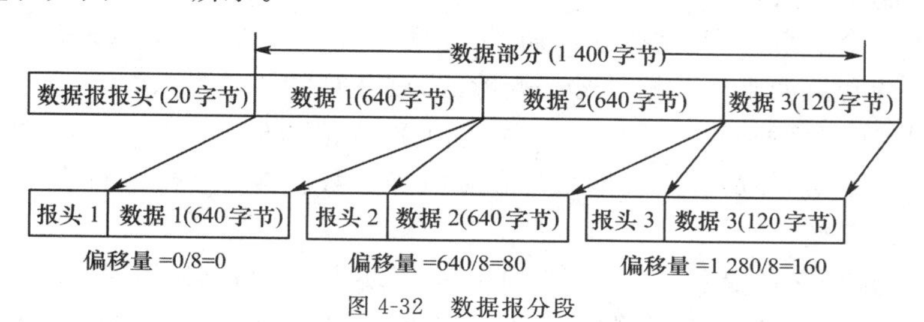

图 4-32　数据报分段

每个数据报分段都包含一个数据报报头，它基本复制了原始数据报的报头(标志字段和段偏移字段除外)，见表 4-3，后面紧跟数据，并保持分段的总长度小于等于 MTU 的长度，除最后一片外，每一数据分片的长度为 8 字节(64 位)的倍数。

表 4-3　IP 数据报报头中与分段有关的字段数值对应表

	总长度	标识	标志		段偏移
			MF	DF	
原始数据	1 420	1 234	0	0	0
分段 1	660	1 234	1	0	0
分段 2	660	1 234	1	0	80
分段 3	140	1 234	0	0	160

一旦数据报分段后，每段都作为独立的数据报传输，直到到达目的主机后才对它们进行重组。数据报首部中的标识字段、标志字段和段偏移字段用来控制数据报的分段与重组。

数据报标识字段：占 2 个字节，表示数据报的唯一性。用于当数据报需要被分段时，所有被分段的数据报的统一标识，以表示这些数据报的分段属于同一完整的数据报。

标志字段：占3比特，该字段被划分成3个子字段，如图4-33所示。MF位为段未完位，指明本段是否为原始数据报的最后一段。MF=1，表示还有更多的分段，MF=0，表示是最后一个分段。DF位为是否被分段位，DF=1，表示未分段，DF=0，表示已分段。

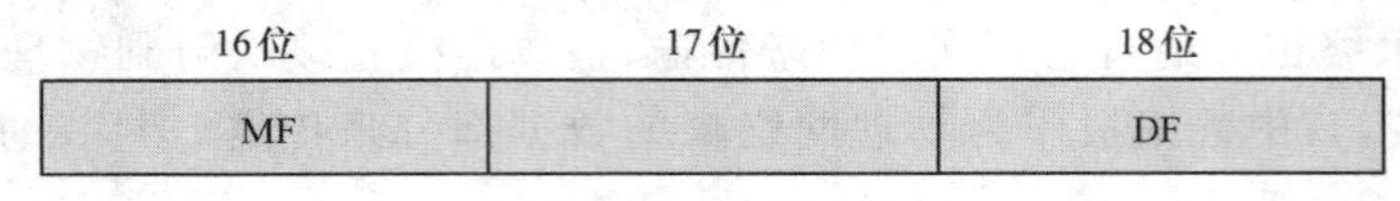

图4-33 标志字段各位功能

段偏移量字段：占13比特，指明较长的分组在分段后，分段所携带的数据在原始数据报中的偏移量，即位置。以8个字节为偏移单位。

生存周期字段：占1个字节，设置了数据报在互联网中允许存在的时间，以秒为单位。生存周期的建议值为32秒，最长生存期为255秒。

协议字段：占8比特。协议字段指出此数据报携带的传输层数据是何种协议，使目的主机的IP层知道应将此数据报上交给哪个进程。

常用的一些协议和相应的协议字段的值为：1(ICMP协议)、6(TCP协议)、17(UDP协议)等。

报头校验和字段：占2个字节。只验证IP数据报报头，不包括数据部分。这是因为数据报每经过一个节点，一些字段如周期、标志等可能发生变化，节点处理机就要重新计算一下报头校验和。如果将数据部分一起检验，则计算的工作量太大。

源站IP地址和目的站IP地址字段：包含了数据报的最初发送方和最终接收方的32比特IP地址(详见第8章)。指明网络号和主机号。数据报可能经过许多中间路由器，但这两个字段始终不变。

选项字段：选项字段是任选的，包含的选项主要用于网络测试或调试。

填充字段：用于保证IP数据报的报头长度为32比特的倍数，若不足，由"0"补齐。

数据字段：用于封装上层(传输层)的数据。

2.路由数据封装过程

首先，当路由器的某个端口接收到一个帧时，其将帧头剥离(成为第三层的IP分组)，然后检查IP头信息中给出的目标IP地址；其次，查找路由表，寻找与目标网络相关的路由项；最后，根据路由表给出的路由信息，重新将数据包封装成适合下一网段传输的数据帧，并从合适的路由器端口送出。

需要说明的是，如果路由器获知目标网络位于与其直接相连的一个端口上，则当其获得目标IP地址相应的MAC地址(网卡地址或称物理地址，MAC子层将在第5章介绍)映射信息后，即可直接以该MAC地址进行数据帧的封装，并将其送达正确的目标。

若目标网络没有位于与路由器直接相连的一个端口上，则路由器也不可能获得关于最终目标IP相应的MAC地址映射信息。此时需要借助于其他路由器进行数据的转发。将数据包以其他合适的路由器MAC地址进行封装，将数据包转发给下一个路由器，由该路由器完成后续工作。

当数据在IP网络上传输时，涉及多次的路由选择及相应的帧传输过程。但在该过程中，源IP地址和目标IP地址始终保持不变，但源和目标的MAC地址却每次都在做相应

的改变。

3. 阻塞控制

阻塞现象是指到达通信子网中某一部分的分组数量过多,使得该部分网络来不及处理,以致产生这部分乃至整个网络性能下降的现象,严重时甚至会导致网络通信业务陷入停顿,即出现死锁现象。这种现象跟公路网中经常见到的交通拥挤一样,当节假日公路网中车辆大量增加时,各种走向的车流相互干扰,使每辆车到达目的地的时间都相对增加(延迟增加),甚至有时在某段公路上车辆因堵塞而无法开动(发生局部死锁)。

网络的吞吐量与通信子网负荷(通信子网中正在传输的分组数)有着密切的关系。当通信子网负荷比较小时,网络的吞吐量(分组数/秒)随网络负荷(每个节点中分组的平均数)的增加而线性增加。当网络负荷增加到某一值后,网络的吞吐量反而下降,则表征网络中出现了阻塞现象。在一个出现阻塞现象的网络中,到达某个节点的分组将会遇到无缓冲区可用的情况,从而使这些分组不得不由前一节点重传,或者需要由源节点或源端系统重传,从而使通信子网的有效吞吐量下降。由此引发恶性循环,使通信子网的局部甚至全部处于死锁状态,最终导致网络有效吞吐量为零。

4.2.4 IP地址

在Internet中,只有单纯的网络硬件互联是不够的,还需要有相应的软件互联起来的计算机才能相互通信,而TCP/IP就是Internet的核心。下面对IP地址做详细的阐述。

1. IP地址的作用

为了实现Internet上不同计算机之间的通信,除了使用相同的通信协议TCP/IP之外,每台计算机都必须有一个不与其他计算机重复的地址。我们知道以太网利用MAC地址(物理地址)来标识网络中的一个节点,两个以太网节点的通信是通过MAC地址来进行的,但是世界上存在着各种各样的网络,它们使用不同的网络技术,物理地址的长度、格式和表示方法也各不相同,因此,在Internet上采用统一物理地址的方式来标识网络中的一个节点是不现实的。

既然不能在Internet上统一物理地址的表示方式,那么对各种物理网络地址的统一必须通过上层软件来实现,也就是说,Internet上对各种物理网络地址的统一需要在IP层实现。

Internet采用全球通用的地址格式,为每台连接在Internet上的主机(包括路由器)分配一个在全世界范围内唯一的地址,即IP地址,该地址由32位二进制数表示,由IP层的IP协议规定。IP协议的一项重要功能就是屏蔽主机原来的物理地址,从而在全网中使用统一的IP地址。

在Internet上,主机可以利用IP地址来标识。严格意义上讲,IP地址标识的不是一台主机,而是主机到一个网络的连接。因此,具有多个网络连接的互联设备就应具有多个IP地址。在图4-34中,路由器分别与两个不同的网络相连,因此它应该具有两个不同的IP地址。装有多块网卡的主机由于每一块网卡都可以提供一个物理连接,因此它也应该具有多个IP地址。在实际应用中,还可以将多个IP地址绑定到一个物理连接上,使一个物理连接具有多个IP地址。

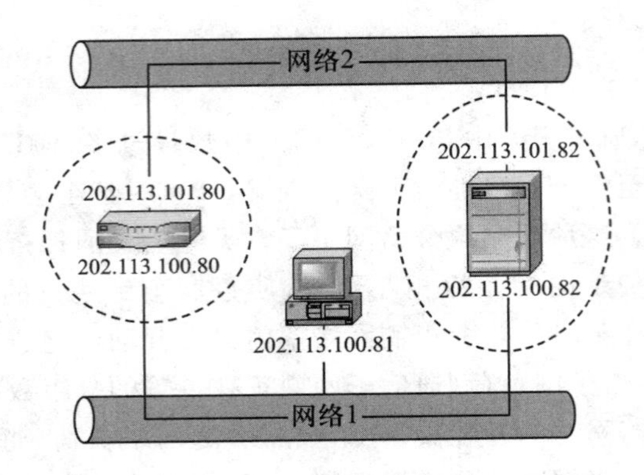

图 4-34 IP 地址的作用是标识网络连接

2. IP 地址的组成

(1)IP 地址的层次结构

Internet 上包括若干个网络，而每个网络又包括若干台主机，因此，Internet 是具有层次结构的，如图 4-35 所示。与 Internet 的层次结构相对应，Internet 使用的 IP 地址也采用了层次结构，由网络号(Net ID)和主机号(Host ID)两个层次组成，如图 4-36 所示。

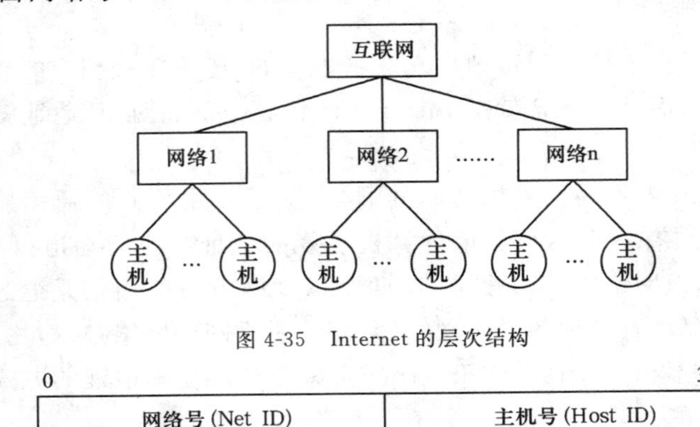

图 4-35 Internet 的层次结构

0 网络号(Net ID)	主机号(Host ID) 31

图 4-36 IP 地址结构

IP 地址中的网络号用来标识 Internet 上的一个特定网络，主机号用来标识该网络中主机的一个特定连接，因此 IP 地址的编址方式明显地携带了位置信息。如果给出一个具体的 IP 地址，马上就能知道它位于哪个网络，这为 Internet 的路由选择带来方便。

(2)IP 地址的表示

IP 地址是 Internet 主机或网络的一种数字型标识。目前所使用的 IP 协议版本规定：IP 地址由 32 位二进制数字组成，按 8 位为单位分为 4 个字节。如：11000000 10101000 00000000 01100011。

由于二进制不容易记忆，IP 地址通常用点分十进制方式表示。点分十进制方式就是将 32 位 IP 地址中的每 8 位(一个字节)用其等效的十进制数字表示，每个十进制数字之间用小数点分开。例如：上述二进制数字用点分十进制方式可以表示为：192.168.0.99，这样就可以表示网络中某台主机的 IP 地址。相对于二进制形式，这种表示要直观得多，便于阅读和理解。

(3)IP 地址的分类

IP 地址分为五类：A 类、B 类、C 类、D 类和 E 类。其中 A、B 和 C 类地址被称为基本的 Internet 地址，供用户使用，为主类地址。D 类和 E 类地址为次类地址，D 类地址被称为组播(Multicast)地址，E 类地址被称为保留地址。五类 IP 地址的结构，如图 4-37 所示。

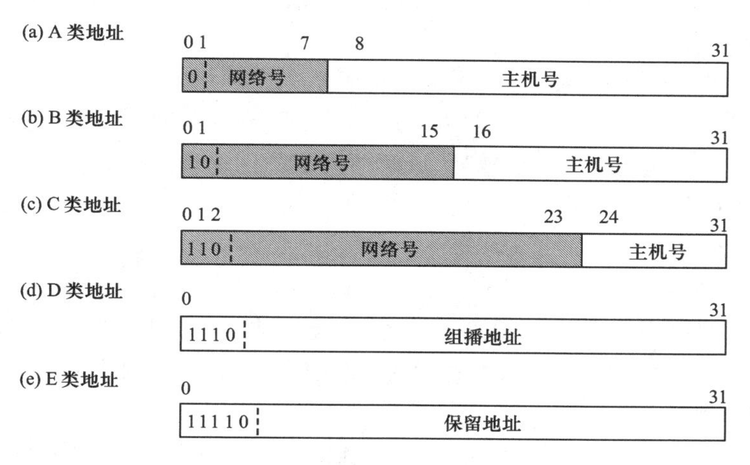

图 4-37　五类 IP 地址的结构

A 类地址第一字节的第一位为“0”，其余 7 位为网络号。后三字节(24 位)为主机号。A 类地址中网络数为 126(2^7-2)个，网络号为全“0”和全“1”，这两个值不能代表单台主机地址，保留用于特殊目的。每个网络包含的主机数为 16 777 214 个($2^{24}-2$，全“0”和全“1”也有特殊作用)。一台主机能使用的 A 类地址的有效范围是 1.0.0.1～126.255.255.254。A 类网络与其他类别网络相比，能够容纳的主机数目是最大的，而且其网络数量有限，所以 A 类地址一般用于世界上少数的具有大量主机的网络。如图 4-37(a)所示。

B 类地址第一字节的前两位为“10”，其余 6 位加上第二字节 8 位(14 位)为网络号，后两个字节用来表示主机号。B 类地址网络数为 16 382($2^{14}-2$)个，每个网络包含的主机数为 65 534($2^{16}-2$)个，网络号和主机号全“0”和全“1”有特殊作用。因此，一台主机能使用的 B 类地址的有效范围是 128.0.0.1～191.252.255.254，主要用于一些国际大公司和政府机构等中等规模的网络。如图 4-37(b)所示。

C 类地址第一字节的前三位为“110”，其余 5 位和第二、三字节共 21 位用于表示网络号，第四字节用于表示主机号。C 类地址网络数为 2 097 150($2^{21}-2$)个。每个网络包含的主机数为 254(2^8-2)个，一台主机能使用的 C 类地址的有效范围是 192.0.1.1～223.255.254.254，主要用于一些小公司和普通的研究机构等小型网络。如图 4-37(c)所示。

D 类地址第一字节的前四位为“1110”，地址范围为 224.0.0.0～239.255.255.255。D 类地址通常用于已知的多点传送或者组播的寻址，主要是留给 Internet 体系结构委员会 IAB 使用的。如图 4-37(d)所示。

E 类地址第一字节的前五位为“11110”。E 类地址是一个实验性地址，预留给将来使用。如图 4-37(e)所示。

IP 地址不是任意分配的，必须由国际组织统一分配。分配 A 类 IP 地址的国际组织是国际网络信息中心 NIC；分配 B 类 IP 地址的国际组织是 InterNIC、APNIC 和 ENIC；分配 C 类 IP 地址的组织是国家或地区网络的 NIC。

3. 特殊 IP 地址的形式

IP 地址除了可以表示主机的一个物理连接外，还有几种特殊的表现形式。

(1)网络地址

在 Internet 中，经常需要使用网络地址来表示一个网络。IP 地址方案规定，网络地址包含了一个有效的网络号和一个全“0”的主机号，用来表示网络本身。例如在 A 类网络中：IP 地址 112.0.0.0 表示网络号为“112”的网络的网络地址；而一台 IP 地址为 202.103.3.141 的主机所在网络的网络地址为 202.103.3.0。

(2)广播地址

当一个节点向网络上的所有节点发送数据时，就产生了广播。为了使网络上所有节点能够注意到这样一个广播，就必须使用一个 IP 地址来进行识别，这就是广播地址，通常以二进制位全“1”结尾，广播地址有两种形式：直接广播地址和有限广播地址。

①直接广播地址

主机号各位全为“1”的 IP 地址为直接广播地址，用以标识网络上的所有主机。在技术上，这种广播地址被称作定向广播地址，因为它同时包含一个有效的网络标识和广播主机标识。例如，IP 地址为 192.168.0.12 的某台主机，就可以使用直接广播地址 192.168.0.255 向该网段上的所有主机发送广播。

②有限广播地址

IP 地址的 32 位全为“1”，即 255.255.255.255，用于本网广播，该地址被称为有限广播地址，作为启动过程的一部分，主机可以在获知它的 IP 地址或本地网络的 IP 地址之前使用本地网络广播地址。主机一旦知道了本地网络的正确 IP 地址，就应该使用定向广播。

(3)回送地址

以 127 开始的 IP 地址都保留回路测试，用于网络内部。发送到这个地址的分组不输出到线路上，它们被内部处理并当作输入分组。例如 IP 地址 127.0.0.1，可用于网络软件测试或本地主机进程间通信，该地址被称为回送地址。

(4)私有地址

10.0.0.0～10.255.255.255、172.16.0.0～172.31.255.255、192.168.0.0～192.168.255.255 这三段 IP 地址被称为私有地址，这些地址被大量用于企业内部网络中。私有网络由于不与外部互联，因而能使用随意的 IP 地址。保留这样的地址供其使用是为了避免以后接入公网时引起地址混乱。使用私有地址的私有网络在接入 Internet 时，要使用地址转换(NAT)，将私有地址转换成公用合法地址。在 Internet 上，这类私有地址是不能出现的。

4.2.5 子网技术

子网技术

在Internet中，A类、B类、C类IP地址是经常使用的IP地址，它们分别适用于不同规模的网络。C类IP地址的网络可以容纳254台主机。随着个人计算机的普及，小型网络越来越多，对于一些小规模的网络和企业、机构内部网络，即使使用一个C类网络号仍然是一种浪费，因而在实际应用中，需要寻找一种方案解决IP地址浪费的问题，子网技术就是其中方案之一。

1. 子网的划分

子网划分(Subnetting)是指出于对管理、性能和安全方面的考虑，把单一的逻辑网络划分为多个物理网络，并使用路由器将它们连接起来，这些物理网络统称为子网。

划分子网的方法是：将主机标识部分划出一定的位数用作本网的各个子网，其余的主机标识作为相应子网的主机标识部分。划分给子网的位数根据实际情况而定。这样IP地址就由三部分组成，即网络号、子网号和主机号。其中，网络号可以确定一个站点，子网号可以确定一个物理子网，而主机号可以确定与子网相连的主机。因此，一个IP数据包的路由就涉及三部分：传输到站点、传输到子网、传输到主机。

在计算机网络规划中，子网技术将单个大网划分为多个子网，并通过路由器等网络互联设备将各子网连接起来。如图4-38所示。

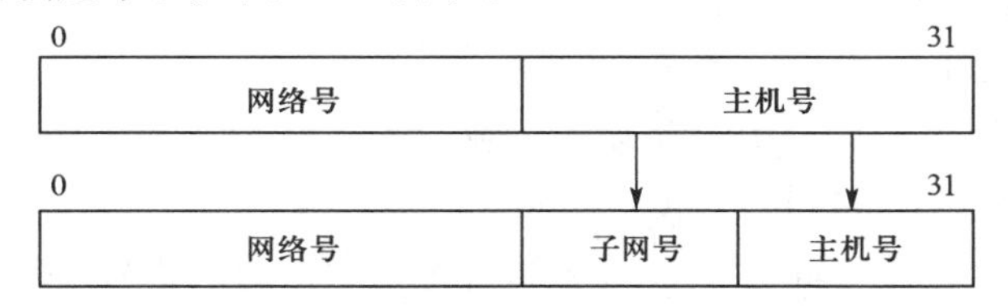

图4-38 子网划分

图4-39显示了一个B类地址的子网地址表示方式。此例中，B类地址的主机地址共16位，取主机地址的高7位做子网地址，低9位做每个子网的主机号。

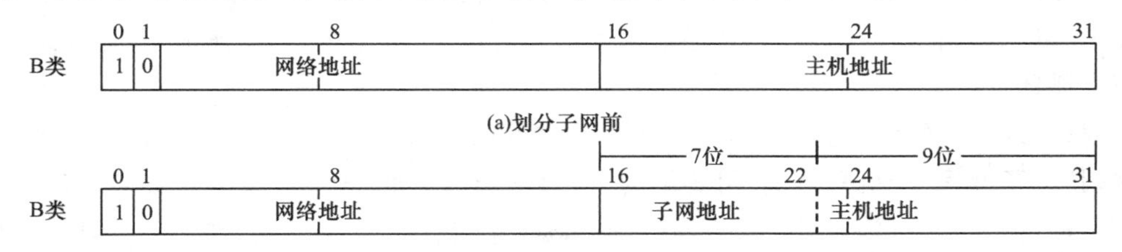

图4-39 B类地址子网划分

假定原来的网络地址为128.10.0.0，划分子网后，128.10.2.0表示第1个子网，128.10.4.0表示第2个子网，128.10.6.0表示第3个子网……

在这个方案中，实际最多可以有$2^7-2=126$个子网(不含全“0”和全“1”的子网，因为路由协议不支持全“0”或全“1”的子网号，全“0”和全“1”的网段都不能使用，但目前网络技术支持全“0”和全“1”的网段)。每个子网最多可以有$2^9-2=510$台主机(不含全“0”和全“1”的主机)。

子网地址的位数没有限制，可由网络管理员根据所需子网个数和子网中主机数目确定。

2. 子网掩码

(1)子网掩码

子网掩码有两大功能:一是用来区分 IP 地址中的网络号和主机号,另一个是将网络分割成多个子网。子网掩码是一个 32 位的二进制数值,取值通常是将对应于 IP 地址中网络地址(网络号和子网号)的所有位都设置为"1",对应于主机地址的所有位都设置为"0"。将子网掩码和 IP 地址进行按位"与"操作,在"与"运算的结果中,非零字节即网络号,而 IP 地址中剩下的字节就是主机号。标准的 A、B、C 类地址的缺省子网掩码如表 4-4 所示。

表 4-4　　A、B、C 类地址缺省子网掩码

地址类型	子网掩码十进制表示
A	255.0.0.0
B	255.255.0.0
C	255.255.255.0

【例 4-1】 有一个 C 类地址 192.9.200.13,其缺省的子网掩码为 255.255.255.0,则它的网络号和主机号可以按如下方法得到:

将 IP 地址 192.9.200.13 转换为二进制

11000000 00001001 11001000 00001101

将子网掩码 255.255.255.0 转换为二进制

11111111 11111111 11111111 00000000

将两个二进制数进行逻辑与(AND)运算后得到的即为网络号:192.9.200.0;

将子网掩码取反再与 IP 地址进行逻辑与(AND)运算后得到的即为主机号:0.0.0.13。

(2)子网地址和子网广播地址

与标准的 IP 地址相同,子网技术也为子网网络和子网广播保留了地址编号。在子网编址中,以二进制全"0"结尾的 IP 地址来表示子网,以二进制全"1"结尾的 IP 地址来表示子网广播地址。

假设有一个网络号为 202.102.3.0 的 C 类网络,可以借用主机号部分的 3 位来划分子网,其中子网号、主机号范围、可容纳的主机数、子网地址、子网广播地址如表 4-5 所示。

表 4-5　　对一个 C 类网络进行子网划分

子网	二进制子网号	十进制主机号范围	可容纳的主机数	子网地址	子网广播地址
第 1 个子网	001	.32～.63	30	202.102.3.32	202.102.3.63
第 2 个子网	010	.64～.95	30	202.102.3.64	202.102.3.95
第 3 个子网	011	.96～.127	30	202.102.3.96	202.102.3.127
第 4 个子网	100	.128～.159	30	202.102.3.128	202.102.3.159
第 5 个子网	101	.160～.191	30	202.102.3.160	202.102.3.191
第 6 个子网	110	.192～.223	30	202.102.3.192	202.102.3.223

注:现代网络技术也支持二进制子网号为"000"和"111"的子网。

3. 子网编址实例

子网规划和 IP 地址分配在网络规划中占有重要地位。在进行子网划分时应使子网号部分产生足够多的子网,而主机号部分能够容纳足够多的主机。下面通过实例来了解子网编址过程。

【例 4-2】 某公司申请了一个 C 类网络,其 IP 地址范围是 194.16.16.1～194.16.16.254,用二进制表示如图 4-40(a)所示。

假如该公司下属两个子公司,每个子公司作为一个子网,则可将 C 类地址的第四个字节的前两位留出作为子网划分,它们分别是 00、01、10、11(00 表示本子网,11 用于向子网广播,不可用)。每个子网的主机数为 62(2^6-2)个,子网掩码为 255.255.255.192(二进制表示为 11111111.11111111.11111111.11000000)。则子网 1 的 IP 地址范围如图 4-40(b)所示,子网 2 的 IP 地址范围如图 4-40(c)所示。

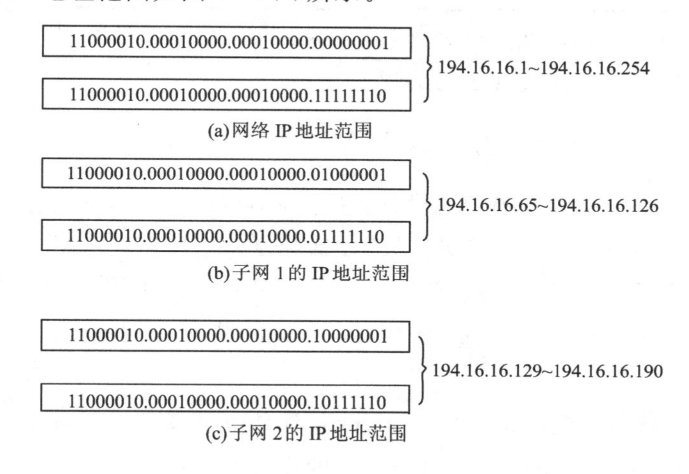

图 4-40　C 类网络 IP 地址范围

【例 4-3】 某公司的办公大楼设置财务室、人事科、销售处、工会、质检处、4 个车间办公室共 9 个科室(每个科室有 6 名工作人员,即 6 台电脑),为方便办公,要将每个科室的办公室规划成独立的子网,已知该办公大楼已分配了一个 C 类的 IP 地址网段,其地址为:192.169.5.0。作为网管员,应如何划分该办公大楼各科室子网的主机号?子网掩码是多少?

分析:9 个科室,每个科室都是一个独立的职能部门。因此,我们要把该网段划分为 9 个子网。根据编址原理:$2^N \geqslant$子网个数,因此要从主机号部分拿出 4 位来划分子网,子网掩码后 8 位二进制为 11110000 转换成十进制后为 240,所以子网掩码为 255.255.255.240。

子网主机号的划分如表 4-6 所示。

表 4-6　　子网主机号的划分

子网号	部门	起始地址	结束地址
1	财务室	192.169.5.17(0001 0001)	192.169.5.30(0001 1110)
2	人事科	192.169.5.33(0010 0001)	192.169.5.46(0010 1110)
3	销售处	192.169.5.49(0011 0001)	192.169.5.62(0011 1110)
4	工会	192.169.5.65(0100 0001)	192.169.5.78(0100 1110)
5	质检处	192.169.5.81(0101 0001)	192.169.5.94(0101 1110)
6	车间办公室 1	192.169.5.97(0110 0001)	192.169.5.110(0110 1110)
7	车间办公室 2	192.169.5.113(0111 0001)	192.169.5.126(0111 1110)
8	车间办公室 3	192.169.5.129(1000 0001)	192.169.5.142(1000 1110)
9	车间办公室 4	192.169.5.145(1001 0001)	192.169.5.158(1001 1110)

管理员在对各科室的地址进行分配时，只要根据所列地址段的 IP 地址范围设置各主机的 IP 地址，就可以很好地实现子网的规划。

*4.2.6　Internet 组管理协议 ICMP

从 IP 协议的功能，可以知道 IP 提供的是一种不可靠的无法连接报文的分组传送服务。若路由器等设备故障使网络阻塞，就需要通知发送主机采取相应措施。

为了使互联网能报告差错，或提供有关意外情况的信息，网络层提供了 Internet 控制消息协议(Internet Control Message Protocol，ICMP)用来检测网络，包括路由、拥塞、服务质量等问题。

ICMP 提供了比较易懂的出错报告信息，通常是由发现别的站发来的报文有问题的站产生的，发送的出错报文返回到发送原数据的设备，因为只有发送设备才是出错报文的逻辑接收者。发送设备随后可根据 ICMP 报文确定发生错误的类型，确定如何才能更好地重发失败的数据包。但是 ICMP 唯一的功能是报告问题而不是纠正错误，纠正错误的任务由发送方完成。ICMP 是在 RFC792 中定义的，其中给出了多种形式的 ICMP 消息类型，每个 ICMP 消息类型都被封装在 IP 分组中，通过 IP 送出。

我们在网络中经常会用到 ICMP 协议，比如我们经常用的用于检查网络通不通的 Ping 命令(Linux 和 Windows 中均有)，这个“Ping”的过程实际上就是 ICMP 协议工作的过程。还有其他的网络命令，如跟踪路由的 Tracert 命令也是基于 ICMP 协议的。

ICMP 报文是封装在 IP 数据报内部的，ICMP 报文的前 4 个字节是统一的，包含“类型”、“代码”和“校验和”三个字段，其他字节的内容与 ICMP 的类型有关。如图 4-41 所示。

类型字段：占 1 个字节，指出 ICMP 报文的类型。类型字段的值与 ICMP 报文的类型关系见表 4-7。

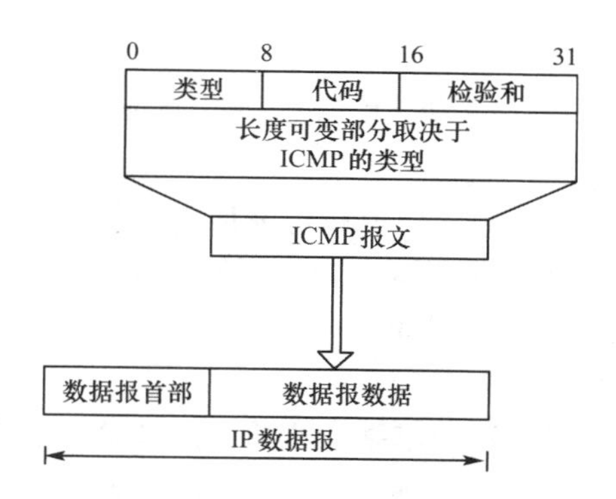

图 4-41　ICMP 报文格式及其与 IP 数据报的关系

表 4-7　类型字段的值与 ICMP 报文类型的关系

ICMP 报文种类	类型的值	ICMP 报文类型
差错报告报文	3	终点不可达
	4	源站抑制
	11	超时
	12	参数问题
	5	改变路由
询问报文	8 或 0	回送请求或回答
	13 或 14	时间戳请求或回答
	17 或 18	地址掩码请求或回答
	10 或 9	路由器询问或通告

代码字段：占 1 个字节，提供关于报文类型的详细信息。

校验和字段：共 2 个字节长，提供整个 ICMP 报文的校验和。

ICMP 报文有差错报告报文和询问报文两种。

ICMP 作为 IP 层的差错报文传输机制，最基本的功能就是提供差错报告。ICMP 差错报告都是采用路由器到源主机的模式，也就是说，所有的差错信息都需要向源主机报告。

1. ICMP 差错报告报文

(1)终点不可达：终点不可达分为网络不可达、主机不可达、协议不可达、端口不可达、数据包需要分片但 DF 比特已设置为 1，以及源路由失败六种情况，当出现以上六种情况时就向源节点发送终点不可达报文。

(2)源站抑制：当路由器或主机由于拥塞而丢弃数据报时，就向源节点发送源站抑制报文，使源节点知道应当将数据报的传输速率放慢。

(3)超时：当路由器收到生存时间为零的数据报时，除丢弃该数据报外，还要向源节点发送时间超过报文。当目的节点在预先规定的时间内不能收到一个数据报的全部数据报片时，就将已收到的数据报片都丢弃，并向源节点发送时间超过报文。

(4)参数问题：当路由器或目的主机收到的数据报的首部中有字段的值不正确时，就丢弃该数据报，并向源节点发送参数问题报文。

(5)改变路由(重定向)

路由器将改变路由报文发送给主机,让主机知道下次应将数据报发送给另外的路由器。

2. ICMP 询问报文

(1)ICMP 回送请求或回答:由主机或路由器向一个特定的目的主机发出的询问。收到此报文的机器必须给源主机发送 ICMP 回送回答报文。这种询问报文用来测试目的站是否可达以及了解其有关状态。如"Ping"命令就是使用了 ICMP 回送请求与回送回答报文,来测试两台主机之间的连通性。

(2)ICMP 时间戳请求或回答:请求某台主机或路由器回答当前的日期和时间。

(3)ICMP 地址掩码请求或回答:使主机可向子网掩码服务器获得某个接口的地址掩码。

(4)ICMP 路由器询问或通告:使主机能够了解连接在本网络上的路由器是否正常工作。

3. ICMP 协议的应用

(1)Ping 软件。借助于 ICMP 回送请求,应答报文,测试宿主机的可达性。

(2)跟踪 IP 数据报发送的路由。利用路由器对 IP 数据报中的生存周期的值做减 1 处理,一旦生存周期的值为 0 就丢弃该 IP 数据报,并返回主机不可达 ICMP 报文,源发送端针对指定的目的地,形成一系列接收方无法处理的 IP 数据报。

这些数据报除生存周期的值递增外,其他内容完全一样。这些数据报根据生存周期的取值逐个发往网络,第一个数据报的生存周期为 1;路由器对生存周期的值减 1 后,丢弃该 IP 数据报,并返回主机不可达 ICMP 报文;源发送端继续发送生存周期为 2,3,4…的数据报,由于主机和路由器中对路由信息的缓存能力,IP 数据报将沿着原路径向目的地前进。如果整个路径中包括了 N 个路由器,则通过返回 N 个主机不可达 ICMP 报文信息,了解 IP 数据报的整个路由。诊断工具为 Tracert。

(3)测试整个路径允许通过的最大 MTU。这种测试利用了数据报不允许分段,而转发网络的 MTU(最大传输单元)较小时会产生主机不可达报文的特点。这种测试在源、宿端具有频繁的大量数据传输时,具有较高的实用价值。

测试路径 MTU 的方法类似路由跟踪。源发送端发送一定长度且不允许分段的 IP 数据报,并根据路由器返回的主机不可达 ICMP 报文,逐步缩短测试 IP 数据报的长度。

4.2.7 ARP 协议和 RARP 协议

1. ARP 协议

在 TCP/IP 环境下,每台主机的 32 位 IP 地址只是一种逻辑地址,并不能直接利用它们来发送分组。因为在底层(数据链路层与物理层)的硬件是不能识别互联网逻辑地址的,还需要知道目的主机的物理地址(也叫 MAC 地址、硬件地址、网卡地址)。为了能让报文在物理网上传送,必须知道彼此的物理地址。这样就存在把互联网地址变为物理地址的地址转换问题。

ARP 协议的工作原理

下面先简要介绍物理地址和逻辑地址的关系。

物理地址用编入每个物理硬件设备只读存储器(ROM)中的 6 字节数字来标识物理网络中的设备。以太网物理地址(网卡地址)通常用 12 位十六进制数表示(如 00-AA-00-3F-89-4A)。地址的授权和注册由 IEEE 监督。

物理地址通常由网络设备的生产厂家直接烧入网卡的 EPROM 中,它存储的是传输数据时真正用来标识发出数据的源端设备和接收数据的目的端设备的地址。也就是说,在网络底层的物理传输过程中,是通过物理地址来标识网络设备的,这个物理地址一般是全球唯一的。

物理地址只能将数据传输到与发送数据的网络设备直接连接的接收设备上。对于跨越互联网的数据传输,物理地址不能提供逻辑地址的标识手段。

当数据需要跨越互联网时,应使用逻辑地址标识位于远程目的地的网络设备的逻辑位置。通过使用逻辑地址,可以定位远程的节点。逻辑地址(如 IP 地址)则是第 3 层地址,所以有时又被称为网络地址,该地址是随着设备所处网络位置的不同而变化的,即设备从一个网络被移到另一个网络时,其 IP 地址也会相应地发生改变。也就是说,IP 地址是一种结构化的地址,可以提供关于主机所处的网络位置信息。

IP 地址放在 IP 数据报的首部;物理地址放在 MAC 帧的首部。在网络层及以上使用的是 IP 地址,而在数据链路层及以下使用的是物理地址,如图 4-42 所示。

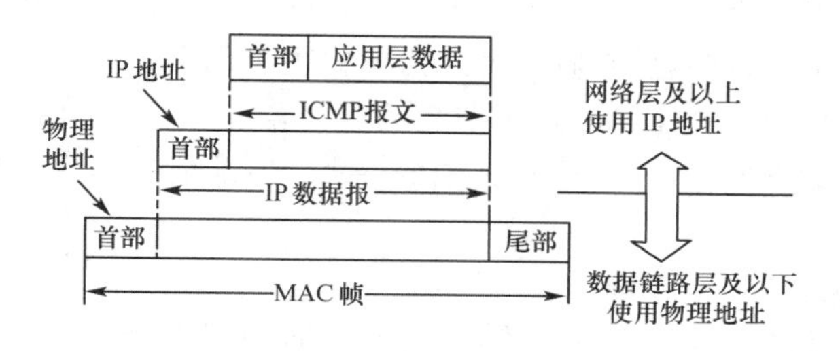

图 4-42　IP 地址与物理地址的区别

以以太网(Ethernet)环境为例,为了正确地向目的站传送报文,必须把目的站的 32 位 IP 地址转换成 48 位以太网目的地址 DA。这就需要在网络层有将 IP 地址转换为相应物理地址的服务,这就是地址解析协议(Address Resolution Protocol,ARP)。

ARP 协议的功能就是由一台主机的 IP 地址获得其物理地址。ARP 协议允许主机根据 IP 地址查找 MAC 地址。每一台主机都设有一个 ARP 高速缓存,里面有所在的局域网上的各主机和路由器的 IP 地址到硬件地址的映射表。下面以图 4-43 为例说明 ARP 的解析原理。

(1)同一(子)网络中 ARP 工作原理

一台计算机能够解析另一台计算机地址的条件是这两台计算机都连在同一物理网络中,如 IP 地址为 197.15.22.33 的主机向 IP 地址为 197.15.22.126 的主机发送数据报。

①在数据报发送以前,若源主机与目的端主机在同一网络中,源主机转向查找本地的 ARP 缓存,以确定在缓存中是否有关于目的端主机的 IP 地址与 MAC 地址的映射信息;若在缓存中存在目的端主机的 MAC 地址信息,则源主机的网卡立即以目的端主机的 MAC 地址为目的 MAC 地址,以自己的 MAC 地址为源 MAC 地址进行帧的封装并启动

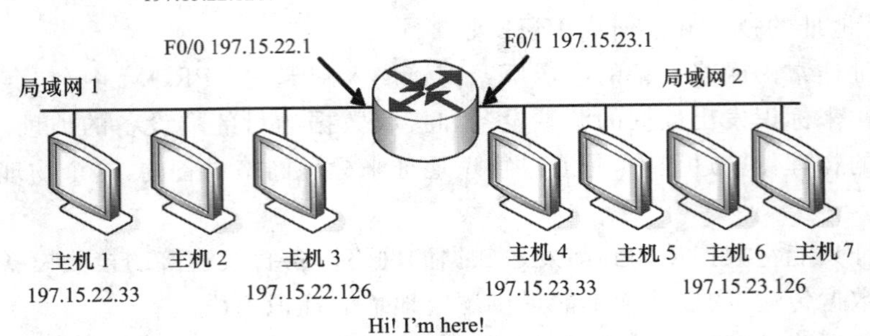

图 4-43 由一个路由器互联的两个局域网段

帧的发送；目的端主机收到该帧后，确认是给自己的帧，进行帧的拆封并取出其中的 IP 分组交给网络层去处理。

②若在缓存中不存在关于目的端主机的 MAC 地址映射信息，则源主机以广播帧的形式向同一网络中的所有节点发送一个 ARP 请求（ARP Request），在该广播帧中 48 位的目的 MAC 地址以全“1”即“ffffffffffff”表示，并在数据部分发出关于“谁的 IP 地址是 197.15.22.126”的询问，这里 197.15.22.126 代表目的端主机的 IP 地址。网络中的所有主机都会收到该广播帧，并且所有收到该广播帧的主机都会检查一下自己的 IP 地址，但只有目的端主机会以自己的 MAC 地址信息为内容给源主机发出一个 ARP 回应（ARP Reply）。源主机收到该回应后，首先将其中的 MAC 地址信息加入本地 ARP 缓存中，然后封装和发送相应帧。

（2）不同网络间 ARP 工作原理

若源或目标端主机处于不同的网络中（具有不同的网络号），那又如何从物理上找到相应的设备？ARP 广播不能跨网络传输，只能被同一网络内的机器所接收。因此，可对处于不同网络中的地址进行解析，采用将数据报送到默认网关的策略，这种策略被称为代理 ARP(Proxy ARP)。即所有目的主机不与源主机在同一网络中的数据报均会被发给源主机的默认网关，由默认网关来完成下一步的数据传输工作。

默认网关是指与源主机位于同一网段中的路由器或起路由作用的机器上相应接口的 IP 地址。在此例中相当于路由器的以太网接口 F0/0 的 IP 地址，即 197.15.22.1。默认网关与源主机具有相同的网络号，作用是当源和目标位于不同的网络中时，由于源主机无法获取目标 IP 与目标 MAC 地址之间的映射关系。此时若没有默认网关，则源主机不可能与位于不同网络中的目标主机通信。

运行代理 ARP 的路由设备具备以下功能：捕获 ARP 的广播包；若源和目标在同一网段中，则丢弃相应的包；若源和目标不在同一网段中，则路由设备以自己与源主机所在网段直接相连的接口的 MAC 地址回应源主机。

也就是说在该例中，主机 1 以默认网关的 MAC 地址为目的 MAC 地址，而以主机 1 的 MAC 地址为源 MAC 地址，将发往主机 4 的分组封装成以太网帧后发送给默认网关，然后由路由器来进一步完成后续的数据传输。实施代理 ARP 时需要在主机 1 上缓存关

于默认网关的 MAC 地址映射信息，若不存在该信息，则同样可以采用前面所介绍的 ARP 广播方式得知，因为默认网关与主机 1 是位于同一网段中的。图 4-44 为 ARP 解析协议的地址解析流程图。

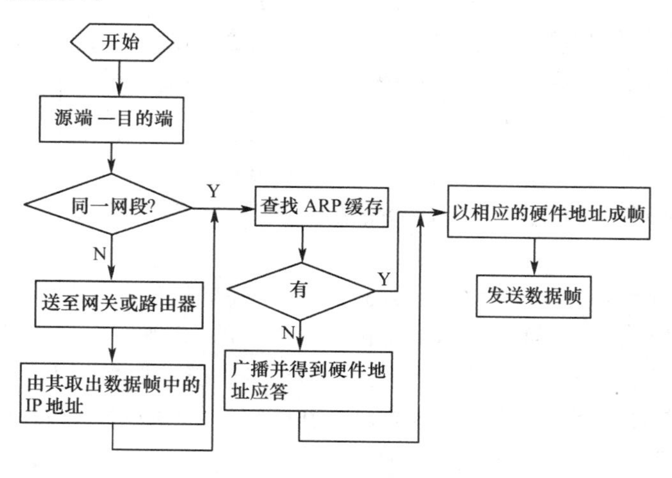

图 4-44　ARP 解析协议的地址解析流程图

2. RARP 协议

在网络中有一类站点，叫作无盘工作站。无盘工作站本身不需要大量的磁盘操作，文件放在网络中某台指定的带有硬盘的服务器中，一般情况下无盘工作站的 IP 地址都存放在服务器的硬盘中。无盘工作站与服务器是通过 IP 地址通信的，不知道 IP 地址便不能与服务器通信，IP 地址也就无从获取。在操作系统运行之前，必须先获取并使用 IP 地址。一台无盘工作站在不知道自身的 IP 地址和操作系统启动之前，拥有一个 MAC 地址，因为对一个物理网络来说，物理地址是唯一的，而且可以从硬件中读取。

反向地址解析协议(RARP)把 MAC 地址绑定到 IP 地址上。这种绑定允许一些网络设备在把数据发送到网络之前对数据进行封装。设备发送 RARP 请求，网络中的一个 RARP 服务器出面来应答 RARP 请求，RARP 服务器有一个事先做好的从工作站硬件地址到 IP 地址的映射表，当收到 RARP 请求分组后，RARP 服务器就从这张映射表中查出该工作站的 IP 地址，然后写入 RARP 响应分组，发回给工作站。

3. ARP 与 RARP 的分组格式

ARP 分组中的数据没有固定格式的首部。字段的长度依赖于硬件和协议的地址长度，以太网的硬件地址长度为 48 比特，IP 协议地址长度为 32 比特。ARP 分组的格式很通用，可以用于任何物理地址和任何协议地址中。

图 4-45 给出了用于以太网的 ARP、RARP 分组的格式，每一行为 32 位，也就是 4 个 8 位组。分组中各个字段的说明如下。

硬件类型：指明硬件接口类型，以太网值为 1。

协议类型：指明发送者在 ARP 分组中所给出的高层协议的类型，对 IP 协议而言，此值是 080616。

硬件地址长度：硬件地址的字节数，以太网值为 6。

协议地址长度：高层协议地址的字节数，IP 协议值为 4。

0 16 31比特

硬件类型	协议类型
硬件地址长度　　协议地址长度	操作
发送方硬件地址（8位组0~3）	
发送方硬件地址（8位组4~5）	发送方IP地址（8位组0~1）
发送方IP地址（8位组2~3）	目标硬件地址（8位组0~1）
目标硬件地址（8位组2~5）	
目标IP地址（8位组0~3）	

图4-45　以太网上的ARP/RARP分组格式

操作：指明ARP分组是用于ARP请求(1)、ARP响应(2)、RARP请求(3)、RARP响应(4)的。

发送方硬件地址：发送ARP分组的主机或路由器的硬件地址。

发送方IP地址：发送ARP分组的主机或路由器的IP地址。

目标硬件地址：ARP分组目的地的硬件地址。在做探询请求的情况下，由于是希望知道的地址，将它的值全部置成0或1均可。在响应分组情况下，将目标硬件地址设置成发送ARP请求分组的主机或路由器的物理地址。

目标IP地址：ARP分组接收方的IP地址。在做ARP应答的情况下，将它设置成全“0”或全“1”。

4.2.8　Internet组管理协议IGMP

Internet组管理协议(Internet Group Management Protocol，IGMP)是在多播环境下使用的协议，位于网络层。IGMP用来帮助多播路由器识别加入一个多播组的成员主机。IGMP主要功能是当一台主机加入一个新的组时，发送一个IGMP消息到组地址以宣告它的成员身份，多播路由器和交换机就可以从中学习组的成员。利用从IGMP中获取的信息，路由器和交换机在每个接口上维护一个多播组成员的列表。

IGMP使用IP数据报传送其报文(IGMP报文加上IP首部构成IP数据报)，向IP提供服务。不要把IGMP看作一个单独的协议，而要看作整个网际协议(IP)的一个组成部分。IGMP报文的格式如图4-46所示。

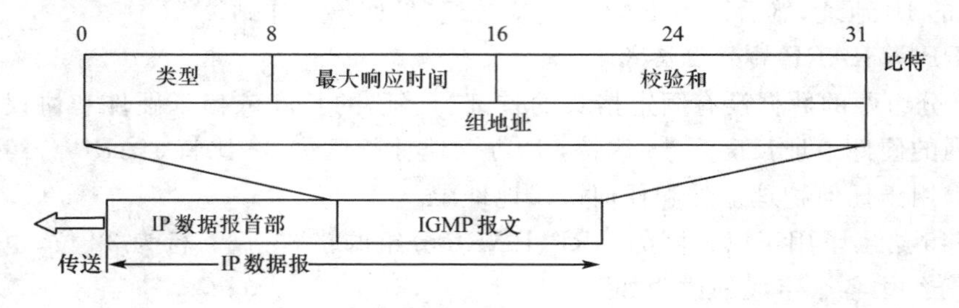

图4-46　IGMP报文的格式

类型：0x11表示成员查询、0x12表示IGMP V1成员报告、0x16表示IGMP V2成员报告、0x17表示成员离开。

最大响应时间：在发出响应报告前以0.1秒为单位的最长时间，缺省值为10秒。

检验和：对整个IGMP报文进行校验，其算法和IP数据报相同。

组地址：当对所有的组发出询问时，组地址字段就填入 0，当询问特定的组时，路由器就填入该组的组地址。

多播路由器使用 IGMP 报文记录与该路由器相联网络中组成员的变化情况。使用规则如下：

（1）当第一个进程加入一个组时，主机就发送一个 IGMP 报告。如果一台主机的多个进程加入同一组，只发送一个 IGMP 报告。这个报告被发送到进程加入组所在的同一接口上。

（2）当进程离开一个组时，主机不发送 IGMP 报告，即便是组中最后一个进程离开。主机知道在确定的组中已不再有组成员后，在随后收到的 IGMP 查询中就不再发送报告报文。

（3）多播路由器定时发送 IGMP 查询来了解是否还有任何主机包含有属于多播组的进程。多播路由器必须向每个接口发送一个 IGMP 查询。因为路由器希望主机对它加入的每个多播组均发回一个报告，因此 IGMP 查询报文中的组地址被设置为 0。

（4）主机通过发送 IGMP 报告来响应一个 IGMP 查询，对每个至少还包含一个进程的组均要发回 IGMP 报告。

使用这些查询和报告报文，多播路由器对每个接口保持一个表，表中记录接口上至少还包含一个主机的多播组。当路由器收到要转发的多播数据报时，只将该数据报转发到（使用相应的多播链路层地址）还拥有属于那个组主机的接口上。

4.2.9　IPv6 技术

随着网络的迅猛发展，全球数字化和信息化步伐的加快，越来越多的设备（包括电器）、各种机构、个人等加入争夺地址的行列中，由此 IPv4 地址资源的匮乏，促使了 IPv6 的出现。IPv6 是 IPv4 的替代品，是 IP 协议的 6.0 版本，也是下一代网络的核心协议。

1. IPv6 的特点

IPv6 在 1994 年 9 月首次被提出，于 1995 年正式公布，研究修订后于 1999 年确定并开始部署。IPv6 主要有以下几个方面的特点：

（1）地址长度（Address Size）。IPv6 地址为 128 位，代替了 IPv4 的 32 位，IPv6 的地址空间是巨大的。

（2）自动配置（Automatic Configure）。IPv6 区别于 IPv4 的一个重要特性就是它支持无状态和有状态两种地址自动配置的方式。这种自动配置是对动态主机配置协议（DHCP）的改进和扩展，使得网络（尤其是局域网）的管理更加方便和快捷，并为用户带来极大方便。

（3）头部格式（Header Format）。IPv6 简化了报头，减少了路由表长度，同时减少了路由器处理报头的时间，减少了报文通过 Internet 时的延迟。

（4）可扩展的协议（Extensible Protocol）。IPv6 并不像 IPv4 那样规定了所有可能的协议特征，而是增强了选项和扩展功能，使其具有更高的灵活性和更强的功能。

（5）服务质量（QoS）。对服务质量做了定义，IPv6 报文可以标记数据所属的流类型，以便路由器或交换机进行相应的处理。

（6）内置的安全特性（Inner Security）。IPv6 提供了比 IPv4 更好的安全性保证。

IPv6 协议内置标准化安全机制，支持对企业网的无缝远程访问。

2. IPv6 地址格式

在 IPv4 中，地址是用点分十进制方式来表示的。但在 IPv6 中，地址共有 128 位，如果沿用 IPv4 的点分十进制表示法，则要用 16 个十进制数才能表示出来，读写起来非常麻烦，因而 IPv6 采用冒号十六进制表示法来表示地址。地址中每 16 位为一组，写成 4 位的十六进制数，两组间用冒号分隔。

下面是一个二进制的 128 位 IPv6 地址。

0010000000000001000001000001000000000000000000000000000000000001

0000000000000000000000000000000000000000000000000100010111111111

将其划分为 8 段，每 16 位一段，将每段转换为十六进制数，并用冒号隔开，就形成如下的 IPv6 地址。

2001:0410:0000:0001:0000:0000:0000:45FF

IPv6 的地址表示有以下几种特殊情形：

(1)IPv6 地址中每个 16 位分组中的前导零位可以去除，但每段必须至少保留一位数字。

例如 21DA:00D3:0000:2F3B:02AA:00FF:FE28:9C5A 去除前导零位后可以写成：21DA:D3:0:2F3B:2AA:FF:FE28:9C5A。

(2)某些地址中可能包含很长的零序列，可以用一种简化的表示方法-零压缩(Zero Compression)进行表示，即将冒号十六进制格式中相邻的连续零位合并，用双冒号“::”表示。“::”符号在一个地址中只能出现一次，该符号也能用来压缩地址中前部和尾部的相邻连续零位。

例如地址 FF0C:0:0:0:0:0:0:B1，0:0:0:0:0:0:0:1，0:0:0:0:0:0:0:0 可分别表示为压缩格式 FF0C::B1，::1，::。

(3)在 IPv4 和 IPv6 混合环境中，有时更适合采用另一种表示形式：x:x:x:x:x:x:d.d.d.d，其中 x 是地址中 6 个高阶 16 位分组的十六进制值，d 是地址中 4 个低阶 8 位分组的十进制值(标准 IPv4 表示)。例如地址 0:0:0:0:0:FFFF:129.144.52.38 写成压缩形式为::FFFF:129.144.52.38。

IPv6 取消了 IPv4 的网络号、主机号和子网掩码的概念，代之以前缀、接口标识符、前缀长度；IPv6 也不再有 IPv4 地址中 A 类、B 类、C 类等地址分类的概念。

3. IPv6 地址类型

在 IPv6 中，地址不是赋给某个节点，而是赋给节点上的具体接口。根据接口和传送方式的不同，IPv6 地址有三种类型：单播地址、任播地址和组播地址。

(1)单播地址，标识单个接口，数据报将被传送至该地址标识的接口上。对于有多个接口的节点，它的任何一个单播地址都可以用作该节点的标识符。单播地址有多种形式，包括可聚集全球单播地址、NSAP 地址、IPX 分级地址、链路本地地址、站点本地地址以及嵌入 IPv4 地址的 IPv6 地址。

(2)任播地址，标识一组接口(一般属于不同节点)，数据报将被传送至该地址标识的接口之一(根据路由协议度量距离选择“最近”的一个)。它存在两点限制，一是任播地址

不能用作源地址,而只能作为目的地址;二是任播地址不能指定给 IPv6 主机,只能指定给 IPv6 路由器。其格式如图 4-47 所示。

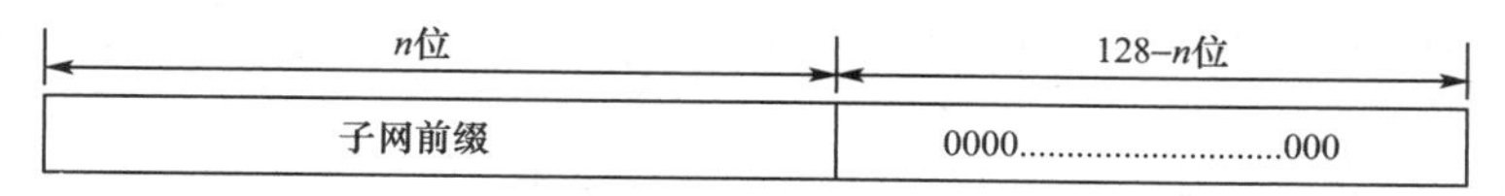

图 4-47　IPv6 任播地址

(3)组播地址,标识一组接口(一般属于不同节点),数据报将被传送至有该地址标识的所有接口上。以 11111111 开始的地址即标识为组播地址。其格式如图 4-48 所示。

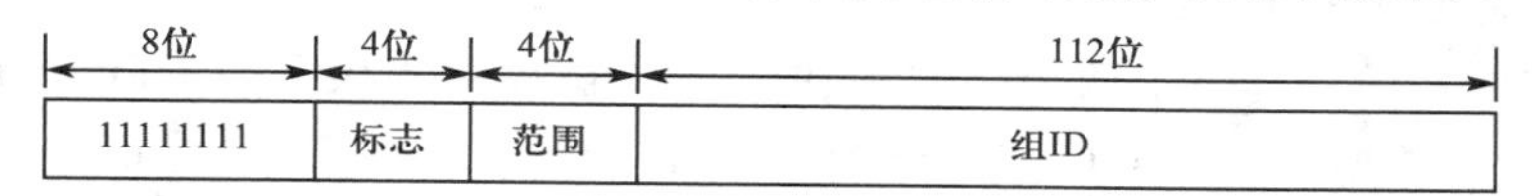

图 4-48　IPv6 组播地址

在 IPv6 中,除非特别规定,任何全"0"和全"1"的字段都是合法值。特别是前缀可以包含"0"值字段或以"0"为终结。一个单接口可以指定任何类型的多个 IPv6 地址(单播、任播、组播)或范围。

4.3　传输层

由于网络层 IP 数据报提供的是面向无连接的传送机制,数据报是不可靠的服务,如基于 IP 的互联网就是一个巨大的面向无连接的网络,又被称为尽力而为(Best-effort)的网络。IP 独立地传送每一个数据包,数据包除乱序、重复现象外,还可能会丢失。因此要增加传输层为高层提供可靠的端到端通信,以弥补网络层所提供的传输质量的不足。

换言之,用户不可能对通信子网加以控制,不可能通过更换性能更好的路由器或增强数据链路层的纠错能力来提高网络层的服务质量,只能依靠所增加的传输层来检测分组的丢失或数据的残缺并采取相应的补救措施。

传输层是 TCP/IP 参考模型的第三层,为上一层提供了端到端(End To End)的可靠的信息传递;物理层可以使我们在各链路上透明地传输比特流;数据链路层则增强了物理层所提供的服务,使得相邻节点所构成的链路能够传输无差错的帧;网络层又在数据链路层的基础上,提供路由选择、网络互联的功能。而对于用户进程来说,希望得到的是端到端的服务(如主机 A 到主机 B 的 FTP),传输层就是建立应用间的端到端连接,并且为数据传输提供可靠或不可靠的连接服务。

传输层起到承上启下、不可或缺的作用,从而被看作是整个分层体系的核心。但是,只有资源子网中的端设备才具有传输层,通信子网中的设备一般至多只具备网络层以下层的功能即通信功能。根据上述原因,通常又将网络层(包括网络层)以下层称为面向通信子网的层,而将传输层及以上的各层称为面向资源子网或主机的层。

传输层提供的主要功能如下:

(1)传输连接的建立、维护与拆除,以实现透明的、可靠的端到端的传输。

(2)提供端到端的错误恢复与流量控制,解决网络层出现的丢包、乱序或重复等问题。

(3)数据分段与合并功能:在发送端,要想把来自上层即应用层的数据发送到目的端,就必须把这些数据切割成易于管理的小的数据片段,这是传输层的重要功能;在数据接收主机上,各个数据片段将被传送到相应的应用程序,然后再被重组为完整的数据流。

(4)标识应用程序,传输层将向应用程序分配标识符,TCP/IP 协议称这种标识符为端口号。

(5)分隔多个通信,传输层可以为不同应用进程服务,也可以同时隔离多个应用的数据。

传输层中完成相应功能的硬件或软件称为传输实体,其可能在操作系统内核中、用户进程内、网络应用程序库中或网络接口卡上。

TCP/IP 的传输层提供了两个主要的协议即传输控制协议 TCP(Transport Control Protocol)和用户数据报协议 UDP(User Datagram Protocol)。TCP 是面向连接的协议,UDP 是面向无连接的协议。

4.3.1 TCP 协议

IP 是一个面向无连接的协议,IP 包的传输可能会出现乱序或丢失;而 TCP(传输控制协议)则可提供面向连接的可靠的数据传输服务。IP 依赖于传输层协议来判断数据包是否丢失从而请求发送方是否重传。传输层同时也负责按正确的顺序重组数据包。

为了实现这种端到端的可靠传输,TCP 必须规定传输层的连接建立与拆除的方式、数据传输格式、确认的方式、目标应用进程的识别以及差错控制和流量控制机制等。与所有网络协议类似,TCP 将自己所要实现的功能集中体现在 TCP 的协议数据单元中。

TCP 协议的主要功能有:

(1)确保 IP 数据报的成功传递;

(2)对程序发送的大块数据进行分段和重组;

(3)确保正确排序以及按顺序传递分段的数据;

(4)通过计算校验和,进行传输数据的完整性检查。

TCP 数据流是无结构的字节流。将字节流分成段,然后 TCP 对段进行编号和排序以便传递。分段(Segment)是 TCP 的基本传输单元。

1. TCP 的报文格式

TCP 的协议数据单元被称为分段(Segment),TCP 通过分段的交互来建立连接、传输数据、发出确认、进行差错控制、流量控制及关闭连接。分段分为两部分,即分段头和数据。所谓分段头,就是 TCP 为了实现端到端可靠传输所加上的控制信息,而数据则是指由高层即应用层发送的数据。图 4-49 给出了 TCP 分段头的格式,其中有关字段的说明如下。

(1)源端口:占 16 比特,分段的源端口号。

(2)目的端口:占 16 比特,分段的目的端口号。

(3)序列号:占 32 比特,分段的序列号,表示该分段在发送方的数据流中的位置,用来标记到达数据顺序的编号。

(4)确认号:占 32 比特,表示下一个期望接收的 TCP 分段号,是对对方所发送的并已被本方所正确接收的分段的确认。序列号和确认号共同用于 TCP 服务中的确认、差错

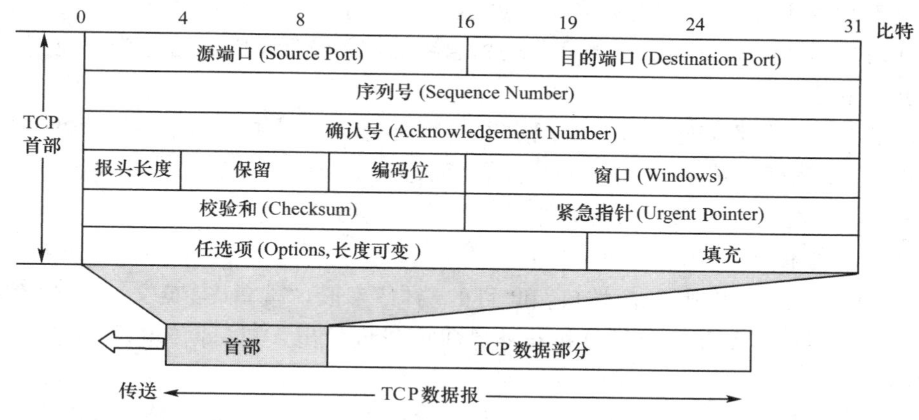

图 4-49　TCP 报文段的首部

控制。

(5)报头长度：占 4 比特，TCP 头长，以 32 位字长为单位。说明 TCP 段中段头的长度，实际上相当于给出数据在数据段中的开始位置。

(6)保留：占 6 比特，为将来的应用而保留，目前置为“0”。

(7)编码位：占 6 比特，TCP 分段有多种应用，如建立或关闭连接、传输数据、携带确认等。这些编码位用于给出与报文段的作用及处理有关的控制信息，如图 4-50 所示。各字段的含义见表 4-8。

URG	ACK	PSH	RST	SYN	FIN

图 4-50　编码字段

表 4-8　　TCP 报文段头中编码位字段的含义

编码位(从左到右)的标识	该位置“1”的含义
紧急比特 URG	表示启用了紧急指针字段，表明此 TCP 报文段应尽快传输
确认比特 ACK	当 ACK=1 时，表示确认字段是有效的
推送比特 PSH	请求急迫操作，即表明请求源端 TCP 将本报文段立即传送给其应用层，而不等到接收缓冲区满时才送应用程序
复位比特 RST	表明出现严重差错，必须释放连接，然后再重新建立连接
同步比特 SYN	与 ACK 合用以建立 TCP 连接。当 SYN=1 且 ACK=0 时，表明这是一个连接请求报文；对方若同意建立连接，则在发回的报文段中使SYN=1 并且 ACK=1
终止比特 FIN	表明发送方已无数据要发送从而释放连接，但接收方仍可继续接收发送方此前发送的数据

(8)窗口：占 16 比特，窗口的大小即指定缓冲区大小，用来控制对方发送的数据量，描述在确认之后还可以传送的字节数。单位为字节。使用可变大小的滑动窗口协议来进行流量控制。

(9)校验和：占 16 比特，用于对分段首部和数据进行校验。通过将所有 16 位字以补码形式相加，然后再对相加和取补，正常情况下应为“0”。

(10)紧急指针：占 16 比特，给出从当前序列号到紧急数据位置的偏移量。TCP 允许发送方把数据指定为紧急的，当紧急数据到达接收方时，接收方的 TCP 协议必须通知相应的应用程序进入“紧急模式”。当所有的紧急数据消失之后，TCP 协议告诉应用程序恢复正常操作状态。

(11)任选项：长度可变。TCP 只规定了一种选项，即最大报文段长度(MSS)。

(12)填充：当任选项字段长度不足 32 位字长时，需要加以填充。

(13)TCP 数据部分：来自高层即应用层的协议数据。

2. 端口和套接字

TCP 分段格式中出现了“源端口”和“目的端口”字段，“端口”是英文 port 的意译，作为计算机术语“端口”被认为是计算机与外界通信交流的出入口，即传输层与应用层的服务接口。

传输层可以同时为多个应用层进程提供传输服务，每一个应用进程都对应一个端口。每个端口占 2 个字节(16 Bit)，就是说可定义 2^{16} 个端口，其端口号从 0 到 $2^{16}-1$。由于 TCP/IP 传输层的 TCP 和 UDP 是两个完全独立的软件模块，因此各自的端口号也相互独立，即各自可独立拥有 2^{16} 个端口。

每种应用层协议或应用程序都具有与传输层唯一连接的端口，并且使用唯一的端口号将这些端口区分开来。当数据流从某一个应用发送到远程网络设备的某一个应用时，传输层根据这些端口号，就能够判断数据是来自哪一个应用，想要访问另一台网络设备的哪一个应用，从而将数据传输到相应的应用层协议或应用程序。

在 TCP/IP 中，端口号分两类：一类是由互联网指派名字和号码公司 ICANN 分配的熟知端口(默认或缺省端口)，如 FTP 为 21，Telnet 为 23，SMTP 为 25，DNS 为 53，HTTP 为 80，SNMP 为 161 等，如图 4-51 所示为一些著名应用程序端口；另一类则是一般端口，用于随时分配给客户进程。

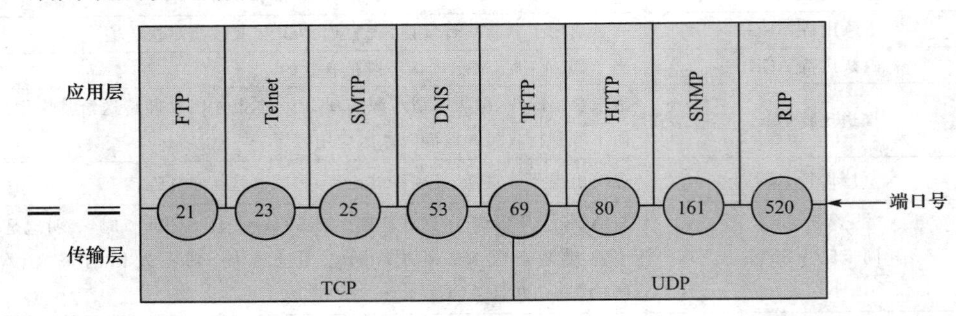

图 4-51　应用层与传输层的接口

当网络中的两台主机进行通信时，为了表明数据是由源端的哪一个应用程序发出的，以及数据所要访问的是目的端的哪一种服务，TCP/IP 协议会在传输层封装数据段时，把发出数据的应用程序的端口作为源端口，把接收数据的应用程序的端口作为目的端口，添加到数据段的头中，从而使主机能够同时维持多个会话的连接，使不同应用程序的数据不发生混淆。一台主机上的多个应用程序可同时与其他多台主机上的多个对等进程进行通信，所以需要对不同的虚电路进行标识。对 TCP 虚电路连接采用发送端和接收端的套接

字(Socket)组合来识别。16 Bit 长的端口号加上 32 Bit 长的 IP 地址，就构成了套接字，实际上是应用层进程通信的端点地址。网络上进行通信的发送端和接收端都有套接字，这一对套接字对应互联网上用于通信的收发双方两个应用进程，也就标识了这对主机的会话。

3. TCP 报文的传输过程

TCP 为面向连接的可靠数据传输，经过连接的建立、数据传输、连接释放三个过程。TCP 连接包括建立与拆除两个过程。TCP 使用三次握手协议来建立连接。连接可以由任何一方发起，也可以由双方同时发起。一旦一台主机上的 TCP 软件已经主动发起连接请求，运行在另一台主机上的 TCP 软件就被动地等待握手。

TCP 报文的传输过程

(1)TCP 建立连接

两台主机在实现应用进程的通信之前，必须建立一个连接。TCP 在连接建立机制上，提供了三次握手的方法，三次握手方法使得“序号/确认号”系统能够正常工作，如果三次握手成功，则连接建立成功，可以传输数据信息，如图 4-52 所示。其三次握手过程如下：

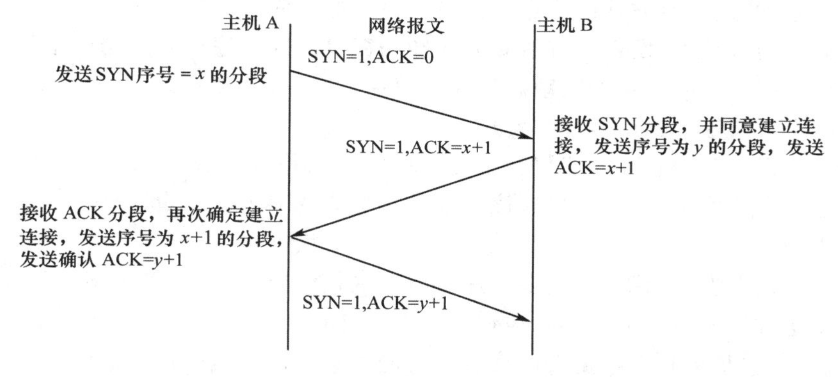

图 4-52　三次握手建立 TCP 连接

①主机 A 首先发起 TCP 连接请求，并在所发送的分段中将编码位字段中的 SYN 位置为“1”、ACK 位置为“0”，并发送一个同步序列号 x 进行同步，表明在后面传送数据时的第一个数据字节的序号是 $x+1$。

②目的主机 B 收到该分段，若同意建立连接，则发送一个连接接收的应答分段，其中编码位字段的 SYN 和 ACK 位均被置为“1”，指示对第一个 SYN 报文段的确认，确认序号应为 $x+1$，发送序号为某个值 y，以继续握手操作；否则，目的主机 B 要发送一个将 RST 位置为“1”的应答分段，表示拒绝建立连接。

③源主机 A 收到目的主机 B 发来的同意建立连接分段后，还有再次进行选择的机会，若其确认要建立这个连接，则向目的主机 B 发送确认分段，用来通知目的主机 B 双方已建立连接，其中 ACK=1，确认序号为 $y+1$，发送序号为 $x+1$；若其不想建立这个连接，则可以发送一个将 RST 位置为“1”的应答分段来告之目的主机 B 拒绝建立连接。

(2)数据传输

不管是哪一方先发起连接请求，一旦连接建立，就可以实现全双向的数据传输，而不存在主从关系。TCP 将数据流看作字节的序列，将从用户进程接收的任意长的数据，分成不超过 64 kB(包括 TCP 头在内)的分段，以适合 IP 数据报的载荷能力。所以一次传输要交换大量报文的应用(如文件传输、远程登录等)，往往需要分成多个分段进行传输。当数据流被分成多段时，每一段都被分配一个序列号。在目的主机端这个序列号用来把接收到的段重新排序成原来的数据流。

TCP 协议采用序列号、确认、滑动窗口协议、重传机制等实现端到端节点的可靠的数据传输。

①TCP 的流量控制与拥塞控制

TCP 采用大小可变的滑动窗口协议实现流量控制功能，窗口的大小是字节。所谓可变动滑动窗口，是指发送端与接收端可根据自己的 CPU 和数据缓存资源对数据发送和接收能力做出动态调整。在 TCP 报文段首部的窗口字段写入的数值就是当前给对方设置发送窗口的数据上限。

在数据传输过程中，TCP 提供了一种基于滑动窗口协议的流量控制机制，用接收端的接收能力(缓冲区的容量)来控制发送端发送的数据量。

在建立连接时，通信双方使用 SYN 报文段或 ACK 报文段中的窗口字段捎带各自的接收窗口尺寸，即通知对方从而确定对方发送窗口的上限。

在数据传输过程中，发送方按接收方通知的窗口尺寸和序列号发送一定量的数据，接收方根据接收缓冲区的使用情况动态调整接收窗口尺寸，并在发送 TCP 报文段或确认段时捎带新的窗口尺寸和确认号通知发送方。

实际上实现流量控制并非仅仅为了使得接收方来得及接收，还有控制网络拥塞的作用。为了避免发生网络拥塞，主机应该及时地调整发送速率。流量控制与拥塞控制过程如图 4-53 所示。

发送端主机在发送数据时，既要考虑接收方的接收能力，又要考虑网络目前的使用情况。确定发送方发送窗口的大小时应该考虑以下几点：

通知窗口：这是接收方根据自己接收能力的大小而确定接收窗口的大小。

拥塞窗口：这是发送方根据目前网络的使用情况而得出的窗口值，也就是来自发送方的流量控制。其中最小的一个最为适宜，即

发送窗口＝Min[通知窗口，拥塞窗口]

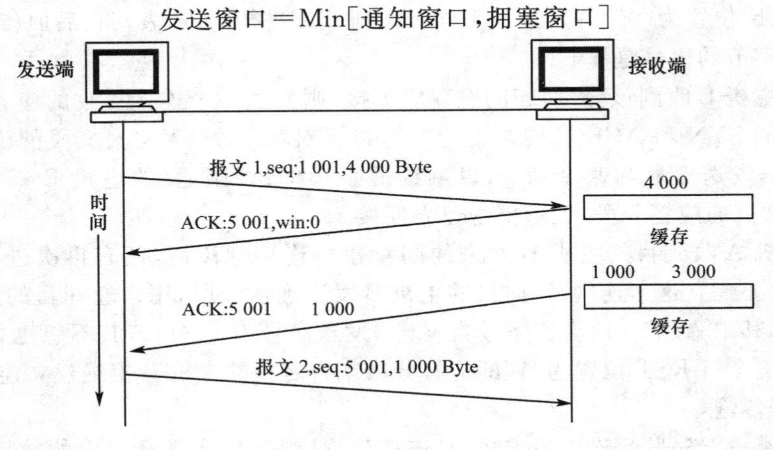

图 4-53　流量控制与拥塞控制

②TCP 的差错控制及重传机制

TCP 中的差错检测是通过三种简单工具来完成的：检验和、确认和超时。每一个报文段都包括检验和字段，用来检查受到损伤的报文段。若报文段受到损伤，就由目的 TCP 将其丢弃。TCP 使用确认的方法来证实收到了某些报文段，且它们已经无损伤地到达目的站。TCP 不使用否认。若一个报文段在超时截止期未被确认，则被认为受到损伤或已丢失。如图 4-54 所示为一个受损伤的报文段到达目的站实现差错控制的过程。

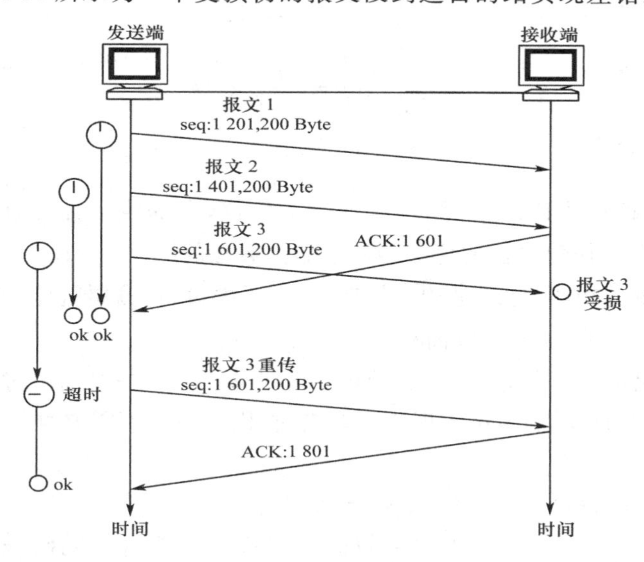

图 4-54　TCP 的差错控制及重传

重传机制是 TCP 中最重要、最复杂的问题。TCP 每发送一个报文段，就设置一次定时器。只要定时器设置的重发时间已到且还没有收到确认，就要重发这个报文段。关键是定时器的重发时间究竟应设置多大合适？TCP 采用了一种自适应算法。这种算法记录每一个报文段发出的时间，以及收到相应的确认报文段的时间，这两个时间之差就是报文段的往返时延。将各个报文段的往返时延样本加权平均，就得出报文段的平均往返时延。

(3)连接释放

为了保证连接释放时不丢失数据，TCP 采用与建立连接类似的握手过程来释放连接。

其过程为，一方发出连接释放请求后并不立即释放连接，等待对方确认；对方收到释放请求后如果同意释放连接，则发送一确认报文，并释放连接；发送方收到确认报文后释放连接。TCP 连接的释放过程如图 4-55 所示。第一次握手：由进行数据通信的任意一方发出要求释放连接的请求报文段；第二次握手：接收端收到此请求后，会发送确认报文段，同时当接收端的所有数据都已经发送完毕，接收端会向发送端发送一个带有序号的报文段；第三次握手：发送端收到接收端要求释放连接的报文段后，发送反向确认。

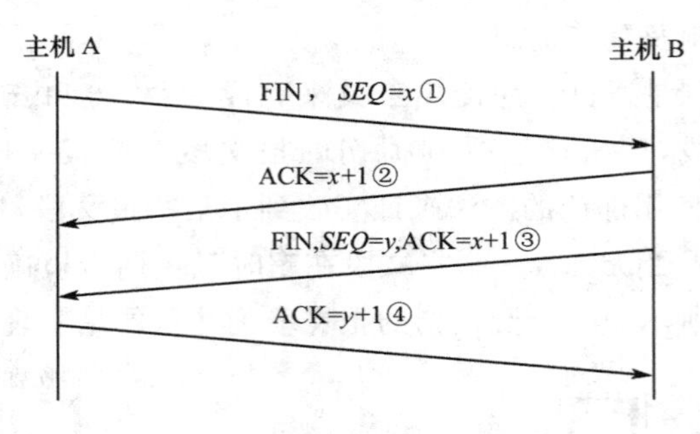

图 4-55　TCP 连接的释放过程

4.3.2　UDP 协议

UDP(用户数据报协议)是传输层的另一个协议,它提供面向无连接的数据传输服务,即 UDP 无法保证任何数据的可靠传递或验证数据的顺序。UDP 只在 IP 的数据报服务之上增加了很少的功能,这就是端口的功能(有了端口,传输层就能进行复用和分用)和差错检测的功能。UDP 在某些方面有其特殊的优点:

①发送数据之前不需要建立连接,减少了开销和发送数据之前的时延。

②UDP 不使用拥塞控制,也不保证可靠交付,因此主机不需要维持具有许多参数的、复杂的连接状态表。

③UDP 用户数据报只有 8 个字节的首部开销。

④以用户数据报形式传送信息,在目标端不需要重组数据,不提供确认与流量控制。

⑤由于 UDP 没有拥塞控制,因此网络出现的拥塞不会使源主机的发送效率降低,这对某些实时应用是很重要的。很多的实时应用(如 IP 电话、实时视频会议等)要求源主机以恒定的速率发送数据,并且允许在网络发生拥塞时丢失一些数据,但不允许数据有太大的时延,UDP 正好符合这种要求。

1. UDP 数据报的格式

UDP 有 2 个字段:数据字段和首部字段。首部字段只有 8 个字节,由 4 个字段组成,每个字段都有 2 个字节,各字段意义如图 4-56 所示。

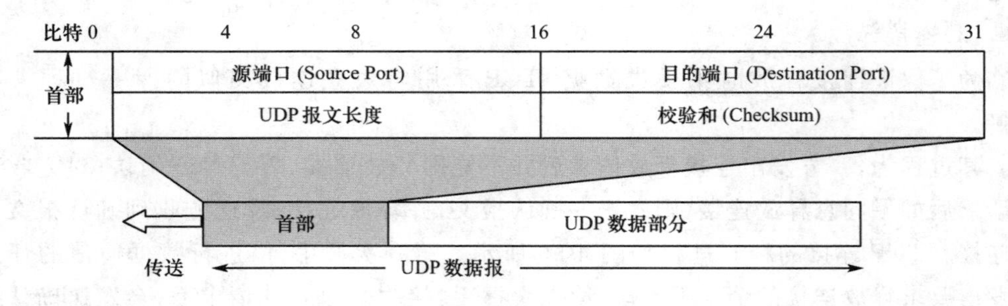

图 4-56　UDP 数据报的首部

(1)源端口:占 16 比特,源端口号,是发送端进程的 UDP 端口,当不需要返回数据时,该值为 0。

(2)目的端口：占16比特，目的端口号是接收端进程的UDP端口。

(3)UDP报文长度：占16比特，以字节为单位，记录UDP用户数据报的长度，最小值为8。

(4)校验和：占16比特，防止UDP用户数据报在传输中出错。该字段是可选的，如果该字段为0就说明不进行校验。

在UDP中也采用与TCP中类似的端口概念来标识同一主机上的不同网络进程，并且两者在分配方式上也是类似的。UDP与应用层的端口都是用报文队列来实现的。

2. UDP和TCP的比较

TCP常用于一次传输要交换大量报文的情形(如文件传输、远程登录等)；TCP为面向数据流的协议，其从用户过程接收任意长的数据，将其分成不超过64 kB(包括TCP头在内)的段，以适合IP数据包的载荷能力。

UDP用于传送一次性传输数据量较小的网络应用，如SNMP、DNS应用数据的传输，或对可靠性要求不高的实时语音/视频传输。因为对于这些一次性传输数据量较小的网络应用，若采用TCP服务，则所付出的关于连接建立、维护、拆除的开销是非常不合算的。打个比方，UDP和TCP传输数据的差异类似于电话和明信片的差异。TCP就像电话，必须先验证目标是否可以访问后才准备通信。UDP就像明信片，信息量很小但每次传递成功的可能性很大。UDP通常适用于每次传输少量数据或有实时需要的程序。在这些情况下，UDP的低开销和多播能力比TCP更适合。

表4-9比较了使用UDP和TCP协议传输数据处理的差异。

表4-9　UDP与TCP的比较

UDP	TCP
无连接的服务，在主机之间不建立会话	面向连接的服务，在主机之间建立会话
不能确保或承认数据传递或排序数据	通过确认和按顺序传递数据来确保数据的传递
使用UDP的应用程序负责提供传输数据所需的可靠性	使用TCP的程序能确保可靠的数据传输
UDP非常快速，具有低开销要求，并支持点对点和一点对多点的通信	TCP比较慢，具有更高的开销要求，而且只支持点对点通信

4.4　应用层

应用层是TCP/IP体系结构中的最高层，因此应用层的任务不是为上层提供服务，而是为最终用户提供服务。每个应用层协议都是为了解决某一类应用问题，而问题的解决又是通过位于不同主机中的多个进程之间的通信和协同工作来完成的，这些为了解决具体的应用问题而彼此通信的进程被称为“应用进程”。TCP/IP应用层中的协议是为网络用户或应用程序提供特定的网络服务功能而设计和使用的。

应用软件之间最常用、最重要的交互模式是客户端/服务器模式。互联网提供的Web服务、E-mail服务、FTP服务等都是以该模型为基础的。

(1)C(客户端)/S(服务器)模式

应用程序之间为了能顺利地进行通信，一方通常需要处于守候状态，等待另一方请求的到来。在分布式计算中，一个应用程序被动地等待，而另一个应用程序通过请求启动通信的模式就是客户端/服务器模式。客户端(Client)和服务器(Server)分别指两个应用程序：客户端向服务器发出服务请求，服务器对客户端的请求做出响应；服务器处于守候状态，并监视客户端的请求；客户端发出请求，请求经互联网传输给服务器；一旦服务器接收到这个请求，就可以执行请求所指定的任务，并将执行的结果经互联网回送给客户端。如图 4-57 所示。

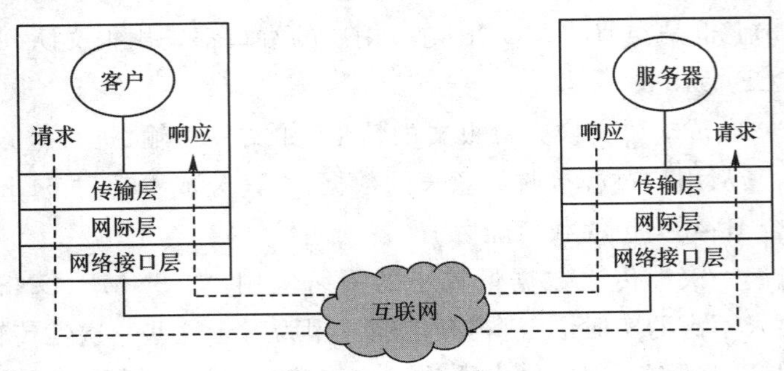

图 4-57　C/S 模式

(2)B(浏览器)/S(服务器)模式

近年来，浏览器已开始作为访问 Internet 各种信息服务的通用客户程序与公共工作平台，一般用户大都通过浏览器访问 Internet 的资源，而较少使用各种不同的专用客户程序，因此对一般用户来说，典型的工作模式可以简称为浏览器/服务器模式。

在 B/S 模式中，客户机上安装一个浏览器(Browser)，如 Netscape Navigator 或 Internet Explorer 等，服务器上安装 Oracle、Sybase、Informix 或 SQL Server 等数据库和应用程序。B/S 模式是一种分布式的 C/S 模式，中间多了一层 Web 服务器，用户可以通过浏览器向分布在网络上的许多服务器发出请求，通过应用程序服务器-数据库服务器之间一系列复杂的操作之后，返回相应的 HTML 页面给浏览器。B/S 的特点：更加开放、与软件和硬件平台无关、应用开发速度快、生命周期长、应用扩充和系统维护升级方便等。如图 4-58 所示。

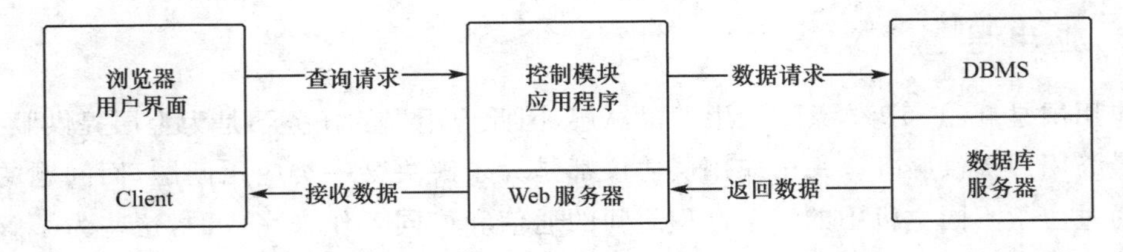

图 4-58　B/S 模式

TCP/IP 的应用层解决 TCP/IP 应用所存在的共性问题，包括与应用相关的支撑协议和应用协议两大部分。TCP/IP 应用层的支撑协议有域名服务系统(DNS)、简单网络管理协议(SNMP)等；典型应用包括 Web 浏览、电子邮件、文件传输访问、远程登录等。与应用实现相关的协议包括超文本传输协议(HTTP)、简单邮件传输协议(SMTP)、文件传输协议(FTP)、虚拟终端协议(Telnet)等。下面对这些应用协议做简单介绍。

(1)域名服务系统(DNS):DNS 是一个域名服务的协议,提供域名到 IP 地址的转换,允许对域名资源进行分散管理。DNS 最初设计的目的是使邮件发送方知道邮件接收主机及邮件发送主机的 IP 地址,后来发展成服务于其他许多目标的协议。

(2)简单网络管理协议(SNMP):SNMP 是应用层协议,在网络设备之间实施管理信息的交换。SNMP 使得网络管理员可以管理网络的性能,查找和解决网络问题,以及规划网络的增长。它是一个标准的用于管理 IP 网络上节点的协议。

(3)文件传输协议(FTP):文件传输协议是网际层提供的用于访问远程机器的一个协议,它使用户可以在本地机与远程机之间进行有关文件的操作。FTP 工作时建立两条 TCP 连接,一条用于传送文件,另一条用于传送控制。FTP 采用客户端/服务器模式,它包含客户 FTP 和服务器 FTP,客户 FTP 启动传送过程,而服务器 FTP 对其做出应答。客户 FTP 大多有一个交互式界面,有使用权的客户可以灵活地向远地传文件或从远地取文件。

(4)远程终端访问(Telnet):Telnet 的连接是一个 TCP 连接,用于传送具有 Telent 控制信息的数据。它提供了与终端设备或终端进程交互的标准方法,支持终端到终端的连接及进程到进程分布式计算的通信。

(5)简单邮件传送协议(SMTP):互联网标准中的电子邮件是一个单向的基于文件的协议,用于可靠、有效的数据传输。SMTP 作为应用层的服务,并不关心它下面采用的是何种传输服务,它可能通过网络在 TCP 连接上传送邮件,或者简单地在同一机器的进程之间通过进程通信的通道来传送邮件。邮件发送之前必须协商好发送者、接收者。SMTP 服务进程同意为接收方发送邮件时,它将邮件直接交给接收方用户或将邮件逐个经过网络连接器,直到将邮件交给接收方用户。在邮件传输过程中,所经过的路由被记录下来。这样,当邮件不能正常传输时可按原路由找到发送者。

(6)超文本传输协议(HTTP):HTTP(Hypertext Transfer Protocol)是用来在 Web 客户端(浏览器)和 Web 服务器之间传送超文本的协议。它是一种 TCP/IP 应用层协议。

练习题

一、选择题

1. 下列不属于 TCP/IP 高层功能的是(　　)。

A. FTP　　B. RARP　　C. DNS　　D. Telnet

2. 用户数据报协议 UDP 属于(　　)。

A. 数据链路层　　B. 网络层　　C. 传输层　　D. 应用层

3. 有关 TCP/IP 协议的叙述,正确的是(　　)。

A. TCP/IP 协议是 OSI 体系结构模型的一个实例

B. TCP/IP 协议是互联网的核心,它包括 TCP 和 IP 两个协议

C. TCP/IP 协议是第二层协议,IP 协议是第三层网络层协议

D. TCP/IP 层次模型中不包括物理层

4. 下列说法错误的是(　　)。

A. IP 协议提供一个不可靠的、面向无连接的数据报传输服务

B. ARP 协议广泛用于有盘工作站获取 IP 地址

C. RARP 协议广泛用于无盘工作站获取 IP 地址

D. ICMP 协议通常用来提供报告差错或提供意外情况

5. TCP/IP 的传输层中提供无连接、不可靠的数据报服务的协议是(　　)。

A. IP　　B. TCP　　C. IPX　　D. UDP

6. 在 TCP/IP 的网络层,为了使互联网报告差错或提供意外情况报告,增加了一条特殊报文机制,即(　　)。

A. IP　　B. TCP　　C. ICMP　　D. RARP

7. TCP/IP 协议体系结构中的主机-网络层对应 OSI 模型的(　　)。

A. 物理层　　B. 物理层与数据链路层

C. 网络层　　D. 传输层

8. 不属于 TCP/IP 协议集的协议是(　　)。

A. ICMP　　B. UDP　　C. ARP　　D. SLIP

9. 下列不属于 TCP/IP 协议集中的高层应用协议的是(　　)。

A. SMTP　　B. HTTP　　C. FTP　　D. TCP

10. 下列 TCP/IP 协议集中的协议,与另外三个不属于同层协议的是(　　)。

A. UDP　　B. IP　　C. ARP　　D. ICMP

11. Internet 中按照网络的规模进行分类,最常用的是 A、B、C 三类网,其中 C 类网中包含的主机数最大为(　　)台。

A. 128　　B. 256　　C. 1 024　　D. 65 535

12. 下面有效的 IP 地址是(　　)。

A. 192.168.280.130　　B. 202.100.49.52

C. 128.130.256.20　　D. 300.192.32.11

13. 以下合法的 C 类 IP 地址是(　　)。

A. 120.106.1.1　　B. 190.220.1.15

C. 202.205.18.1　　D. 254.206.2.2

14. 对下一代 IP 地址的设置,互联网工程任务组提出创建的 IPv6 将 IP 地址空间扩展到(　　)位。

A. 32　　B. 64　　C. 128　　D. 256

15. 如果某 IP 地址为 192.168.1.200,子网掩码为 255.255.255.0,那么该 IP 所在的子网 ID 为(　　)。

A. 192.168.1　　B. 192.168　　C. 192.168.1.200　　D. 192.168.1.255

16. D 类 IP 地址用于(　　)。

A. IP 广播　　B. 实验和测试　　C. IP 多播(组播)　　D. 未使用

二、简答题

1. 简述物理层的功能，试说明物理层接口的主要特征。

2. 数据链路层的主要功能是什么?

3. 数据链路层的帧同步方法有哪些?

4. 简述 HDLC 帧各字段的含义。HDLC 帧可分为哪几类? 简述各类帧的作用。

5. 简述滑动窗口的原理。

6. 简述反馈重传机制的几种实现策略。

7. 如果要把一个 C 类的网络 192.168.0.0 划分为 4 个子网，请计算机出每个子网的子网掩码及相应的主机 IP 地址的范围。

8. 简述特殊 IP 地址的用途。

9. 简述 IPv6 地址的类型。

10. 试计算传输信息 1011001 的 CRC 编码，假设其生成多项式 $G(X)=X^4+X^3+1$。

11. 已知生成多项式 $G(X)=X^4+X^3+1$，接收端收到信息位为 101100110，判断收到的信息是否正确。

12. 试比较电路交换、报文交换、虚电路分组交换和数据报分组交换的不同。

13. 简述网络层的主要功能。

14. 简单说明下列协议的作用：IP、ARP、RARP 和 ICMP。

15. IP 数据报协议格式包括哪几部分? 其中，首部包括的字段有哪些?

16. 比较物理地址和逻辑地址的区别，说明为什么要使用这两种不同的地址?

17. 简述 ARP 的工作原理。

18. 简述 TCP 的连接建立过程。

19. 请举例说明几个你所知道的 TCP 端口或 UDP 端口，并说明它们是提供什么网络应用的。

20. 试比较 TCP/IP 的传输层的两个提供不同服务的协议。

21. 什么是 C/S 和 B/S 模式，各有什么特点?

22. TCP/IP 体系结构中，应用层提供哪些主要协议?

三、实训操作

某外贸公司进行业务部门归并整合后共有 6 个部门，每个部门的人员不超过 30 人，为了便于管理，并考虑到部门间安全，需要进行同一个网段(192.168.100.0/24)内子网地址分配，每个业务部门占用一个子网段，完成上述要求，给出每个业务部门的主机地址分配范围和子网掩码以及子网地址。

第5章 局域网

本章概要

局域网(Local Area Network,LAN)是一种在有限的地理范围内将大量的计算机及各种设备互联在一起,实现数据传输和资源共享的计算机网络。世界上每天都有无数个局域网在运行,小到一个家庭或部门,大到一个企业或组织机构等都广泛使用局域网技术实现网络设备的互联和信息共享。对局域网的研究始于20世纪70年代,其中以太网(Ethernet)是典型代表。本章从介绍局域网的体系结构、协议标准及拓扑结构入手,详细地讨论了局域网的介质访问控制方法。

训教重点

➢局域网结构、IEEE 802常用标准、载波监听多路访问/冲突检测(CSMA/CD)原理

➢以太网(Ethernet)、快速以太网(FastEthernet)、千兆位以太网和万兆位以太网技术

➢无线局域网技术

➢虚拟局域网(VLAN)技术

能力目标

➢掌握局域网关键技术

➢掌握IEEE 802常用标准

➢掌握以太网、交换式以太网、快速以太网、千兆位以太网和万兆位以太网技术组网标准

➢掌握无线局域网与局域网的互联技术

➢掌握虚拟局域网的原理和功能

5.1 局域网概述

5.1.1 局域网的特点

局域网的主要特点:

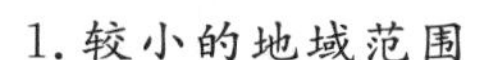
1. 较小的地域范围

局域网用于办公室、机关、工厂、学校等内部联网，可以覆盖一幢大楼、一所校园或者一个企业。其范围没有严格的定义，但一般认为覆盖范围为 0.1 km～25 km。

2. 高传输速率和低误码率

局域网的传输速率一般为 10 Mbit/s～1 000 Mbit/s，其误码率一般为 10^{-11}～10^{-8}，这是因为局域网通常采用短距离基带传输，使用了高质量的传输介质，从而提高了数据传输质量。

3. 面向的用户比较集中

局域网一般为一个单位所建，在单位或部门内部控制管理和使用，服务于本单位的用户，其网络易于建立、维护和扩展。

4. 使用多种传输介质

LAN 可以根据不同的性能需要选用价格低廉的双绞线、同轴电缆，价格较贵的光纤，以及一些无线传输介质。

5. 数据通信设备是广义的

局域网可连接终端、微机、小型机以及大的主机和各种外设。

局域网可分成三大类：一类是平时常说的局域网 LAN；一类是采用电路交换技术的局域网，被称为计算机化交换（Computer Branch Exchange，CBX 或 Private Branch Exchange，PBX）网；还有一类是新发展的高速局域网 HSLN（High Speed Local Network）。

在局域网（LAN）和广域网（WAN）之间的是城市区域网（Metropolitan Area Network，MAN），简称城域网。MAN 是一个覆盖整个城市的网络，但它使用 LAN 的技术。

5.1.2　局域网的体系结构

1. 局域网的层次结构

局域网是一个通信网，只涉及相当于 OSI/RM 通信子网的功能。由于内部大多采用共享信道技术，所以局域网通常不单独设立网络层。局域网的高层功能由具体的局域网操作系统来实现。

IEEE 802 标准的局域网参考模型与 OSI/RM 的对应关系包括了 OSI/RM 最低两层（物理层和数据链路层）的功能，也包括网间互联的高层功能和管理功能。从图 5-1 中可见，OSI/RM 的数据链路层功能，在局域网参考模型中被分成介质访问控制（Medium Access Control，MAC）和逻辑链路控制（Logical Link Control，LLC）两个子层。

在 OSI/RM 中，物理层、数据链路层和网络层使计算机网络具有报文分组转发的功能。对于局域网来说，物理层是必需的，它负责体现机械、电气、功能和规程方面的特性，以建立、维持和拆除物理链路；数据链路层也是必需的，它负责把不可靠的传输信道转换成可靠的传输信道，传送带有校验位的数据帧，并采用差错控制和帧确认技术。

但是，局域网中的多个设备一般共享传输介质，在设备之间传输数据时，首先要解决由哪些设备占有传输介质的问题。所以局域网的数据链路层必须设置介质访问控制功

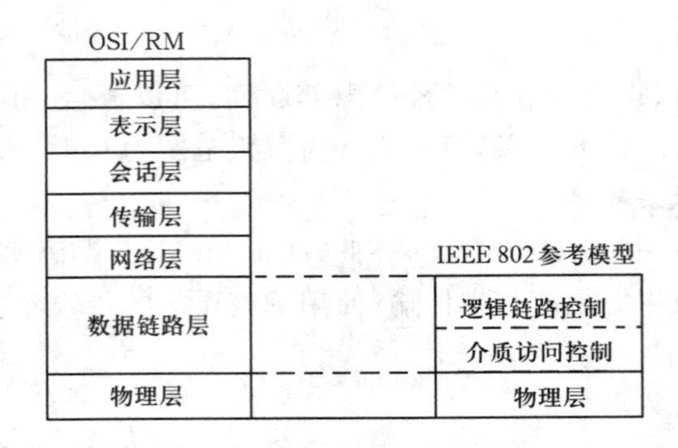

图 5-1 OSI/RM 与 IEEE 802 参考模型的对应关系

能。由于局域网采用的传输介质有多种，对应的介质访问控制方法也有多种，为了使数据帧的传输独立于采用的传输介质和介质访问控制方法，IEEE 802 标准特意把 LLC 独立出来形成一个单独子层，使 LLC 子层和传输介质无关，仅让 MAC 子层依赖于传输介质。由于设立了 MAC 子层，IEEE 802 标准就具有可扩充性，有利于接纳新的传输介质和介质访问控制方法。

由于穿越局域网的链路只有一条，不需要设立路由选择和流量控制功能，如网络层中的分组寻址、排序、流量控制、差错控制等功能都可以放在数据链路层中实现。因此，局域网中可以不单独设网络层。当局限于一个局域网时，物理层和数据链路层就能完成报文分组、转发的功能。但当涉及网络互联时，报文分组就必须经过多条链路才能到达目的地，此时就必须专门设置一个层来完成网络层的功能，在 IEEE 802 标准中这一层被称为网际层。

注意：在介质访问控制子层形成的数据帧中使用了 MAC 地址，这个地址也被称为物理地址。在计算机网络中，当所有的计算机之间进行通信时，必须使用各自的物理地址，而且所有的物理地址都不相同。具体到网络设备中，MAC 地址被固化在网络适配器（网卡）中，所有生产网卡的计算机网络厂商都会根据某种规则使网卡中的 MAC 地址各不相同。

2. IEEE 802 标准系列

IEEE 在 1980 年 2 月成立了局域网标准化委员会（简称 IEEE 802 委员会），专门从事局域网的协议制作，形成了一系列的标准，称为 IEEE 802 标准。该标准已被国际标准化组织 ISO 采纳，作为局域网的国际标准系列，称为 IEEE 802 系列标准。这些标准根据局域网的多种类型，规定了各自的拓扑结构、介质访问控制方法、帧的格式和操作等内容。IEEE 802 是一个标准体系，为了适应局域网技术的发展，正不断地增加新的标准和协议。目前 IEEE 802 标准主要有以下几种：

IEEE 802.1：LAN 体系结构、网络互联以及网络管理与性能测试。

IEEE 802.2：逻辑链路控制子层 LLC 的功能与服务。

IEEE 802.3：CSMA/CD 总线介质访问控制方法及物理层技术规范。

IEEE 802.3i：10BASE-T 访问控制方法和物理层技术规范。

IEEE 802.3u：100BASE-T 访问控制方法和物理层技术规范。

IEEE 802.3ab：1000BASE-T 访问控制方法和物理层技术规范。

IEEE 802.3z:1000BASE-X 访问控制方法和物理层技术规范。

IEEE 802.3ae:基于光纤的万兆位以太网的标准。

IEEE 802.3an:基于 Cat6A 技术标准的万兆位以太网的标准。

IEEE 802.4:令牌总线(Token Bus)介质访问控制方法及物理层技术规范。

IEEE 802.5:令牌环(Token Ring)介质访问控制方法及物理层技术规范。

IEEE 802.6:城域网访问控制方法及物理层技术规范。

IEEE 802.7:宽带技术。

IEEE 802.8:光纤技术。

IEEE 802.9:综合业务数字网(ISDN)技术。

IEEE 802.10:局域网安全技术。

IEEE 802.11:无线局域网。

IEEE 802.12:100VG-AnyLAN 访问控制方法和物理层技术规范。

IEEE 802 标准系列如图 5-2 所示。

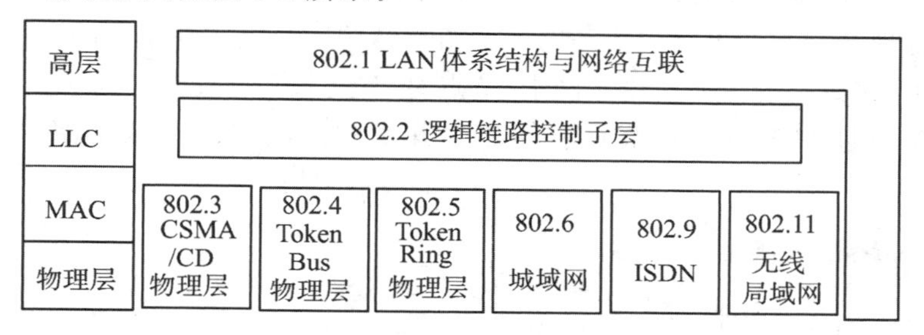

图 5-2　IEEE 802 标准系列

5.2　局域网的关键技术

决定局域网特征的主要技术有连接各种设备的网络拓扑结构、传输介质及介质访问控制方法,这三种技术在很大程度上决定了传输数据的类型、网络的响应时间、吞吐率、利用率以及网络应用等各种网络特征。

5.2.1　拓扑结构

网络的拓扑结构对网络性能有很大影响。选择网络拓扑结构,首先要考虑采用何种介质访问控制方法,因为特定的介质访问控制方法一般仅适用于特定的网络拓扑结构;其次要考虑性能、可靠性、成本、扩充灵活性、实现的难易程度以及传输介质的长度等因素。局域网仅有"有限的地理范围",因此它的基本通信机制与广域网完全不同,即从"存储-转发"方式改变为"共享介质"方式和"交换"方式。所以,在传输介质、介质访问控制方法上形成了自己的特点。正因为这样,局域网在网络拓扑上主要采用总线型、环型与星型结构;在网络传输介质上主要采用双绞线、同轴电缆与光纤。有关网络拓扑结构的概念已在第 1 章中做了介绍,这里再针对局域网的拓扑适用范围做一些说明。

总线型网一般采用分布式介质访问控制方法。总线型网可靠性高、扩充性能好、通信电缆长度短、成本低,是用来实现局域网最通用的拓扑结构,著名的以太网(Ethernet)就是总线型网的典型实例。总线型网通常采用两种协议：一种是以太网采用的CSMA/CD；另一种是总线拓扑网与令牌环相结合的变形，其在物理连接上是总线型拓扑结构，而在逻辑上则采用令牌环的协议，兼具了总线型结构和令牌环的优点。总线型网的缺点是故障诊断、隔离困难；另外，当网上节点较多时，会因数据冲突增多而使效率降低。

环型网也采用分布式介质访问控制方法。环型网控制简单、信道利用率高、通信电缆长度短、不存在数据冲突问题，在局域网中应用较广泛。典型实例有IBM令牌环(Token Ring)网和剑桥环(Cambridge Ring)网。另外，还有FDDI(Fiber Distributed Data Interface)等。环型网的缺点是节点故障会引起全网故障，且不易重新配置网络。

星型网往往采用集中式介质访问控制方法。星型网结构简单、实现容易。其缺点是依赖于中央节点，传输介质不能共享等。另外，在采用星型拓扑结构的局域网中，由于使用的中央设备不同，局域网的物理拓扑结构和逻辑拓扑结构也不同。当使用集线器连接所有的计算机时，其结构只能是一种具有星型物理连接的总线型拓扑结构；而只有使用交换机时，才是真正的星型拓扑结构。只有在出现交换式局域网(Switched LAN)之后，才真正出现了物理结构与逻辑结构统一的星型拓扑结构。交换式局域网的中心节点是一种局域网交换机，在典型的交换式局域网中，节点可以通过点-点线路与局域网交换机连接。局域网交换机可以在多对通信节点之间建立并发的逻辑连接。星型网的典型实例是CBX网。

5.2.2 传输介质与传输形式

局域网中常用的传输形式有基带传输和宽带传输两种。基带传输采用数字信号发送，常用的传输介质有双绞线和同轴电缆，介质全部频带被单个信号占用，并采用双向传输技术。宽带传输用于无线电频率范围内的模拟信号的传输，常用的传输介质是同轴电缆，采用单向传输技术。

1. 基带系统

将使用数字信号传输的局域网定义为基带局域网。它的主要特点如下：

(1)采用曼彻斯特编码的方法传输数字信号，介质全部带宽被单个信号占用。

(2)采用总线型拓扑结构，传输介质是基带同轴电缆。

(3)采用双向传输技术，介质上任意一点加入的信号沿两个方向传输到两端的端接器(终端阻抗器)，并在那里被吸收，如图5-3所示。

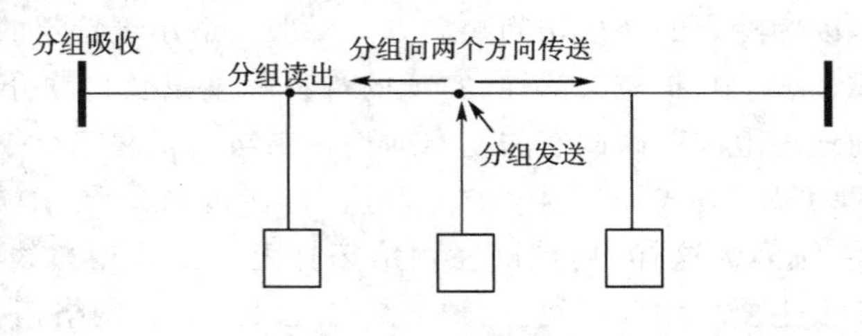

图5-3 双向基带系统

(4)基带传输只能达到几千米的距离，因为信号的衰减会引起脉冲减弱，无法实现更远距离的通信。

(5)采用中继器延伸网络。中继器在两段电缆间向两个方向传输数字信号，在信号通过时将信号放大和复原。在 IEEE 802 标准中，任何两个站之间的路径中最多只允许有 4 个中继器。

(6)总线型拓扑基带传输局域网的典型实例是以太网。关于以太网的技术规范及所需要的连接器件等，我们会在后面详细阐述。

双绞线基带局域网用于低成本、低性能要求的场合，双绞线安装容易，但往往限制在 1 千米距离以内，传输速率为 1 Mbit/s～100 Mbit/s。

2. 宽带系统

当特性阻抗为 75 Ω 的同轴电缆用于频分多路复用 FDM 的模拟信号发送时，称为宽带。它的主要特点如下：

(1)发送模拟信号，并采用 FDM 技术。

(2)采用总线型/树型拓扑结构，传输介质是宽带同轴电缆。

(3)传输距离比基带远，可达数十千米。

(4)采用单向传输技术，加到介质上的信号只能沿一个方向传播。

(5)两条数据通道，这两条通道要在网络的端头处接在一起。

(6)节点的发送信号都沿着同一条通道流向端头；所有节点的接收信号，都从端头输出，沿着另一条通道流向各接收节点。

(7)在物理上，可采用双电缆结构和单电缆结构来实现输入和输出的通道。

如图 5-4 所示。在双电缆结构中，输入和输出采用分开的两根电缆，使用不同的通道，两者间的端头只是一个无源连接装置，每个节点以相同的频率发送和接收；在单电缆结构中，输入和输出采用同一电缆上的不同频率，使用相同的通道，端头是一个有源频率转换器，将较低的输入频率转换为较高的输出频率。

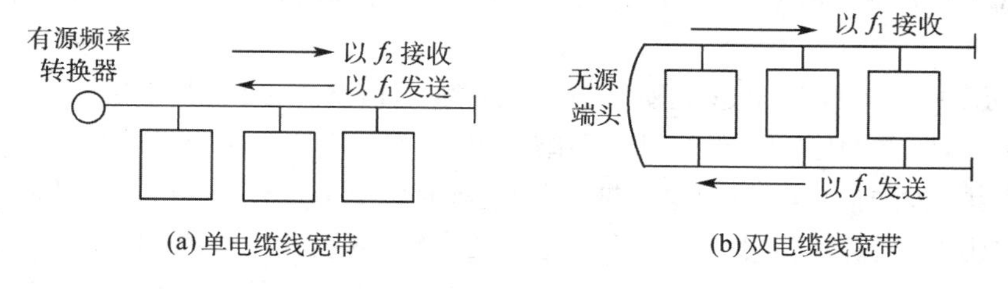

图 5-4　宽带传输技术

宽带系统的一个特例是单通道宽带，电缆的全部频带分配给单一的模拟信号传输，即不采用 FDM 技术，但是采用双向传输技术和总线型拓扑结构，传输介质仍为宽带同轴电缆，即特性阻抗是 75 Ω 的同轴电缆。

5.2.3　介质访问控制方法

局域网的拓扑结构通常采用总线型或环型。不论是总线型拓扑结构还是环型拓扑结构，都可以把传输介质作为各节点共享的资源。将传输介质的频带有效地分配给网上各节点的用户的方法被称为介质访问控制方法。所以介质访问控制方法又被称为媒体访问控制方法或信道访问控制方法。对于不同类型的网络拓扑结构，介质访问控制方法是不同的，所以其介质访问控制(MAC)子层的协议也就不同。IEEE 802 标准规定了局域网中最常用的介质访问控制方法：

IEEE 802.3 载波监听多路访问/冲突检测(Carrier Sense Multiple Access/Collision Detection,CSMA/CD)；

IEEE 802.4 令牌总线(Token Bus)；

IEEE 802.5 令牌环(Token Ring)。

1. CSMA/CD 介质访问控制

介质访问控制方法-CSMA/CD 技术

在总线型局域网中，所有的节点共享一条公共物理信道，任何一个节点发送的信号都可以沿着介质传输，但每次只能由一个设备传输，因此存在着竞争问题。为了防止在竞争中产生冲突，通常采用载波监听多路访问/冲突检测技术。CSMA/CD 是一种争用型的协议，是以竞争的方式来获得总线的访问权。

(1)CSMA 控制方法

CSMA 代表载波监听多路访问。它是“先听后发”，也就是各节点在发送前先监听总线是否空闲，当测得总线空闲后，再考虑发送本节点信号。各节点均按此规律监听、发送，形成多节点共同访问总线的通信形式，故把这种方法称为载波监听多路访问(实际上采用基带传输的总线型局域网，总线上根本不存在什么“载波”，各节点可检测到的是其他节点所发送的二进制代码。但大家习惯上称这种检测为“载波监听”)。

由于 CSMA 没有冲突检测功能，即使总线上两个节点没有监听到载波信号而发送帧时，仍可能发生冲突。而即使冲突已经发生，却仍然要将已破坏的帧发送完，使总线的利用率降低。

(2)CSMA/CD 技术

CSMA/CD 是对 CSMA 的改进。它是在载波监听多路访问的基础上增加了冲突检测技术。

CD 表示冲突检测，即“边发边听”，各节点在发送信息帧的同时，监听总线，当监听到有冲突产生时，便立即停止发送信息。归纳起来 CSMA/CD 的控制方法为：

一个节点要发送信息，首先对总线进行监听，看介质上是否有其他节点发送的信息存在。若介质是空闲的，则发送信息。在发送信息帧的同时，继续监听总线，即“边发边听”。

当监听到有冲突发生时，便立即停止发送，并发出报警信号，告知各节点已产生冲突。此时，信息剩余部分不再发送，也防止它们再发送新的信息介入冲突。若发送完成后，尚未检测到冲突，则发送成功。

在采用 CSMA/CD 协议的总线型局域网中，各节点通过竞争的方式强占对介质的访问权力，出现冲突后，必须延迟重发。因此，节点从准备发送数据到成功发送数据的时间是不能确定的。它不适合传输对时延要求较高的实时性数据。其优点是结构简单、网络维护方便、增删节点容易，网络在轻负载(节点较少)的情况下效率较高。但是随着网络中节点数量的增加，传递信息量的增大，即在重负载时，冲突概率增加，总线型局域网的性能也会明显下降。

2. 令牌环

令牌环的技术始于 1969 年，这就是所谓的 Newhall 环路。

在令牌环介质访问控制方法中，使用了一个沿着环路循环的令牌，它是一种被称作令牌的特殊的二进制比特格式的帧。当某一节点要发送数据时，必须先截获这个令牌，然后再开始发送数据帧，在数据发送的过程中，由于令牌已经被占用，因此，其他节点不能发送数据帧，必须等待。当发送的数据在环上循环一周后，又回到发送节点，发送节点确认数据传输无误后，由其从环上撤除所发的数据帧。当发送节点的数据发送完毕后，要产生一个新的令牌并发送到环路上，以供其他节点使用。由于环路上只有一个令牌，因此任何时刻至多只有一个节点发送数据，不会产生冲突。而且，令牌环上各节点均有相同的机会公平地获取令牌，如图 5-5 所示。

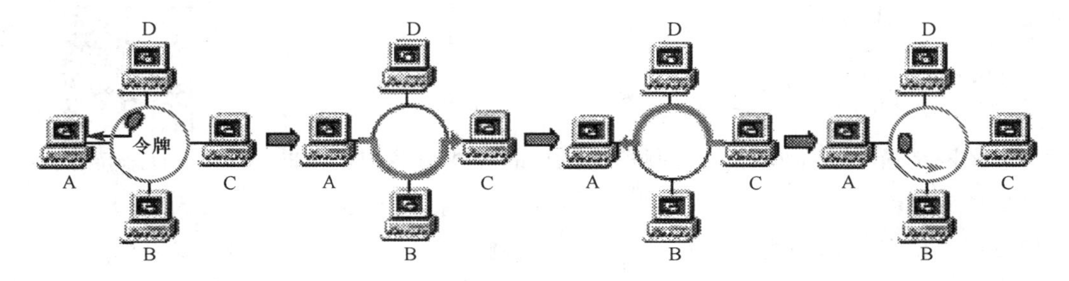

图 5-5　令牌环的工作原理

令牌环，在轻负载时，存在等待令牌的时间，效率较低；而在重负载时，对各节点公平，且效率高。另外，采用令牌环的局域网还可以对各节点设置不同的优先级，具有高优先级的节点可以先发送数据，例如，某个节点需要传输实时性的数据，就可以申请高优先级。由于这种特性，许多用于工业控制的局域网多采用令牌环局域网。

3. 令牌总线

令牌总线介质访问控制是在物理总线上建立一个逻辑环。

从物理上看，它是一种总线型拓扑结构的局域网，和总线型网一样，各节点以总线为共享的传输介质。但是，从逻辑上看，它是一种环型拓扑结构的局域网，接在总线上的节点组成一个逻辑环。逻辑环是由总线上要求进行信息传输的节点组成的，并按节点地址递减的顺序排列。和令牌环一样，令牌总线局域网上的各节点只有在获得令牌后，才能发送数据帧。而其余未获得令牌的节点，只能监听总线或从总线上接收数据信息。所以同令牌环一样，也不会产生冲突。

从逻辑上看，令牌在逻辑环上是按地址的递减顺序传送至下一个节点的。更确切地说，令牌从高地址节点传递给较低地址的节点，当令牌到达最低地址的节点后，又返回去传送给最高地址的节点，这样，所有传递令牌的节点便构成一个逻辑环。但从物理上看，带有目的地址的令牌帧广播到总线上的所有节点，当目的节点识别出符合它的地址时，即把该令牌帧收下。

令牌总线与令牌环有很多相似的特点，比如，适用于重负载的网络中，数据发送的延迟时间确定以及适合实时性的数据传输等。但网络管理较为复杂，网络必须有初始化的功能，以生成一个顺序访问的次序。另外，网络还有将新节点加入环中以及从环中删除不工作的节点等功能，这些功能极大地增加了令牌总线访问控制的复杂性，如图 5-6 所示。

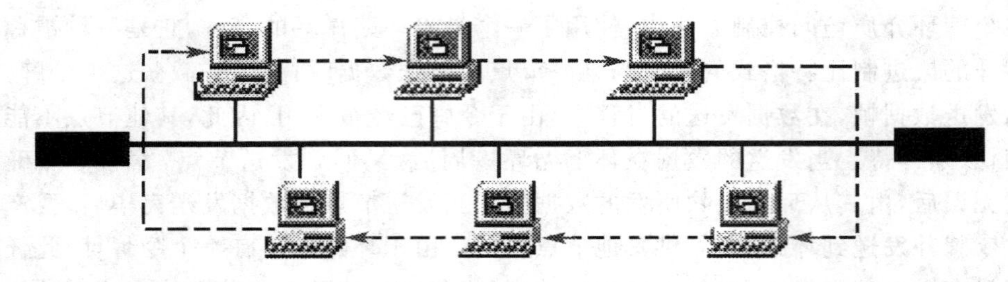

图 5-6 令牌总线局域网

5.3 传统以太网

三种以太网的区别

5.3.1 以太网的产生和发展

以太网是最早的局域网，也是目前最流行的局域网结构。它的思想是使用共享的公共传输信道。1960 年，夏威夷大学的 Norman Abramson 及其同事为了使夏威夷的各个岛屿之间能够进行通信，研制了一个名为 Aloha 的无线电网络系统。20 世纪 70 年代初，Xerox 公司的工程师 Metcalfe 和同事开发出一个实验性网络系统，称为“Alto Aloha”，以便与 Xerox 的一种具有图形用户界面的个人计算机 Alto 互联。在 1973 年，Metcalfe 把它的名称改为以太网。以太网的“ether”一词描述了系统的基本特征：物理介质（电缆）将信息传送到所有站点。Metcalfe 认为对于能将信号传输到网络上所有计算机的新网络系统来说，以太（Ether）是个不错的名字，因此以太网便产生了。

1980 年，DEC、Intel、Xerox 三家公司公布了以太网的蓝皮书，也称为 DIX（三家公司名字的首字母）版以太网 1.0 规范。但它还不是国际公认的标准，所以在 1981 年 6 月，IEEE 802 委员会成立了 802.3 分委员会，来研究基于 DIX 工作成果的国际公认标准。1983 年，使用粗缆技术的 IEEE 10BASE-5 面世。之后不久，使用细同轴电缆的以太网问世，定为 10BASE-2。在 1987 年，Novell 公司推出了专为 PC 联网用的高性能操作系统 NetWare，后又随着 10BASE-T 的出现，以太网的发展再度掀起高潮。10BASE-T 是一个能在非屏蔽双绞线上传输数据速率达到 10 Mbit/s 的以太网。10BASE-T 的出现，使网络布线技术变得容易，用双绞线可将每台计算机连到中央集线器上，在安装、排除故障以及重建结构上具有许多优点，从而使安装费用和整个网络的成本下降。

20 世纪 90 年代以后，随着网络的普及和计算机技术、通信技术的迅猛发展，人们对网络的需求以及对网络的容量、数据传输速率的要求大大提高，促使了快速以太网、交换式以太网和千兆位以太网的产生。

5.3.2 传统以太网简介

对于 10 Mbit/s 以太网，IEEE 802.3 有四种规范，即粗同轴电缆以太网（10BASE-5）、细同轴电缆以太网（10BASE-2）、双绞线以太网（10BASE-T）和光纤以太网（10BASE-F）。

下面主要对 10BASE-5、10BASE-2 和 10BASE-T 进行说明，如图 5-7 所示。

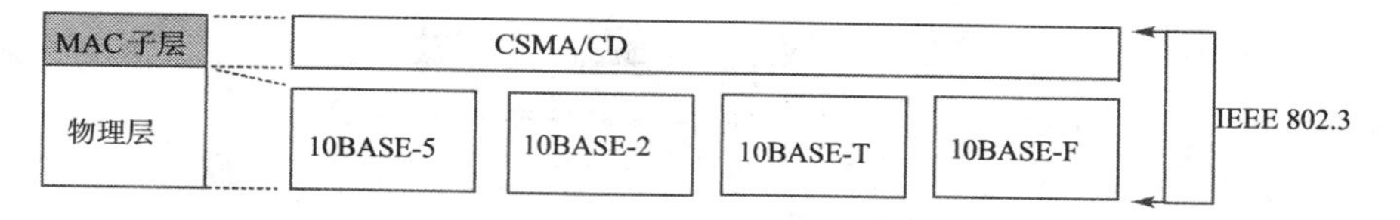

图 5-7　IEEE 802.3 物理层

1. 10BASE-5

用粗同轴电缆组建的网络称为粗缆以太网，又可表示为 10BASE-5，它是最早出现的以太网。粗缆以太网的网络结构如图 5-8 所示，它主要由粗同轴电缆（Coaxial Thick Cable）、收发器（Transceiver）、收发器电缆（Transceiver Cable）、网卡（Network Interface Card）、终接器（Terminal Connector）和中继器（Repeater）等部分组成。其中，收发器主要用来发送/接收信号，进行冲突检测；收发器电缆也称为 AUI 电缆，用来连接网卡和收发器；网卡必须带有 AUI 接口；终接器是用来吸收电缆两端的信号，避免信号反射；中继器用于连接两个或多个网段，能够延伸网络的长度。

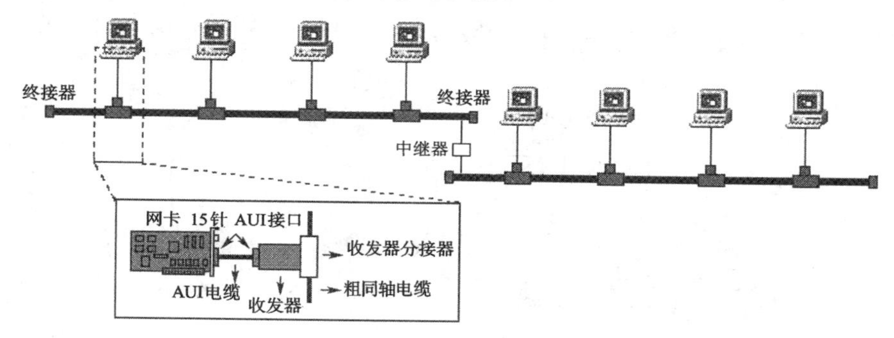

图 5-8　粗缆以太网的网络结构

在粗缆以太网的拓扑结构中，一个网段的最大长度不能超过 500 m，一个网段上最多可连接的计算机数量为 100 台，两台相邻计算机（收发器）之间的最小距离为 2.5 m。最多可用 4 个中继器连接 5 个网段，但是只允许其中 3 个网段连接计算机，而剩余的 2 个网段不能连接计算机，只能用于扩展粗缆以太网的距离。这就是所谓的 5-4-3 规则。因此，使用中继器进行扩展后，粗缆以太网的最大网络距离为 2 500 m。

2. 10BASE-2

用基带细同轴电缆所组建的网络称为细缆以太网，又可表示为 10BASE-2。细缆以太网的网络结构如图 5-9 所示，它主要由细同轴电缆（Coaxial Thin Cable）、BNC T 型连接器（BNC T Connector）、BNC 连接器（BNC Connector）、BNC 终端匹配器（终接器）（BNC Terminal Connector）、网卡（Network Interface Card）等部分组成。其中 BNC T 型连接器有 3 个端口，两个端口与 BNC 连接器相连来连接两条电缆，一个端口与网卡上的 BNC 接口相连。

在细缆以太网的拓扑结构中，一个网段的最大长度不能超过 185 m，一个网段上最多可连接的计算机数量为 30 台，两台相邻计算机之间的最小距离为 0.5 m。对于细缆以太网的扩展，也要求符合 5-4-3 规则，网络的最大距离为 925 m。

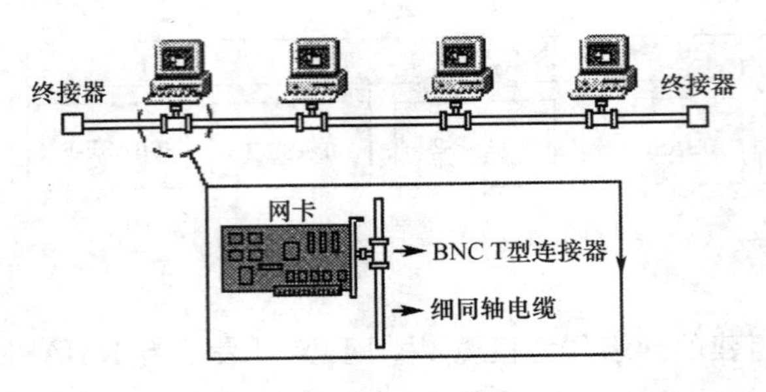

图 5-9 细缆以太网的网络结构

3. 10BASE-T

10BASE-T 是以非屏蔽双绞线组建的数据传输速率为 10 Mbit/s 的基带以太网标准。图 5-10 为双绞线以太网。10BASE-T 由双绞线连接器(Twisted Pair Connector)、双绞线(Twisted Pair)、中央集线器(Hub)、网卡(Network Interface Card)等部分组成。其中,双绞线连接器采用标准的 RJ-45 连接器,网卡带有 RJ-45 接口。10BASE-T 是一个物理上为星型连接、逻辑上为总线型拓扑结构的网络,每段双绞线的长度不应超过 100 m。

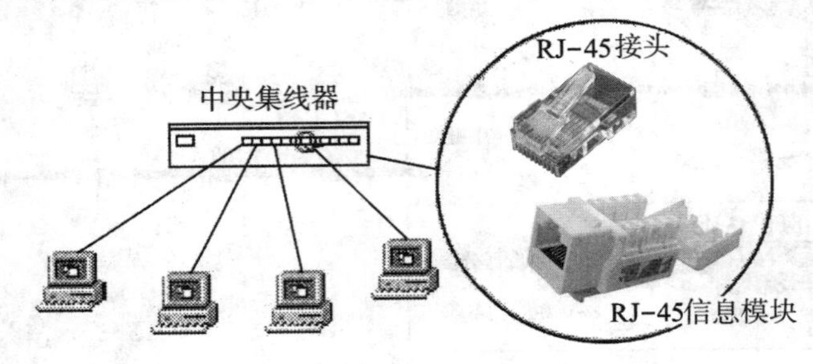

图 5-10 双绞线以太网

注意:以上三种以太网的命名是带有明显的含义的,其中 10 表示信号在电缆上的传输速率为 10 Mbit/s;BASE 表示电缆上传输的信号为基带信号即数字信号;最后面的部分则表示传输介质。比如 5 表示在由粗同轴电缆组建的网络中,每一段电缆的最大长度为 500 m;2 代表在由细同轴电缆组建的网络中,每一段电缆的最大长度为 185 m;T 代表非屏蔽双绞线 UTP。

5.3.3 交换式以太网

1. 传统以太网存在的问题

传统的共享式以太网是最简单的组网方式,但在实际应用中存在许多问题:

(1)覆盖的地理范围有限。根据 CSMA/CD 的规定,共享式以太网覆盖的地理范围随网络速率的增加而减小。一旦网络速率确定,网络的覆盖范围也就固定下来。

(2)网络带宽容量固定。传统的共享式以太网所有节点共享同一传输介质,网络的带宽容量被所有节点共享使用。网络中的节点越多,每个节点可以使用的带宽越窄,网络的响应速度越慢。

(3)不能支持多种速率的设备。传统的共享式以太网,网络中的设备必须保持相同的传输速率,否则一个设备发送的信息,另一个设备不可能收到。

2. 交换的思想

为了解决共享式以太网存在的问题，人们提出"分段"的方法。所谓"分段"，就是将一个大型的以太网分割成两个或多个小型的以太网，每个段(分割后的每个小以太网)使用CSMA/CD介质访问控制方法维持段内用户的通信。段与段通过一种"交换"设备将一段接收到的信息，经过简单的处理转发给另一段。通过分段，既可以保证以太网每个部门内部信息不会流至其他部门，又可以保证部门之间的通信。分段以后，以太网节点的减少使冲突和碰撞的概率减小，网络效率提高。并且，各段可按需选择自己的网络速率，组成性价比更高的网络。

交换设备有多种类型，局域网交换机、路由器等都可以作为交换设备。通常以太网交换机工作在OSI模型的数据链路层，用于连接较为相似的网络(如以太网和以太网)；而路由器工作在OSI模型的网络层，用于实现异构网络的互联(如以太网和帧中继)。

3. 交换式以太网概念

交换式以太网是指以数据链路层的帧为数据交换单位，以以太网交换机为基础构成的网络。交换式以太网允许多对节点同时通信，每个节点可以独占传输通道和带宽。它从根本上解决了共享以太网所带来的问题。

4. 交换机的工作原理

以太网交换机(以下简称交换机)是工作在OSI模型的数据链路层的设备，外表和集线器相似。它通过判断数据帧的目的MAC地址，从而将帧从合适的端口发送出去。

交换机的冲突域仅局限于交换机的一个端口上。比如，一个节点向网络发送数据，集线器将会向所有端口转发，而交换机将通过对帧的识别，只将帧单点转发到目的地址对应的端口，而不是向所有端口转发，从而有效地提高了网络的可利用带宽。

以太网交换机实现数据帧的单点转发是通过MAC地址的学习和维护更新机制来实现的。以太网交换机的主要功能包括MAC地址学习、帧的转发及过滤和避免回路。

5.4　高速以太网

推动局域网发展的主要因素是微机的广泛应用。随着微机处理速度的迅速上升以及价格的不断下降，大量用于办公室自动化与信息处理的计算机都有联网的要求，这就造成了局域网规模的不断扩大。同时，基于Web的Internet/Intranet应用也要求更高的数据传输速率。如果Ethernet仍保持数据传输速率为10 Mbit/s，显然不能满足日益增长的市场需求。这就促使人们研究高速局域网技术，希望通过提高局域网的带宽、改善局域网的性能来适应各种新的应用环境的要求。

在本节中，将介绍三种比较典型的高速以太网技术，分别是快速以太网、千兆位以太网和万兆位以太网。

5.4.1　快速以太网

快速以太网的数据传输速率为100 Mbit/s。它保留着传统10 Mbit/s速率Ethernet的所有特征，即相同的数据格式、相同的介质访问控制方法CSMA/CD和相同的组网方法，而只是把每个比特的发送时间由100 ns降低到10 ns。从技术上讲，它可以复制

10BASE-5 或 10BASE-2。Fast Ethernet 遵循的标准是 100BASE-T，并由 IEEE 正式将其命名为 IEEE 802.3u 标准，作为对 IEEE 802.3 的补充。100BASE-T 标准不但最大限度地保持了 IEEE 802.3 标准的完整性，而且保留了核心以太网的细节规范。如图 5-11 所示为快速以太网实例。

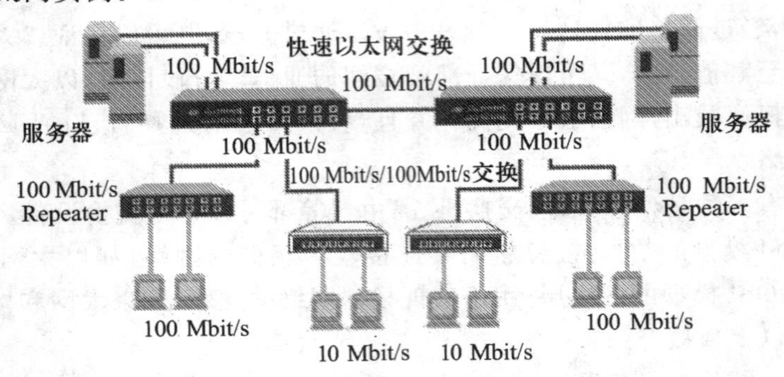

图 5-11　快速以太网实例

1. 100BASE-T 标准

100BASE-T 是 10BASE-T 的扩展，MAC 层仍采用 CSMA/CD 介质访问控制方法，它的主要内容如下：

100BASE-T 将以太网 MAC 协议传输速率提高了 10 倍。

100BASE-T 标准允许包括多个物理层，现在有三个不同的 100BASE-T 物理层规范，其中两个物理层规范支持长度为 100 m 的非屏蔽双绞线，另一个规范支持单模或多模光缆。100BASE-T 采用中央集线器的星型拓扑结构。100BASE-T 包括了介质无关接口(MII)规范，MII 是 MAC 层和物理层的接口，并允许外接收发器，100BASE-T 组网结构如图 5-12 所示。

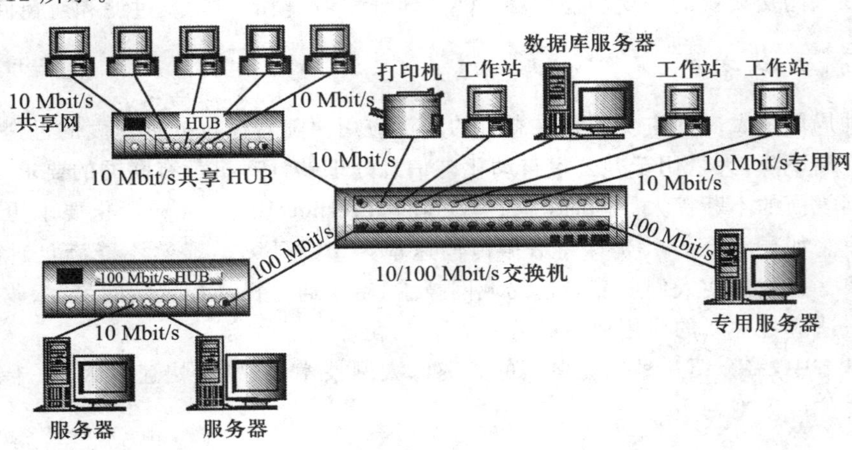

图 5-12　100BASE-T 组网结构

2. 100BASE-T 主要特点

(1)采用与 10BASE-T 相似的层次协议结构，其中 LLC 子层完全相同。

(2)帧格式与 10BASE-T 相同，包括最小帧长为 64 个字节，最大帧长为 1 518 个字节，帧间最小间隙为 12 个字节。

(3)MAC 子层与物理层采用介质无关接口 MII。

(4)介质访问控制方法为 CSMA/CD。

(5)拓扑为以 100BASE-T 集线器/交换机为中心的星型拓扑结构。

(6)传输速率为 100 Mbit/s。

(7)传输介质为双绞线或光缆。

(8)每个网段只允许两个中继器，最大网络跨度为 210 m。

3. 100BASE-T 物理层

100BASE-T 定义了以下三种不同的物理层协议。

(1)100BASE-TX。100BASE-TX 采用两对 5 类 UTP 或两对 1 类 STP 作为传输介质，其中一对用于发送，另一对用于接收，站点与集线器的最大距离为 100 m。对于 5 类 UTP，使用 RJ-45 连接器；对于 1 类 STP，使用 DB-9 连接器。

(2)100BASE-T4。100BASE-T4 采用四对 3 类、4 类和 5 类 UTP 作为传输介质。四对线中，三对用于数据传输，一对用于冲突检测。使用 RJ-45 连接器，站点与集线器的最大距离为 100 m。

(3)100BASE-FX。100BASE-FX 采用两束多模光纤作为传输介质，每束都可用于两个方向，因此它是全双工的，并且在每个方向上速率均为 100 Mbit/s。适用于高速主干网、有电磁干扰的环境、要求通信保密性好和传输距离远等应用场合，使用标准 FDDI MIC 连接器、ST 连接器和 SC 连接器，站点与集线器的最大距离高达 2 km。

5.4.2　千兆位以太网

尽管快速以太网具有高可靠性、易扩展性、低成本性等优点，并且成为高速局域网方案中的首选技术，但由于多媒体通信和视频技术的广泛应用、电子商务和信息高速公路及智能大厦的发展、科研和教育的宽带网络化等，人们不得不寻求更高带宽的局域网。千兆位以太网(Gigabit Ethernet)就是在这种背景下产生的，如图 5-13 所示为千兆位以太网应用实例。

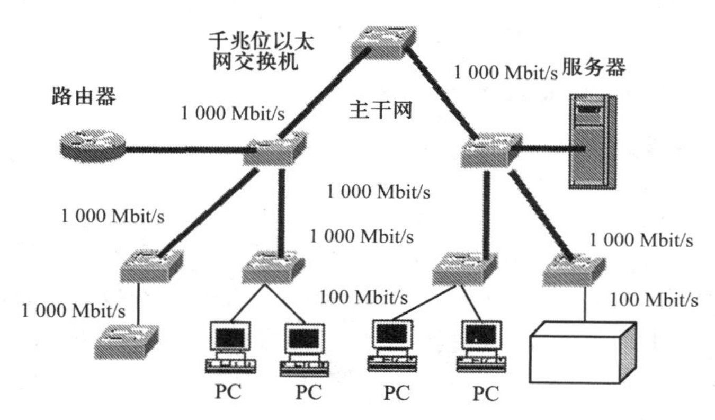

图 5-13　千兆位以太网应用实例

千兆位以太网与快速以太网的相同之处是，千兆位以太网同样保留着传统的

100BASE-T 的所有特征，即相同的数据格式、相同的介质访问控制方法 CSMA/CD 和相同的组网方法，只是把每个比特的发送时间由 10 ns 降低到 1 ns。基于光纤的千兆位以太网标准是 IEEE 802.3z；基于 5 类 UTP 的千兆位以太网标准是 IEEE 802.3ab。

1. 1000BASE-SX 标准

它是一种使用短波激光作为信号源的网络介质技术，配置波长为 770～860 nm（一般为 850 nm）的激光传输器，它不支持单模光纤，只能驱动多模光纤。它所使用的光纤规格有两种，即芯径为 62.5 μm 和 50 μm 的多模光纤，采用 8 B/10 B 编码方式，传输距离分别为 260 m 和 525 m，适用于建筑物中同一层的短距离主干网。

2. 1000BASE-LX 标准

它是一种使用长波激光作为信号源的网络介质技术，配置波长为 1 270～1 355 nm（一般为 1 300 nm）的激光传输器，它既可以驱动多模光纤，也可以驱动单模光纤。它所使用的光纤规格为：芯径为 62.5 μm 和 50 μm 的多模光纤，工作波长为 850 nm，传输距离为 525 m 和 550 m，数据编码方法为 8 B/10 B，适用于作为大楼网络系统的主干网；芯径为 9 μm 的单模光纤，工作波长为 1 300 nm 或 1 550 nm，传输距离为 3 000 m，数据编码方法采用 8 B/10 B，适用于校园或城域主干网。

3. 1000BASE-CX 标准

使用 150 Ω 屏蔽双绞线（STP），采用 8 B/10 B 编码方式，传输速率为 1.25 Gbit/s，传输距离为 25 m，主要用于集群设备的连接，如一个交换机机房内的设备互联。

4. 1000BASE-T 标准

使用四对 5 类非屏蔽双绞线（UTP），传输距离为 100 m，主要用于结构布线中同一层建筑的通信，可以利用以太网或快速以太网已铺设的 UTP 电缆，在以太网系统中实现从 100 Mbit/s 到 1 000 Mbit/s 的平滑升级。

5. 组网的基本硬件设备

（1）1 000 Mbit/s 以太网交换机

（2）1 000 Mbit/s 以太网卡

（3）100 Mbit/s 以太网交换机或 100 Mbit/s 集线器

（4）10 Mbit/s 以太网卡、100 Mbit/s 以太网卡或 10/100 Mbit/s 以太网卡

（5）双绞线或光缆

千兆位以太网组网结构如图 5-14 所示。

5.4.3 万兆位以太网

1. 10GBASE-SR/EW 标准

早在 2002 年 6 月，IEEE 802.3ae 任务小组就颁布了一系列基于光纤的万兆位以太网的标准，能够支持万兆传输的距离为 300 m（10GBASE-SR，OM3 多模光纤）到 40 km（10GBASE-EW，OS1 单模光纤），该技术适用于距离较远的园区主干或数据传输速率要求较高的楼内垂直主干以及数据中心服务器集群。

2. 10GBASE-T 标准

IEEE 802.3an 任务小组制定了基于铜缆的万兆位以太网的标准 10GBASE-T。该标准对万兆位以太网的传输速度、性能指标等都做了详细的规定，使用户在采用铜缆万兆位

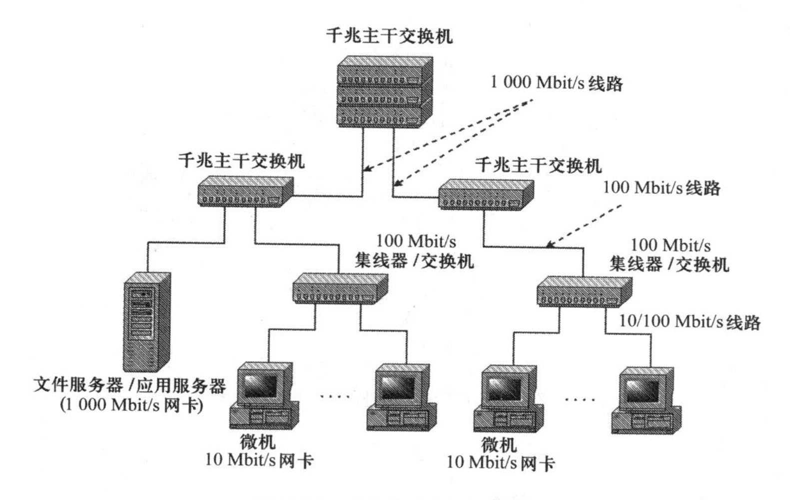

图 5-14　千兆位以太网组网结构

以太网部署网络系统时有章可循。

为了适应 IEEE 802.3an 10GBASE-T 标准发布的进度，TIA(美国通信工业委员会)相继发布了关于万兆位以太网布线的安装及测试指导规范和 Cat6A 技术标准草案。该草案针对 IEEE 802.3an 10GBASE-T 的 100 m 传输距离及 500 MHz 带宽要求定义了一套全新的扩展六类(Cat6A)布线系统，包括连接器件、线缆、跳线技术性能标准以及现场测试 ANEXT 的方法。

IEEE 802.3an 标准仍使用 IEEE 802.3 以太网帧格式，保留了 IEEE 802.3 标准最小和最大帧长度，以及 CSMA/CD 机制，向前兼容 10/100/1 000 Mbit/s 以太网，并且兼容 LAN 现行的星型拓扑结构。

10GBASE-T 是 1000BASE-T 速度的 10 倍，但成本只增加 2～3 倍。与 IEEE 802.3ae 万兆光纤标准 10GBASE-SR 相比，成本只有五分之一。

5.5　虚拟局域网简介

虚拟局域网(Virtual LAN，VLAN)是高速局域网，但并不是新型的局域网，只是在交换局域网的基础上给用户提供新的服务。

5.5.1　VLAN 的概念

将交换局域网上的站点，按实际需要划分成若干个逻辑上的工作组，就构成了虚拟局域网。VLAN 是建立在网络交换技术基础之上的，用软件的方式实现工作组的划分和管理。图 5-15 是按照不同业务部门划分的 VLAN 管理单元，实现统一局域网不同部门间的信息隔离。

同一逻辑工作组，可以在同一交换机上或同一网段上，也可以在不同的交换机上或不同的网段上。虽然在不同的物理位置或不同的网段上，但用户感觉不到有任何区别，如图 5-16 所示。

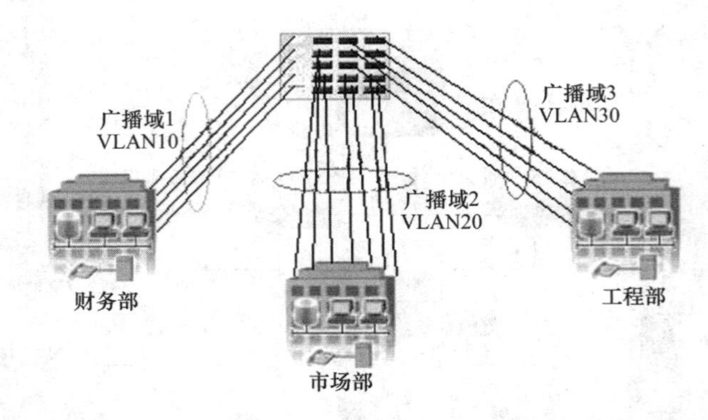

图 5-15　通过划分 VLAN 实现业务部门间信息安全隔离

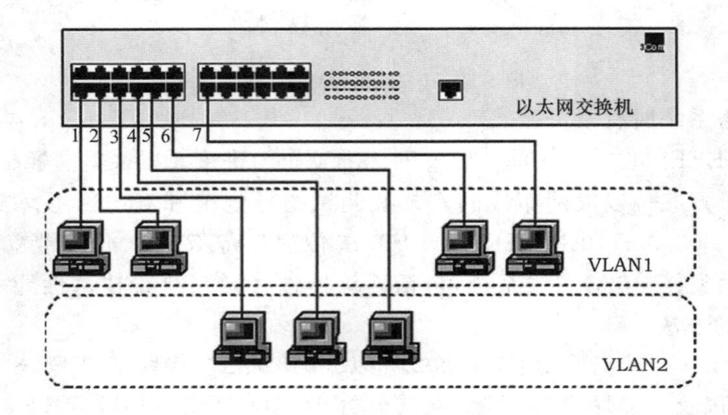

图 5-16　VLAN 以太网交换机结构

5.5.2　VLAN 的分类

VLAN 的分类

由于 VLAN 是建立在交换局域网基础上的，涉及网络的各个层次，所以可在不同的层次上构建 VLAN。

1. 端口 VLAN(Port VLAN)

它是根据交换机的端口划分的 VLAN，属于设置静态 VLAN 的方法。如图 5-17 所示。

2. MAC 层 VLAN(MAC Layer VLAN)

它是根据 MAC 地址来定义 VLAN 的。如图 5-18 所示。

3. 网络层 VLAN(Network Layer VLAN)

它是根据网络层(如 IP 地址、网络层协议)来定义 VLAN 的。如图 5-19 所示。

4. IP 广播组 VLAN(IP Broadcast Group VLAN)

IP 组播实际上是一种 VLAN 的定义。即认为一个组播组就是一个 VLAN，这种划分的方法将 VLAN 扩大到了广域网，因此这种方法具有更大的灵活性，而且也很容易通过路由器进行扩展，主要适合于不在同一地理范围的局域网用户组成一个 VLAN。这种方法不适合局域网，因为效率不高。如图 5-20 所示。

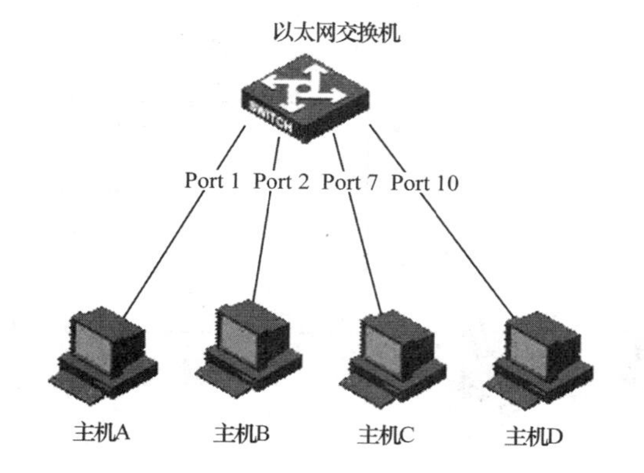

VLAN表

端口	所属VLAN
Port 1	VLAN 5
Port 2	VLAN 10
……	……
Port 7	VLAN 5
……	……
Port 10	VLAN 10

图 5-17　基于端口划分 VLAN

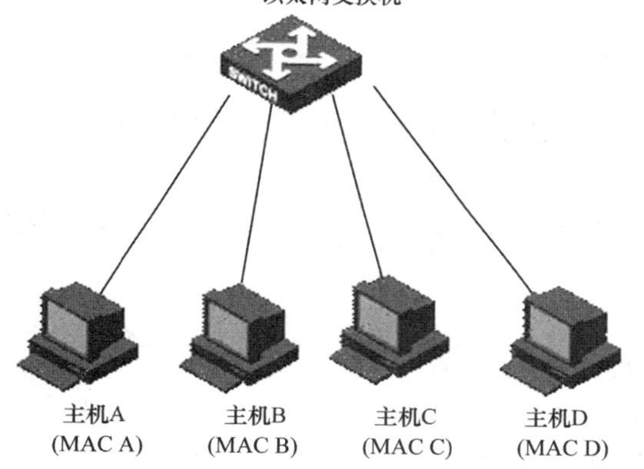

VLAN表

地址	所属VLAN
MAC A	VLAN 5
MAC B	VLAN 10
MAC C	VLAN 5
MAC D	VLAN 10

图 5-18　基于 MAC 地址划分 VLAN

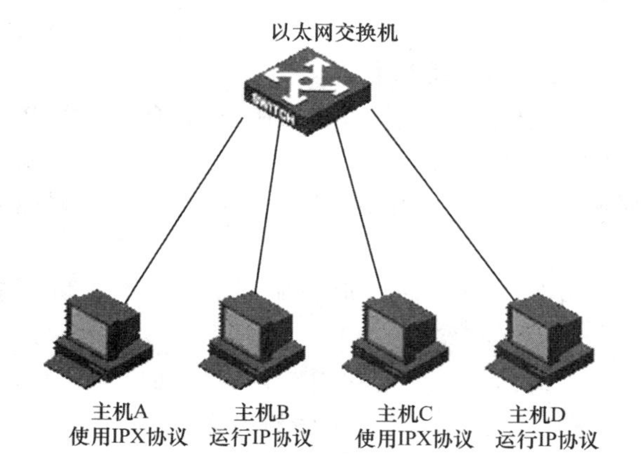

VLAN表

协议类型	所属VLAN
IPX协议	VLAN5
IP协议	VLAN10
……	……

图 5-19　基于网络层协议划分 VLAN

5.5.3　VLAN 的作用

1. 减少网络管理开销

使用 VLAN 可以大大减少网络管理员的工作量，提高工作效率。

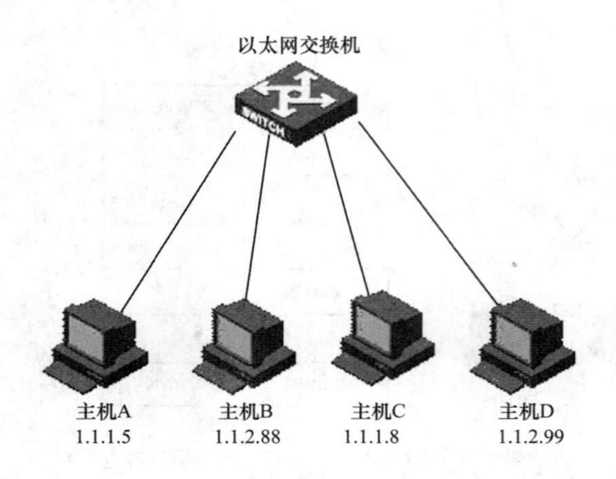

VLAN表

IP网络	所属VLAN
IP 1.1.1.1/8	VLAN 5
IP 1.1.2.1/8	VLAN 10
……	……

图 5-20 基于 IP 子网划分 VLAN

2. 控制广播活动

通过 VLAN 可以有效地隔绝广播信息，减少冲突的发生，提高了网络的性能。

3. 提供较好的网络安全性

人为划分“逻辑子网”，使原来在同一物理网段的站点无法直接访问，提高了网络的安全性。

5.6 无线局域网

无线网络结合了最新的计算机网络技术和无线通信技术。它自产生以来，已被公认为可为用户提供前所未有的灵活性、便利性和显著提高工作效率；另外在减少工作压力、改善生活水平乃至提高用户社会地位等方面都具有得天独厚的优势。

1. 无线网络的分类

从应用区域的大小来分，无线网络主要包括下面几类：

(1)无线个人网(WPAN)：无线个人网主要用于个人用户工作空间，典型距离覆盖几米，可以与计算机同步传输文件，访问本地外设。

(2)无线局域网(WLAN)：无线局域网主要用于宽带家庭、大楼内部以及园区内部，典型距离覆盖几十米至上百米。

(3)无线 LAN-to-LAN 网桥：主要用于大楼之间的联网通信，典型距离可覆盖几千米。

(4)无线城域网(WMAN)和无线广域网(WWAN)：它们覆盖城域和广域环境，主要用于 Internet/E-mail 访问，但提供的带宽比无线局域网技术要低很多。

2. 无线局域网的标准

1998 年，IEEE 制定出无线局域网的协议标准 802.11，ISO/IEC 也批准了这一标准。其中 802.11b 使用 2.4 GHz 频段提供最高达 11 Mbit/s 的传输速率，目前被普遍看好。与之相关的还有 802.11b+，支持 22 Mbit/s 传输速率的 WLAN 产品，兼容 802.11b；802.11a 使用 5.x GHz 频段提供最高可达 54 Mbit/s 的传输速率，并且还拥有比 802.11b 更安全等特点；IEEE 802.11g 使用 2.4 GHz 频段提供最高可达 54 Mbit/s 的传输速率，兼

容IEEE 802.11b。

802.11 标准规定无线局域网的最小构件是基本服务集(Basic Service Set,BSS)。一个 BSS 包括一个基站和若干个移动站,所有的站均运行同样的 MAC 协议并以争用方式共享同样的无线传输介质。基本服务集类似于无线移动通信的蜂窝小区。在 802.11 标准中,基本服务集中的基站称为接入点(Access Point,AP)。一个基本服务集可以是孤立的,也可通过 AP 连接到一个主干分配系统(Distribution System,DS),然后再接入另一个基本服务集,这样就构成了一个扩展的服务集 ESS。主干分配系统可采用常用的有线以太网或其他的无线连接。AP 的作用与网桥相似,使扩展的服务集 ESS 成为一个在 LLC 子层上的逻辑局域网。802.11 标准还定义了三种类型的站:一种是仅在一个 BSS 内移动,一种是在 BSS 之间但仍在一个 ESS 之内移动,还有一种是在不同的 ESS 之间移动。

3. 无线局域网的结构

IEEE 802.11b 无线局域网的工作模式主要有对等(Ad Hoc)模式、架构(Infrastructure)模式和中继模式。

(1) 对等模式

对等模式又称为单独使用的无线局域网,如图 5-21 所示。这种网络中的用户直接建立无线连接,用户只需一块无线网卡即可实现点对点的互相通信,有效距离一般在 100 m 左右。

图 5-21　无线对等网络结构

(2) 架构模式

架构模式是非独立的无线局域网,各无线站点通过无线访问点与局域网内的其他站点实现通信连接。如图 5-22 所示。

(3) 中继模式

中继模式是两个无线网桥点到点的连接,如图 5-23 所示。该模式比较适合两个局域网子网的较远距离的连接(通过高增益定向天线,传输距离可达 50 千米),由于其联网模式多种多样,所以统称为无线分布系统(Wireless Distribution System,WDS)。

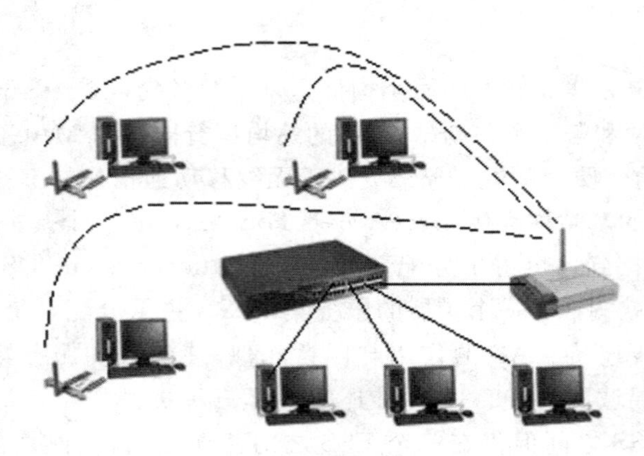

图 5-22 无线架构模式网络结构

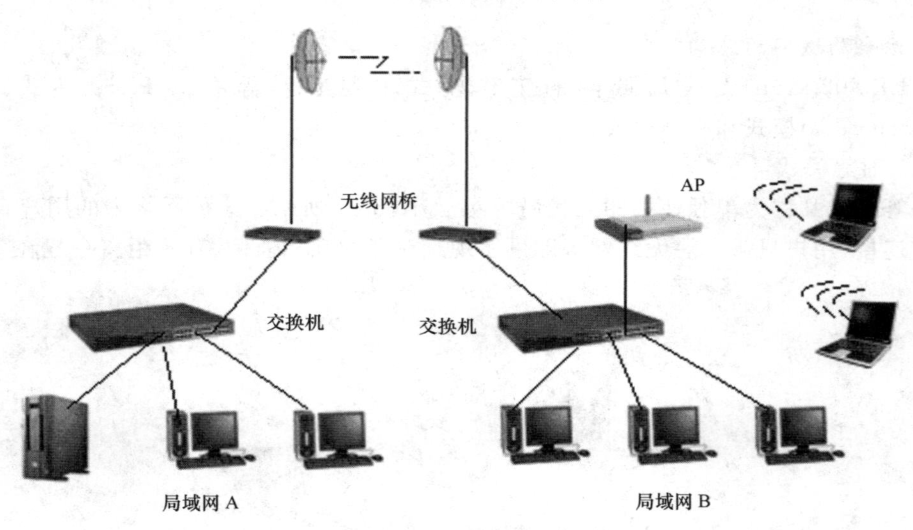

图 5-23 无线中继模式

练习题

一、选择题

1. 下面(　　)不是局域网的特点。

A. 较小的地域范围

B. 数据传输速率一般为 10 Mbit/s～100 Mbit/s

C. 较高的误码率

D. 数据通信设备是广义的

2. 下面(　　)不是局域网的关键技术。

A. 拓扑结构　　B. 传输介质

C. 局域网的体系结构　　D. 介质访问控制方法

3. 局域网通常采用的传输方式是(　　)。

A 总线型传输方式　　B. 环型传输方式

C. 基带传输方式　　D. 宽带传输方式

4. 关于基带系统，下面哪个说法是错误的(　　)?

A. 采用曼彻斯特编码　　B. 传输模拟信号

C. 双向传输方式　　D. 基带同轴电缆

5. 关于令牌环和令牌总线，下面哪个说法是正确的(　　)?

A. 令牌环和令牌总线没有区别

B. 令牌环和令牌总线采用的都是环型拓扑

C. 令牌总线采用的是环型拓扑和总线型拓扑的混合，令牌环采用的是环型拓扑

D. 令牌总线采用的是总线型拓扑结构，而在逻辑上采用的是令牌环的协议

6. 在10BASE-5中，BASE代表的含义是(　　)。

A. 基本信息　　B. 数字信号　　C. 模拟信号　　D. 都不对

7. 100BASE-T遵循的标准是(　　)。

A. IEEE 802. u　　B. IEEE 802. 4　　C. IEEE 802. 5　　D. IEEE 802. 2

8. 下面(　　)不是Ethernet。

A. FDDI　　B. 10BASE-T　　C. 100BASE-T　　D. 1 000BASE-SX

9. IEEE 802标准中任意两个站点之间的路径中最多允许有(　　)。

A. 2个中继器　　B. 4个中继器　　C. 2个路由器　　D. 4个路由器

10. 著名的以太网是一种典型的局域网，它的拓扑结构是(　　)。

A. 总线型　　B. 环型　　C. 树型　　D. 星型

11. 以太网采用的编码方案是(　　)。

A. ASCII码　　B. 单极性归零码

C. 4 B/5 B码　　D. 曼彻斯特编码

12. 下列10 Mbit/s以太网的物理层可选方案中，使用非屏蔽双绞线介质的是(　　)。

A. 10BASE-5　　B. 10BASE-2　　C. 10BASE-T　　D. 10BASE-F

13. 在局域网的层次体系结构中，可以省略的层次是(　　)。

A. 物理层　　B. 媒体访问控制子层

C. 逻辑链路控制子层　　D. 网际层

14. 下列媒体访问控制方法中站点之间存在冲突的是(　　)。

A. IEEE 802. 3　　B. IEEE 802. 4　　C. IEEE 802. 5　　D. IEEE 802. 8

二、简答题

1. 什么是局域网，它有哪些特点？

2. 局域网的体系结构包含哪些层？试说明每一层的功能。请画出OSI/RM与IEEE 802的对照图。

3. 在局域网中，主要采用的拓扑结构有哪些？试分别说明它们的特点。

4. 请简单描述宽带系统。

5. 什么是介质访问控制方法？常用的介质访问控制方法有哪几种？

6. 简述CSMA/CD的控制方法。

7. 请说出在令牌环网中的令牌是什么?

8. 请分别写出在 10BASE-T 中,10、BASE、T 的具体含义。

9. FDDI 的特点有哪些?

10. 试归纳无线局域网的优缺点。

三、实训操作

在第 2 章的实训题目中,这家外贸公司由于业务的扩展,又增加了 3 个部门,分别是矿砂进口部、橡胶进口部、报关业务部。核心交换机安装在人力资源部,其他业务部门的交换机连到该交换机上。在实训室模拟这家公司完成如下设计与实训:

1. 重新修改原来的联网方案,实现每个部门的交换机连到人力资源部交换机上,画出拓扑图。

2. 所有计算机在同一个对等网上,实现计算机间的互联互通。

3. 在服务器上设置一个共享目录,实现所有计算机可以下载共享目录中的信息,但不能删除和修改该目录中的内容。

4. 采用什么技术可以实现部门间的信息隔离?

第6章 网络互联技术

本章概要

按照OSI七层模型的分层原则和各层的协议，网络设备以不同的方式在不同层上工作，又按照网络协议在物理上或逻辑上互相连接在同一个网络运行平台上，并采用多种网络互联技术和互联方案，构成了各种功能和规模庞大的网络。因此，了解这些网络设备的特性和互联技术，是设计、建立和管理一个网络的关键。

训教重点

- 网络互联，网络互联技术，网络互联设备如中继器、网桥、HUB、交换机、路由器等
- 网络互联中的技术概念，如广播域、冲突域、VLAN中继协议、STP生成树协议等
- 路由表、网关

能力目标

- 掌握网络互联技术中的基本原理和概念
- 掌握网络互联中各种设备的功能、互联方式和作用
- 掌握简单的网络互联方案设计

6.1 网络互联技术概述

6.1.1 网络互联的概念

(1)网络互联(Interconnection)

网络互联是指将分布在不同地理位置的网络，通过一定的方法，用一种或多种通信处理设备相互连接起来，以构成更大规模的网络系统，并实现更大范围的资源共享。有时为增加网络性能和易于管理而将一个规模很大的网络划分为几个子网或网段，这些子网或网段间的互联也称为网络互联。

(2)网络互联(Internetworking)

网络互联是指网络设备之间在物理和逻辑上尤其是指逻辑上的连接。

(3)网络互通(Inter-switch Communication)

网络互通是指网络连接和配置正确,且完成收敛,能够传送规定服务的网络数据的能力。

(4)网络互操作(Interoperability)

网络互操作是指网络中的不同计算机系统之间具有透明地访问对方资源的能力。

6.1.2 网络互联的优点

网络互联技术是计算机网络组成的重要技术。它涉及局域网与局域网、局域网与广域网和服务器、主计算机及工作站实现连接的问题,涵盖网络通信活动的整个范围。

在实际应用中,许多单位内部各下属部门为了共享资源或相互通信而拥有自己的局域网系统。但这些局域网是独立的,如果想要使各独立的局域网系统相互共享资源或进行数据通信,就需要将它们互联起来。由于各局域网的结构有可能不同,使用的标准也不尽相同,所以这里所讲的网络互联有同构网络互联和异构网络互联之分。

通过网络互联,不但可以使多种类型的网络长期使用下去,扩大资源共享和数据通信的范围,而且还有以下优点:

(1)提高网络的性能。将一个大局域网分割成若干个较小的局域网,整个互联的网络性能将比只有一个大局域网好得多。

(2)降低成本。当同一地区的多台主机希望接入另一地区的某个网络时,采用主机先行联网(局域网或者广域网),再通过网络互联技术达到目的,可以大大降低联网成本。

(3)提高安全性。将具有相同权限的用户主机组成一个网络,在网络互联设备上严格控制其他用户对该网的访问,从而实现网络的安全机制。

(4)提高可靠性。设备的故障可能导致整个网络的瘫痪,而通过子网的划分可以有效地限制设备故障对网络的影响范围。

6.1.3 网络互联的功能

对网络互联来说,非 ISO 系统要与 ISO 系统互联,不同的非 ISO 系统之间也要互联,所以,在两个网络之间进行互联时,如果以 ISO 系统为标准的话,它们之间的差异在 ISO 各层都是存在的。这些差异主要表现在:

(1)寻址方法

(2)报文分组长度

(3)网络连接方法

(4)超时控制方法

(5)差错控制方法

(6)路由选择方法

(7)用户连接控制方法

(8)管理与控制方式

(9)流量控制方法

(10)状态报告方法

(11)服务类型

6.1.4　网络互联的类型

由于在网络规模、结构、媒体、标准等方面存在很大的差异，所以网络互联有时是很复杂的，在不同的情况下，实现网络互联的方式是不同的。网络互联的类型有：局域网与局域网的互联（LAN-LAN）、局域网与广域网的互联（LAN-WAN）、广域网与广域网的互联（WAN-WAN）以及局域网通过广域网与局域网的互联（LAN-WAN-LAN）。如图 6-1 所示。

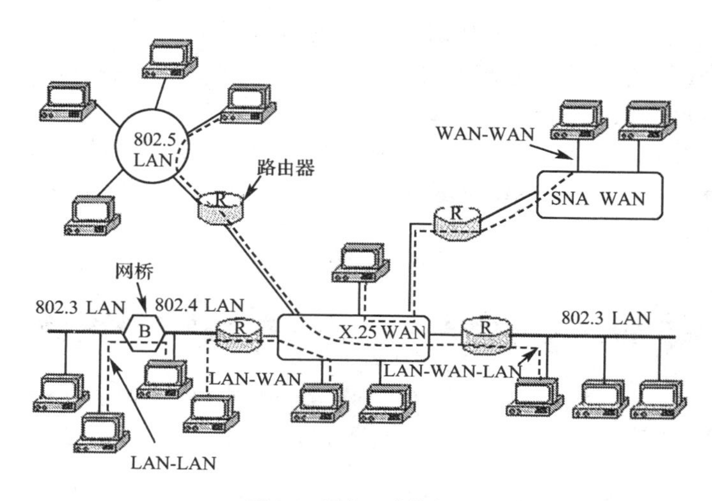

图 6-1　网络互联的类型

1. 局域网与局域网的互联

LAN-LAN 是指近程局域网的互联，其中又包括同种局域网之间的互联和异种局域网之间的互联。例如：使用中继器、集线器等设备就可以实现多个近程局域网的连接；使用网桥、二层交换机等设备可以实现一个局域网和令牌环网的连接。图 6-2 和图 6-3 分别表示用中继器连接两个 10BASE-5 电缆段和用中继器连接不同传输介质的系统，从而实现局域网与局域网的互联。

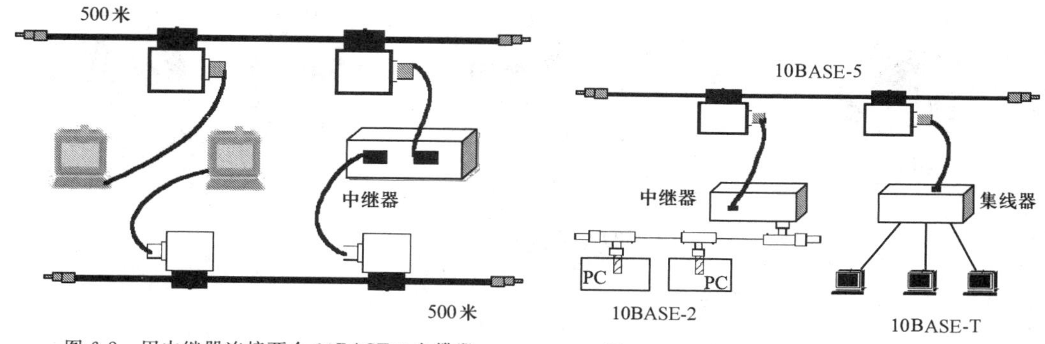

图 6-2　用中继器连接两个 10BASE-5 电缆段

图 6-3　用中继器连接不同传输介质的系统

2. 局域网与广域网的互联

局域网与广域网的互联可以采用多种接入技术，如通过 Modem、ISDN、DDN、ADSL 等。在接入时，采用在局域网和广域网之间增设代理服务器或路由器的方法进行网络隔离和路由选择、流量控制等。当 LAN 中的计算机之间进行通信时，不需要访问广域网，需要用路由器与 WAN 隔离，当 LAN 上的计算机要访问 WAN 上的服务器时，必须通过路由器进行路由选择。

3. 广域网与广域网的互联

广域网可分为两类：一类是指电信部门提供的电话网或数据网络，如 X. 25、PSTN、DDN、FR 和宽带综合业务数字网；另一类是分布在同一城市、同一省或同一国家的专有广域网，这类广域网的通信子网和资源子网分别属于不同的机构，如通信子网属于电信部门，资源子网属于专有部门。例如 IBM、DEC 等公司，都建有自己的广域网，它们都是通过电信部门的公用通信网络连接起来的。

4. 局域网通过广域网与局域网的互联

这种类型的互联是多个远程的局域网通过公用的广域网进行的互联。一般使用路由器和网关通过广域网 ISDN、DDN、X. 25 等实现，图 6-4 所示为用路由器实现LAN-WAN-LAN。

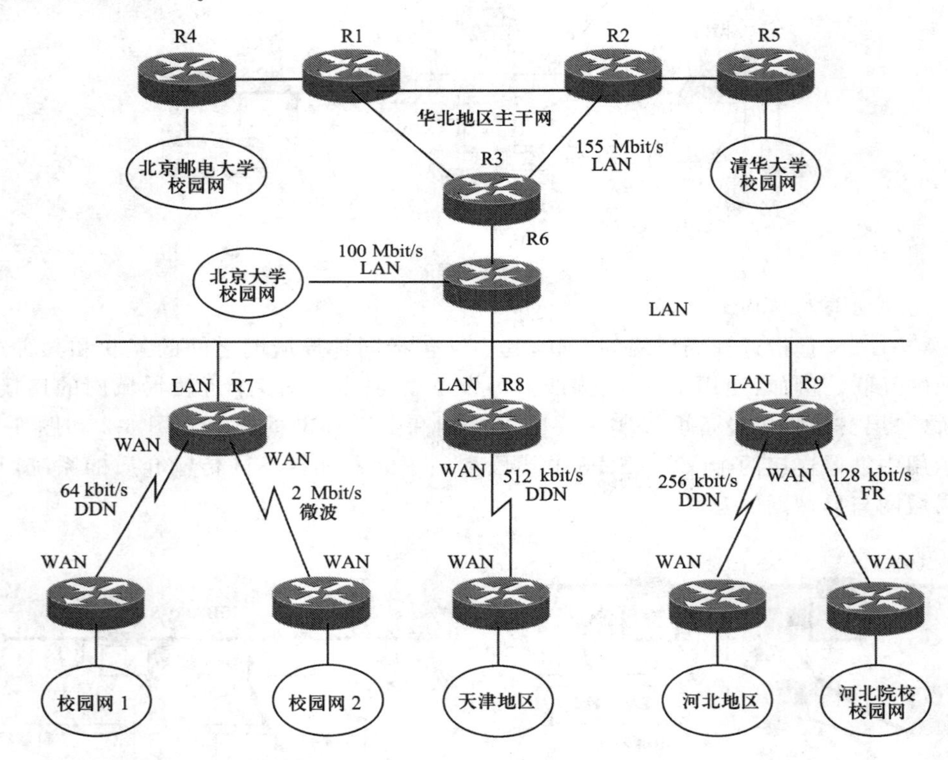

图 6-4　用路由器实现 LAN-WAN-LAN

6.1.5　网络互联的层次

网络互联通常需要利用一个中间设备，这个中间设备称为中继系统，或称为网间连接器。中继系统在网间的连接路径中进行协议和功能转换，它具有很强的层次性。按 ISO/OSI 体系的分层，中继系统可分为以下几类，它们分属不同的层次。

1. 互联中继系统的分层结构

互联中继系统的分层结构如图 6-5 所示。

图中中继器运行在 OSI 模型的最底层上，它扩展了网络传输的长度，是最简单的网络互联设备；网桥互联实现数据链路层一级的转换，它用于同一类型的网络互联；路由器工作在网络层上，通常它只能连接相同协议的网络；网关是运行在 OSI 模型的高层上的互联设备，执行协议的转换，实现不同协议的网络间的通信。

图 6-5　互联中继系统的分层结构

2. 分层中继系统的功能

(1)物理层。物理层是以比特形式传送数据分组的，在传输过程中，数据分组可能需要从一种传输介质转换到另一种传输介质，通过物理层的互联，可以实现数据在不同媒体中的转换和传输，使得在数据链路层上系统基本上是一个单一的网络。物理层互联要求所要连接的各网络的数据传输速率和数据链路层协议必须是相同的。物理层互联主要用于分布在不同地理范围内的各局域网的互联。物理层中继系统可用中继器或共享式集线器互联。

(2)数据链路层。数据链路层是以帧为单位接收或传输数据的。实现的过程是:当从一条链路上收到一个帧后,先检查数据链路层的协议帧,如果帧的格式相同,则直接将帧传输到另一条链路上;如果帧的格式不同,则需要先进行帧的格式转换再传输。数据链路层互联可以用于互联两个或多个数据链路层协议不同而网络层协议相同的网络系统。数据链路层中继系统可用网桥或二层交换机互联。

(3)网络层。网络层互联主要用于局域网子网隔离、局域网和广域网及广域网之间的互联。由于各广域网的协议机制不同,所以网络层互联主要解决的问题是路由选择、阻塞控制和差错控制等。网络层中继系统可用路由器和三层交换机互联。

(4)高层。由于 OSI 的高层包括会话层、表示层、应用层三个层次,高层解决的是端对端服务问题,高层没有统一的标准协议,所以对高层互联来说,是复杂多样的。但高层的核心还是在高层之间进行不同协议的转换。高层上的中继系统可用网关(Gateway)互联。

3. 利用中继系统实现网络互联的形式

(1)直接利用中继系统实现网络互联

由于网络的主要组成部分是节点(数据通信设备 DCE)和主机(数据终端设备 DTE),因此,可以形成两种互联方式。

①节点级(或 DCE 级)互联(DCE-DCE Interconnection)。节点级互联是把中继系统连接到不同的节点上。这时,网络 N_1 和 N_2 都把中继系统看作是一台主机 H,并通过它实现相互通信。这样,网络 N_1 和网络 N_2 中的通信子网和连接它们的中继系统便构成了一个互联的通信子网,它们在数据链路层或网络层实现互联。这种方式较适合于具有相同交换方式的网络互联。例如,X. 25 公用数据交换网之间、局域网之间均可采用节点级方式互联。如图 6-6 所示。

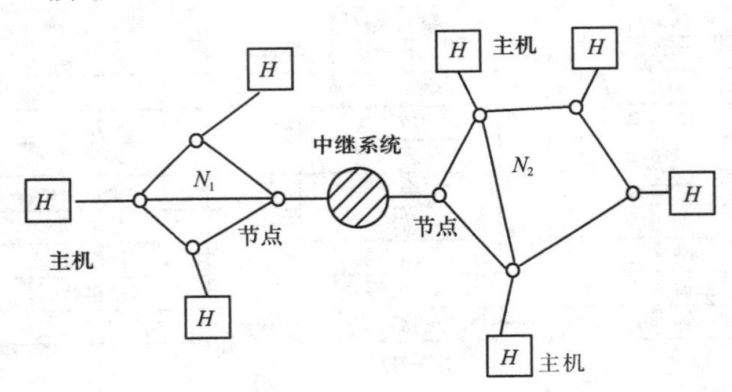

图 6-6 节点级互联

②主机级(或 DTE 级)互联(DTE-DTE Interconnection)。这种互联是把中继系统连接到不同网络的主机上,由于互联发生在主机上,因此称为主机级(或 DTE 级)互联。主机级互联相当于在传输层或传输层以上的层次进行互联,所以此时的中继系统必须能实现传输层或传输层以上的协议转换,必须使用网关。这种互联方式主要用于不同类型网络的互联。如图 6-7 所示。

(2)通过互联网进行网络互联

当通过网关将网络 N_1 和网络 N_2 互联时,需要两个协议转换程序:一个把网络 N_1

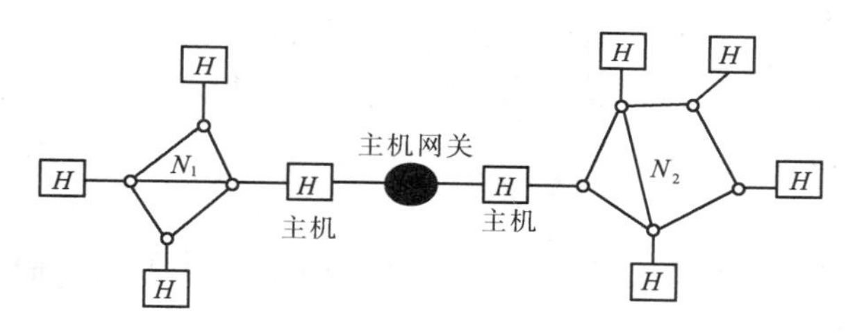

图 6-7　主机级互联

的协议转换为网络 N_2 的协议；另一个则把网络 N_2 的协议转换为网络 N_1 的协议。若互联的网络共有 n 个，则这种转换程序最多可达 $n(n-1)$ 个。因此，需要设计非常多的协议转换程序才能使网关胜任网络互联的任务。

为了简化网关的设计，可以先用多个网关构成一个互联网，并为互联网制定一个标准的分组格式，然后再将各网络连接到网关上。如图 6-8 所示。

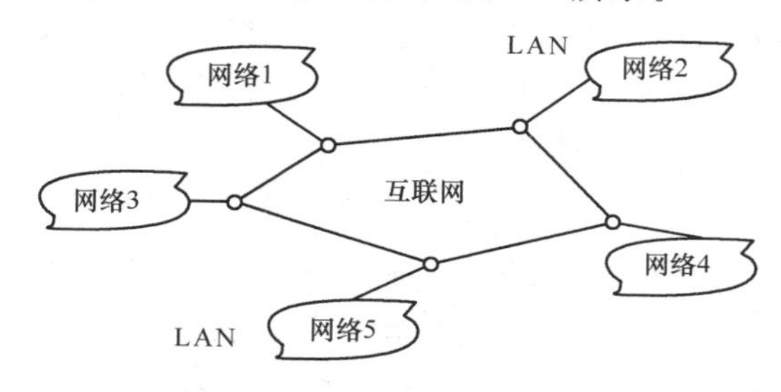

图 6-8　通过互联网互联

当两个网络进行通信时，源网络可将分组发送到互联网上，再由互联网把分组传输给目的网络。分组在从源网络传输到目的网络的过程中，仅需要经过两次协议转换：一次是把源网络协议转化为互联网协议；另一次是当分组到达目的网络时，再把互联网协议转换为目的网络协议。很明显，当网络数为 N 时，用这种方法共需 $2N$ 个协议转换程序。若 N 比较大，这种方法就具有明显的好处。

6.1.6　网络互联的常用术语

在局域网交换技术和网络互联技术中，物理地址、冲突域、广播域、桥接、交换、MAC 地址表、VLAN、VLAN 中继、VLAN 中继协议以及生成树协议等概念特别重要。下面对这些概念进行简要介绍。

（1）物理地址

以太网上的主机系统在互相通信时，需要用来识别该主机的标志，即物理地址，也称为介质访问控制（Media Access Control，MAC）地址或媒体访问控制地址，主机上的 MAC 地址是固化在网卡上的，所以随着插在主机上的网卡的变化，其 MAC 地址也会相应地改变。一块网卡上的 MAC 地址是全球唯一的。

（2）冲突域

用同轴电缆构建或以 Hub 为核心构建的共享式以太网，其上所有节点同处于一个共同的冲突域，一个冲突域内的不同设备同时发出的以太网帧会相互冲突，而且冲突域内的一台主机发送数据，同处一个冲突域的其他主机都可以接收到。一个冲突域的主机大多会造成三个主要的后果，即每台主机得到的可用带宽会很低，网上冲突成倍增加以及信息传输时的安全得不到保证。

(3)广播域

广播域是网上的一组设备的集合，当这些设备中的一个发出广播时，所有其他设备都能接收到这个广播帧。

广播域和冲突域是特别容易混淆的概念，我们可以这样来区分它们：连接在一个HUB上的所有设备构成一个冲突域，同时也构成一个广播域；连接在一个没有划分VLAN的交换机上的各个端口上的设备分别属于不同的冲突域（每一个交换端口构成一个冲突域），但同属于一个广播域。

(4)桥接

所谓"桥接"，主要指透明桥接。透明网桥连接两个或更多的共享式以太网网段，不同的网段分别属于各自的冲突域，所有网段处于同一个广播域。对于桥接的工作模式应该认真理解，它是理解交换机工作原理的基础。

(5)交换

局域网交换的概念源自桥接，从基本功能上讲，它与透明桥接使用相同的算法，只是交换的实现是由专用硬件实现的，而传统的桥接是由软件来实现的。以太网交换机具有很多功能，如VLAN划分、生成树协议、组播支持和服务质量等。

(6)MAC 地址表

交换机内有一个MAC地址表，用于存放该交换机端口所连接设备的MAC地址与端口号的对应信息。MAC地址表是交换机正常工作的基础。

(7)VLAN

VLAN技术是交换技术的重要进步之一，现在所有的智能交换机均支持VLAN，用以把物理上直接相连的网络从逻辑上划分为多个子网。每一个VLAN对应着一个广播域。二层交换机没有路由功能，不能在VLAN之间转发帧，因而处于不同VLAN上的主机不能进行通信，只有引入第三层交换（VLAN间路由）技术之后VLAN间的通信才成为可能。

(8)VLAN 中继

VLAN中继（VLAN Trunk）也称为VLAN主干，是指在交换机与交换机或交换机与路由器之间连接的情况下，在互相连接的端口上配置中继模式，使得属于不同VLAN的数据帧都可以通过这条中继链路进行传输。

VLAN中继的帧格式，分为ISL（Inter-Switch Link，交换机之间连接）和IEEE 802.1Q两种，其中前者是Cisco交换机独有的协议，后者是国际标准协议，被几乎所有的网络设备生产厂商所支持。

(9)VLAN 中继协议

对于Cisco设备而言，VLAN中继协议（VTP协议）可以帮助交换机设置VLAN。

VTP 协议可以维护 VLAN 信息的全网一致性。

(10)生成树协议

生成树协议(Spanning Tree Protocol,STP)是交换式以太网中的重要概念和技术,该协议的功能是在实现交换机之间冗余连接的同时,避免网络环路的出现,实现网络的高可靠性。

STP 协议通过在交换机之间传递桥接协议数据单元(Bridge Protocol Data Unit,BPDU)来互相告知诸如交换机的桥 ID(号)、链路性质、根桥(Root Bridge)ID 等信息,以便确定根桥,决定哪些端口处于转发状态,哪些端口处于阻止状态,以免引起网络环路。

6.2　网络互联设备

6.2.1　中继器

1. 中继器

中继器(Repeater)又称转发器,是物理层的互联设备,执行物理层协议。中继器在 OSI/RM 中的位置如图 6-5(a)所示。其功能是在物理层内实现透明的二进制比特信号的再生,即中继器从一个网段接收比特信号,然后进行整形放大再传送到下一个网段。

作为一种网络互联部件,中继器用于互联两个相同类型的网段(例如:两个以太网网段),其主要功能是延伸网段和改变传输介质,从而实现信息位的转发。如图 6-9 所示。

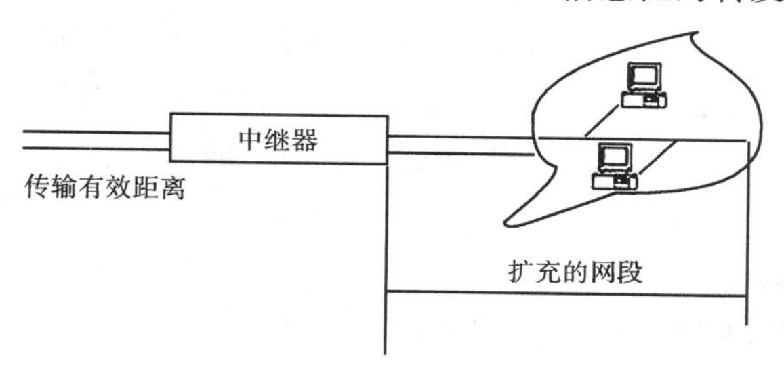

图 6-9　用中继器扩充网段

使用中继器时需要注意:

(1)节点的增多和数据信息的增多有可能导致网络拥塞。

(2)网络协议本身对传输介质长度或者对中继器转发信号的时间所做的限制。例如 UTP 的有效距离为 100 m。

(3)通过中继器连接的不同网段,仍属于一个网络,另外,中继器不具备检查错误和纠正错误的功能。

2. 集线器

集线器(HUB)是 10BASE-T 和 100BASE-TX 网络中常用的设备,在本质上也是一种中继器,所以也是位于物理层的设备。

集线器如图 6-10 所示。通常集线器采用 RJ-45

图 6-10　集线器

标准接口,一般集线器可以拥有 4～32 个端口。计算机或其他终端设备可以通过 UTP 电缆与集线器 RJ-45 接口相连,成为网络的一部分。只有通过集线器,网络中(各)节点才能进行通信。集线器的功能和特性如下:

(1)作为以太网的中心连接点。

(2)可以放大接收到的信号。

(3)可以通过网络传播信号。

(4)对信息无过滤功能。

(5)无路径检测或交换功能。

(6)不同传输速率的集线器不能级联。

由于集线器具有放大信号的功能,因此,可以利用集线器之间的级联将以太网的覆盖范围扩大。

集线器无过滤功能,不能对接收的信息进行分析,以决定是否将具有一定特征标志的信息转发出去。因此,当数据到达一个端口后,集线器不进行路径检测和过滤处理,直接将信息广播到集线器的所有端口,而不管这些端口所连接的设备是否需要这些信息。使用集线器的以太网中,连接端口的所有计算机仍然采用 CSMA/CD 方式竞争带宽的使用。当连接的计算机数量越来越多时,大家竞争使用带宽的情况就越来越激烈,因此每台计算机平均能抢到的概率越来越小,而且如果集线器发生故障,则整个网络将处于故障状态而无法运行。

集线器按传输速率可分为 10 Mbit/s、100 Mbit/s、10/100 Mbit/s 自适应集线器;按集线器的结构可分为独立式集线器、堆叠式集线器、箱体式集线器;按供电方式可分为有源和无源集线器;按有无管理功能可分为无网管功能和智能型集线器。

6.2.2 网　桥

网桥也称桥接器,是数据链路层的连接设备,准确地说,它工作在 MAC 子层上,用它可以连接两个采用不同数据链路层协议、不同传输介质与不同传输速率的网络。网桥在 OSI/RM 中的位置如图 6-5(b)所示。网桥在两个局域网的数据链路层(DDL)间按帧传送信息,一般情况下,被连接的网络系统都具有相同的逻辑链路控制规程(LLC),但媒体访问控制协议(MAC)可以不同。

1. 网桥的工作原理

如图 6-11 所示,两个局域网 LAN1 和 LAN2 可以通过网桥连接。LAN1 中地址为 201 的节点,当想与地址为 202 的同一局域网节点通信时,网桥可以接收到发送帧,但网桥在进行地址过滤后,认为属于同一网络的通信,不需要进行转发,而将该帧丢弃,所以节点 201 发送的帧不会被转发到 LAN2。如果节点 201 要与 LAN2 中的节点 104 通信,节点 201 发送的帧被网桥接收到,网桥在进行地址过滤后,识别出该帧应发送到 LAN2,此时网桥将通过与 LAN2 的网络接口,向 LAN2 转发该帧,处于 LAN2 内的节点 104 将能接收到该帧。在用户看来,LAN1 与 LAN2 就像是一个逻辑的网络一样,用户可以不知

道网桥的存在，即网桥对用户来说是透明的。

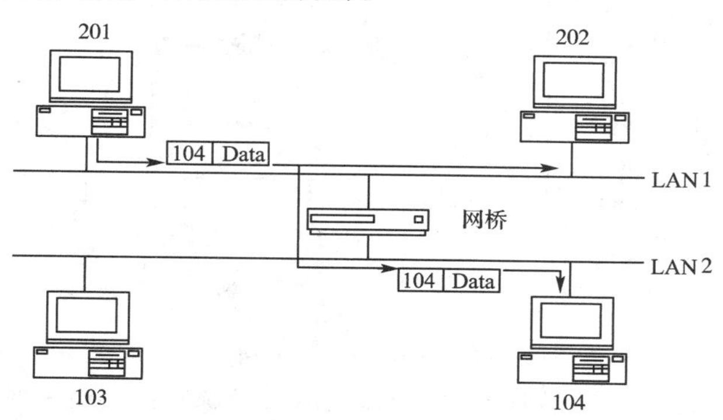

图6-11　网桥的工作原理

网桥与中继器不同，网桥处理的是一个完整的帧，具有帧过滤、存储和转发的能力，并使用和计算机相同的接口设备。

2. 网桥的功能

网桥的功能就是在互联局域网之间存储、转发帧，实现数据链路层上的协议转换，具体如下功能：

(1)对收到的帧进行格式转换，以适应不同的局域网类型。

(2)匹配不同的网速。

(3)对帧具有检测和过滤作用。通过对帧进行检测，丢弃错误的帧，起到过滤出错帧的作用。

(4)具有寻址和路由选择的功能。它能对进入网桥数据的源/目的MAC地址进行检测，若目的地址是同一网段的工作站，则丢弃该数据帧，不予转发；若目的地址是不同网段的工作站，则将该数据帧发送到目的网段的工作站。这种功能称为筛选/过滤功能，它隔离掉不需要在网间传输的信息，大大减少了网络负载，改善了网络性能。但网桥不能对广播信息进行识别和过滤，容易形成网络广播风暴。

(5)提高网络带宽，扩大网络地址范围。

3. 网桥的分类

网桥依据使用范围的大小，可分成本地网桥(Local Bridge)和远程网桥(Remote Bridge)。本地网桥又有内桥和外桥之分。

内桥是文件服务器的一部分，它在文件服务器中，利用不同网卡把局域网连接起来。

外桥是独立于被连接的网络之外的、实现两个相似的不同网络之间连接的设备。通常把连接在网络上的工作站作为外桥，外桥工作站可以是专用的，也可以是非专用的。专用外桥不能作为工作站使用，它只能用来建立两个网络的连接，管理网络之间的通信。非专用外桥既起网桥的作用，又能作为工作站使用。

本地网桥主要用于局域网。而远程网桥具有连接广域网的能力，通过调制解调器，可连接分隔在两地的不同局域网。如图6-12所示。

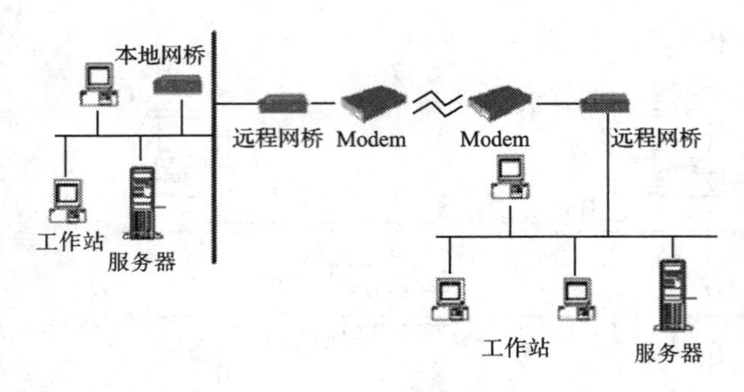

图 6-12 本地网桥与远程网桥

根据路由选择策略的不同,网桥可分为透明网桥和源路由网桥两种。

4. 网桥选择路径的方法

网桥选择路径的方法,依据网络类型的不同而有所差异。例如,在以太网中使用透明网桥,路径选择方法是动态树延伸法;在令牌环网中使用源路由网桥,路径选择方法是源路由法。

(1)动态树延伸法

动态树延伸法包含两个程序,分别是网桥前导程序(Bridge Forwarding Process)和网桥学习程序(Bridge Learning Process)。网桥前导程序的操作流程如下:

当网桥的接收端口收到数据报时,它会判断其 MAC 地址是否存在于网桥的数据库中。若存在,则判断其目的地址所对应的端口与其接收域是否相同。若相同,表示传送节点与目的节点位于同一区域,则数据报不会再由其他端口传出,而从接收域传到目的地址;若目的地址所对应的端口与其接收域不同,表示目的节点的地址可能在其他区域中,则需由其他端口将数据报传出,然后重复上述步骤,以将数据传送到正确的目的节点。

网桥学习程序的主要目的是确认及更新数据接收端口所连接的节点数据,自动更新数据库,并记录新网桥的节点连接情况。

(2)源路由法

以动态方式选择源节点到目的节点的路径,可避开一些拥塞的路径。因此,可提高传输效率。其工作方式是:先以类似广播的方式发出探测帧信号,依原路径回到源节点,经由所有可能的路径后,判断出最短的一条路径,最后再以此路径来传送数据。

6.2.3 路由器

路由器(Router)是在网络层上实现多个网络互联的设备,用来互联两个或多个独立的相同类型或不同类型的网络:局域网与广域网的互联,局域网与局域网的互联。路由器在 OSI/RM 中的位置如图 6-5(c)所示。

在由路由器互联的局域网中,每个局域网只要求网络层及以上高层协议相同,数据链路层与物理层协议可以是不同的。路由器可以有效地将多个局域网的广播通信量相互隔

离开来，每一个局域网都是独立的子网。路由器和网桥进行比较，从表面上看，两者均为网络互联，但两者最本质的区别在于网桥的功能是发生在 OSI 参考模型的第二层（数据链路层），而路由器的功能发生在第三层（网络层）。也就是说，网桥在把数据从源端向目的端转发时，仅仅依靠帧头中的 MAC 地址作为转发的依据，而路由器是根据网络层中 IP 数据报报头中的网络地址作为转发的依据，从而减少了对特定网络技术的依赖。

1. 路由器的工作原理

路由器的工作原理

下面结合路由器的工作流程来说明路由器的工作原理。路由器的工作原理如图 6-13 所示，其工作流程如图 6-14 所示。

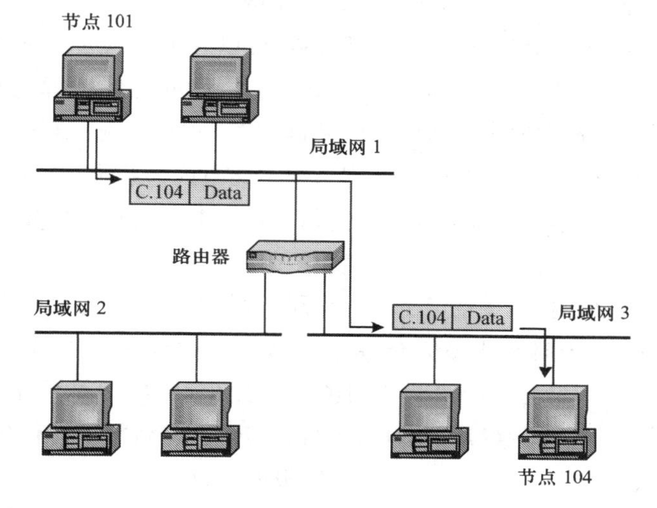

图 6-13 路由器的工作原理

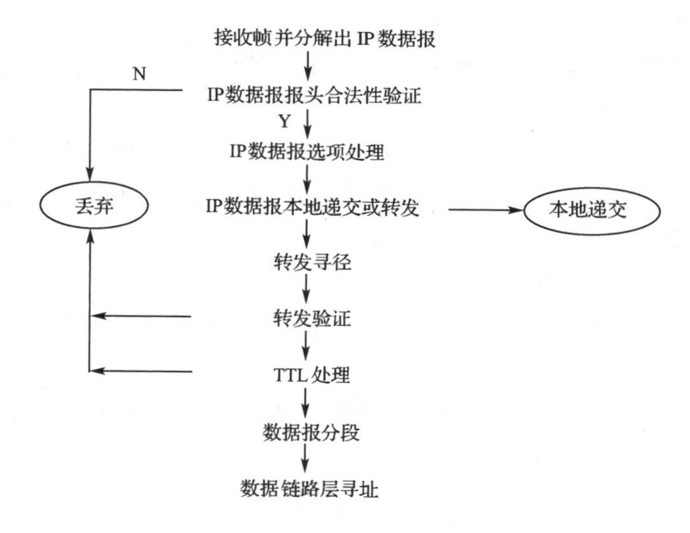

图 6-14 路由器的工作流程

(1)接收帧并分解出 IP 数据报。当 IP 数据报封装在数据链路帧中，沿某种物理网络传送到路由器的某个端口时，路由器中的数据链路层协议接收这个帧，并从中分解出 IP 数据报上交给 IP 协议处理。

(2)IP 数据报报头合法性验证。路由器必须对 IP 数据报报头的合法性进行验证，以确保报头有意义。如果 IP 数据报在测试中失败，则将被丢弃，同时进行错误统计。

(3)对 IP 数据报选项处理。

(4)IP 数据报本地递交或转发。当进行 IP 数据报报头的合法性验证之后，路由器判断此 IP 数据报中的目的地址是否为本地网络地址，如是则本地递交，否则进行转发。

(5)转发寻径。当路由器决定要转发一个 IP 数据报时，就要选择下一路由器的地址。路由器根据目的地址检索其路由表，从中找到最佳路径。

(6)转发验证。在转发 IP 数据报之前，路由器可以有选择地进行一些验证工作；当检测到不合法的 IP 源地址或目的地址时，这个 IP 数据报将被丢弃，非法的广播和组播数据报也将被丢弃。通过设置数据报过滤和访问控制列表功能，限制在某个方向上数据报的转发，这样可以提供一种安全措施，使得外部系统不能与内部系统在某种特定协议上进行通信，也可以限制只能是某些系统之间进行通信。这有助于防止一些安全隐患，如防止外部主机伪装成内部主机通过路由器建立对话。

(7)TTL 处理。IP 数据报中的 TTL(生存周期)每经过一个路由器，其值减少 1。如果 TTL 值为 0，则这个 IP 数据报被丢弃，路由器发给源站点一个 ICMP 控制报文。

(8)数据报分段。IP 数据报要被封装到帧中转发出去，当 IP 数据报的长度大于要输出的物理网络的最大传输单元(MTU)时，由路由器对此 IP 数据报进行分段。

(9)数据链路层寻址。当路由器对 IP 数据报的处理已经基本完成了网络层的功能时，接着便要找到一个相应的物理端口，把 IP 数据报形成帧，通过数据链路层发送出去。

2.路由器的功能

路由器主要有网络互联、网络隔离、流量控制等功能，具体说明如下：

(1)网络互联

路由器面向网络层的数据报真正实现网络间互联，多协议路由器不仅可以实现不同类型局域网的互联，而且可以实现局域网和广域网的互联及广域网间的互联。路由器在网络互联中的功能如下：

①地址映射：实现网络逻辑地址和子网的物理地址的映射。

②数据转换：由于路由器互联的不同网络的 MTU 不同，因此路由器具有将数据报进行分段和重组的功能。

③路由选择：当收到一个数据报后，路由器会根据其目的地址，从本路由器的路由表中找出最佳的路径对其进行转发。

④协议转换：多协议路由器具有实现不同网络层协议转换的功能。如 IP 协议与 IPX 的转换。

(2)网络隔离

路由器不仅可以根据局域网的地址和协议类型,而且可以根据网络号、主机的网络地址、子网掩码、数据类型(如高层协议是 FTP、Telnet 等)来监控、拦截和过滤信息,具有很强的网络隔离能力。这种网络隔离功能不仅可以避免广播风暴,提高整个网络的性能,而且更主要的是有利于提高网络的安全性和保密性。因此,路由器可以作为网络的防火墙。

(3)流量控制

路由器有很强的流量控制能力,可以采用优化的路由算法来均衡网络负载,从而有效地控制拥塞,避免因拥塞而使网络性能下降。

注意:路由器抑制广播报文的具体实现过程是:当路由器接收到一个寻址报文(如 ARP 报文)时,由于该报文目的地址是广播地址,路由器不会将其向全网广播,而是将自己的 MAC 地址发送给源主机,使其将发送报文的 MAC 地址直接填写为路由器该端口的 MAC 地址。对于路由器而言,自然会按照路由表一级级地传送到目的主机,这样就会有效地抑制广播报文在网络上的不必要的传播。

3. 路由表

路由表是指由路由协议建立、维护的用于容纳路由信息并存储在路由器的配置寄存器中的表。使用不同的路由选择协议,路由信息也有所不同。路由表中一般保存着以下重要信息:

(1)协议类型:创建路由选择表的目的路由选择协议的类型。

(2)可达网络的跳数:到达目的网络途中所经历的路由器的个数。

(3)路由选择度量标准:用来判断一条路由选择项目的优劣,不同的路由选择协议使用不同的路由选择度量标准。例如,路由信息协议 RIP(Routing Information Protocol)使用跳数作为自己的度量标准。Internet 组管理协议 IGMP(Internet Group Management Protocol)使用带宽、负载、延迟和可靠性来创建合成的度量标准。

(4)出站接口:数据必须从这个接口被发送出去以到达目的地。

建立路由选择表的方法有静态和动态两种生成法。静态生成法由网络管理员根据网络拓扑以手工输入方法配置生成;而动态生成法则由路由器执行相关的路由选择协议自动生成。表 6-1 为常见的路由选择表。

表 6-1　常见的路由选择表

路由学习途径	目标网络地址	跳数(代价)	出站接口
C(直连)	192.16.1.0	0	E0(以太网接口)
C(直连)	192.16.2.0	0	E1(以太网接口)
R(RIP 协议)	198.16.1.0	1	S0(广域网串口)
R(RIP 协议)	198.16.2.0	1	S0(广域网串口)
R(RIP 协议)	198.16.10.0	2	S0(广域网串口)

4. 路由器的一般结构

最常用的路由器实际上就是一台符合冯·诺依曼规则的非常专业的计算机,它是由软件和硬件两大部分组成的。

(1)硬件结构:通常由主板、CPU(中央处理器)、随机访问存储器(RAM/DRAM)、非易失性随机存取存储器(NVRAM)、闪速存储器(Flash)、只读存储器(ROM)、基本输入/输出系统(BIOS)、物理输入/输出(I/O)端口以及电源、底板和金属机壳等组成。

(2)软件:路由器操作系统,该软件的主要作用是控制不同硬件并使它们正常工作。最典型的路由器操作系统是美国思科公司的 Cisco 路由器操作系统,被称为互联网络操作系统,简称 IOS。

(3)常用连接端口:路由器常用端口可分为三类:局域网端口、多种广域网端口和管理端口。如图 6-15 所示。网络管理员通常将一台 PC 通过专用线缆连接到路由器的管理端口上,并使用命令行界面来生成路由器的逻辑配置文件。

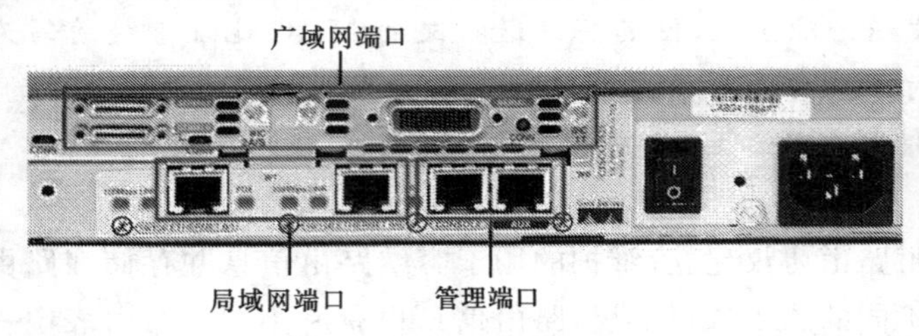

图 6-15 路由器常用端口

5. 路由选择实例

在广域网中,网络层的功能就是找出穿越网络的最佳路径,路由器是第三层的设备,所以每台路由器正常工作时都能创建并维护一张 IP 路由表。由于路由表中有路由从什么途径学习来的和通过某种路由算法得来的路由代价等信息,因此数据报在网络上经过路由器时,路由器会根据自己的路由表为数据报选择最佳路径,然后正确地转发出去。

图 6-16 给出了一个简单的路由选择实例,其中有路由器 A 的路由表。在此例给出的网络拓扑中,网络号分别为 10.0.0.0、20.0.0.0 和 50.0.0.0 的三个网络都与路由器 A 直接相连,而 30.0.0.0 网络通过路由器 B 与路由器 A 通信,40.0.0.0 网络要经过路由器 C、路由器 B 和路由器 A 才能访问 10.0.0.0 网络。现在讨论路由器 A 收到的一个 IP 分组:第一种情况,IP 分组中目标主机 IP 地址所在网络的网络号是 10.0.0.0、20.0.0.0 或 50.0.0.0,则路由器 A 将该数据报直接转发给目标主机;第二种情况,如果该 IP 分组中目标主机 IP 地址所在网络的网络号是 30.0.0.0 或 40.0.0.0,此时到达目标网络的路径有两条,在这种情况下路由器 A 就要根据它的路由表来决定将这个数据报通过哪个端

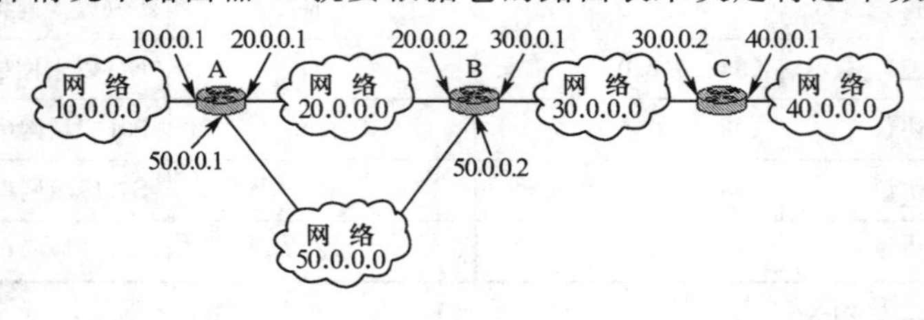

图 6-16 网络拓扑图及路由器 A 的路由表

口(路径)转发出去。当然,在本例中,由路由器 A 的路由表可知,要到达 30.0.0.0 或 40.0.0.0 网络,通过链路状态好的 20.0.0.0 网络是最佳路径,故路由器 A 会将这个 IP 数据分组经网关地址 20.0.0.2 转发至路由器 B,再由路由器 B 继续转发至目标网络直至送达目标主机。

6.路由器与网桥的区别

(1)流量控制。路由器和网桥的最大区别,在于路由器具有选择适当传输路径(网络流量少、传输品质高)的功能,而网桥只能依据数据报的 MAC 地址做过滤操作。

(2)对应的 OSI 层不同。路由器的操作是在 OSI 的低三层,而网桥是在物理层及数据链路层中操作。换句话说,路由器也可以包含网桥的功能。

(3)拓扑方式。前面提及网桥是依据数据报的 MAC 地址来传送数据,并没有选择路径的功能。因此,网桥只允许做简单的网络串联拓扑连接,而路由器因有选择路径的功能,所以可以采用网型拓扑结构连接。

7.局域网系统中使用路由器的解决方案

局域网系统中使用路由器一般有以下两种形式:

(1)局域网间的隔离和互联。一个主干 LAN 与三个分支 LAN 通过路由器进行隔离和互联,如图 6-17 所示。在这个方案中,被隔离的分支 LAN 独立地工作,主服务器配置在主干 LAN 上,分支 LAN 通过路由器访问主服务器。该路由器又可作为一个过滤器,禁止某些客户端访问主服务器或者过滤一些信息。

(2)局域网与广域网互联。如图 6-18 所示。这是目前 LAN 与 WAN 连接的常用方案。当 LAN 内部运作时,与 WAN 隔离。当 LAN 上的客户端要访问远程服务器时,必须通过路由器,由路由器导向远程服务器。接入 WAN 方式可采用 PSTN/ISDN/DDN/ADSL 等。

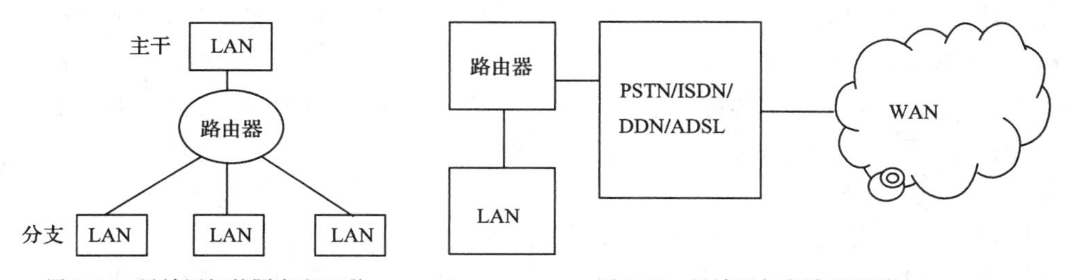

图 6-17　局域网间的隔离和互联　　图 6-18　局域网与广域网互联

6.2.4　交换机

1.交换机的引入

在快速以太网尚未普及之前,大多数的以太网都是共享型以太网,即在整个系统中,受到 CSMA/CD 介质访问控制方式的制约,整个系统中只有网卡、集线器/中继器、传输介质三个组成部分。整个系统的带宽只有 10 Mbit/s,假设局域网中有 n 个工作站,则每个工作站所得到的带宽只能是 10/n Mbit/s。所以共享型以太网系统的整个覆盖范围受到限制。随着网络技术的不断发展,自 10BASE-T 出现后不久,就出现了以太网交换式集线器，共享型以太网发展成为交换型以太网，交换机成为交换型以太网的主要互联设备。根据交换机所在OSI层次的不同，可分为二层和三层交换机；根据交换机的结构和扩展性能，有固定端口和模块化交换机等类型；根据交换机在网络中的位置和交换机的性能档次，可以分为核心层交换机、汇聚层交换机和接入层交换机等类型。模块化可扩展的交换机一般具有三层交换功能，多数用在网络的核心层和汇聚层。如图6-19所示。

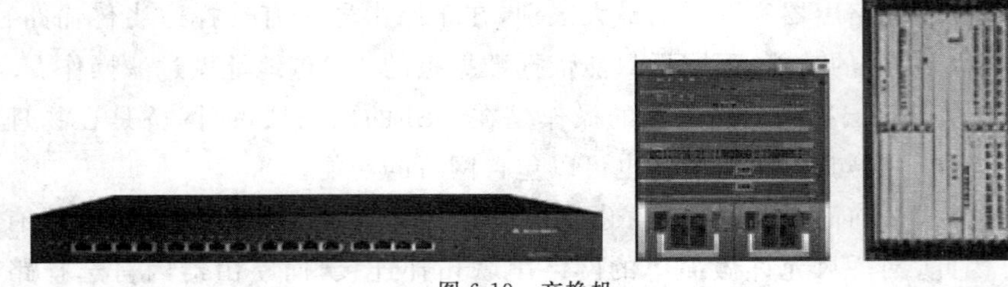

图6-19 交换机

2.二层交换机

二层交换机属于OSI数据链路层的设备，又称为交换式集线器(Switch Hub)或多口网桥(Multi-port Bridge)，因此它同时具备了集线器和网桥的功能。

二层交换机的各端口之间在交换机上可以同时形成多个数据通道，端口之间帧的输入和输出已不再受到CSMA/CD介质访问控制协议的约束，交换机端口上的信息不会随意在其他端口上广播。这些功能反映到逻辑上，可以认为交换机是一个受控的多端口开关矩阵。两个不同端口之间具有两个逻辑开关，该开关在受控后或通或断。这样，一个端口只能向接收帧的端口发送帧，而不会向其他端口发送。也就是说，各端口之间是相互独立的，未受影响的端口可以继续对其他端口传送数据，突破了集线器同一时间内只能有一对端口在工作的限制。

(1)交换机较集线器的优点

①每个端口上可以连接站点，也可以连接一个网段。不论站点还是网段，均独占该端口的带宽(10 Mbit/s或100 Mbit/s)。

②系统的最大带宽与端口数成正比例关系。由于二层交换机的价格与集线器的价格相差无几，因此二层交换机几乎已经替代了原来的集线器。

(2)二层交换机的分类

按传输速率分，二层交换机可以分为以下几类：

①简单的10 Mbit/s交换机。简单的10 Mbit/s交换机比较便宜，但它只能提供固定数量的端口，用来连接专用的10 Mbit/s以太网节点或10 Mbit/s以太网集线器。

②快速交换机。快速交换机端口的带宽可达100 Mbit/s或1 000 Mbit/s，用于快速以太网或大型局域网的主干网。

③10/100 Mbit/s自适应交换机。10/100 Mbit/s自适应交换机采用了10/100 Mbit/s自动检测技术，它可以自动检测端口连接设备的传输速率与工作方式，并自动做出调整以保证10 Mbit/s与100 Mbit/s节点工作在同一网络中。

按产品结构分，二层交换机可分为单台式、堆叠式和箱体式三类。

(3)交换机组网类型

利用交换机组成的以太网称为交换型以太网。交换机在交换型以太网中的位置和集线器在共享型以太网中的位置相似。

3. 三层交换机

(1)三层交换技术引入的原因

①路由器的局限性。路由器作为第三层的网络互联设备,克服了网桥的一些缺陷,具有网络分段、路径选择、隔离广播、流量控制、提高网络安全性等优点,并因此成为网络互联的一个重要互联设备。然而,从路由器的工作过程可知:路由器提供无连接服务,其工作机制使它成为一个转发并遗忘的网络设备。它对任何通过的数据报都要有一个“存储-拆包-检测-打包-转发”的过程,即便是同一源地址向同一目的地址发出的所有数据报,也要重复地执行上述过程。这导致路由器不可能具有很高的吞吐量,成为网络产生瓶颈的原因之一。另外,路由器完成的“复杂的处理与强大的功能”除了需要硬件支持之外,大部分功能是由软件完成的。当数据流量超过路由器的处理能力时,就会造成路由器内部的拥塞,严重时还会造成网络数据报的丢失。

②二层交换机的局限性。二层交换机最大的优点在于其具有极快的传输速率,能提高系统的带宽,但由于其工作在第二层,和网桥一样,不具有隔离广播数据报的能力。

③三层交换技术的引入。既然二层交换技术能克服网络带宽的局限,并提供灵活的网络配置,而路由技术在目前的情况下又必不可少,那么何不将这两种技术结合起来,扬长避短,发挥各自的优点,从而使得网络所面临的问题得以完美解决呢？于是,新兴的网络互联技术——三层交换技术出现了。三层交换技术是在网络模型中的第三层实现数据包的高速转发,是二层交换技术与三层路由技术相结合的产物。如图 6-20 所示。

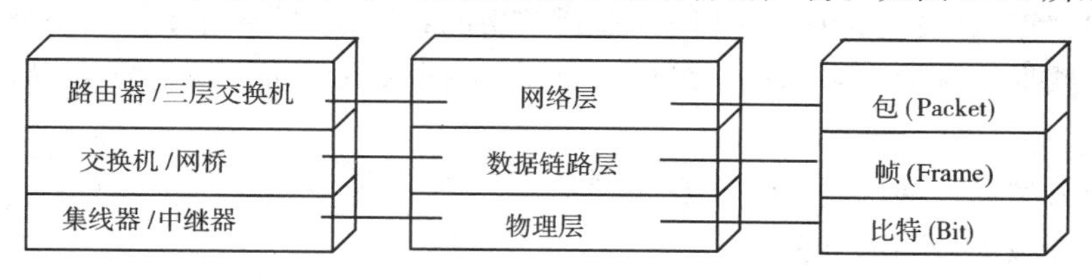

图 6-20　三层交换技术

(2)三层交换技术解决方案的分类

目前提出的解决方案一般被分为两类:一类基于边缘多层混合交换模型,另一类基于核心模型。

①基于边缘多层混合交换模型:如图 6-21 所示。这种解决方案提高了网络转发速度,应更多地出现在网络的边缘而不是网络的关键点,因为这样可以减少网络中继节点的额外开销,降低改造和升级传统 TCP/IP 网络的费用和复杂度。这种方案包含了二层交换和三层路由的功能,是多层混合型的解决方案。这种方案采取的是在第三层路由一次,然后在第二层交换端到端的网络流数据分组,即“一次路由,随后交换”的策略。简单地说,这种三层交换技术就是“二层交换技术＋三层路由技术”,三层交换机就是“二层交换机＋基于硬件的路由器”。

两台处于不同子网的主机通信,必须通过路由器进行路由。如图 6-22 所示。主机 A

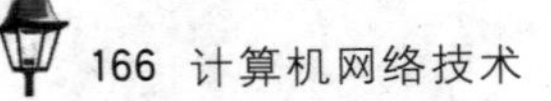

向主机 B 发送的第 1 个数据报必须经过三层交换机中的路由器进行路由才能到达主机 B，但是后续数据报再发向主机 B 时，就不必再经过路由器处理了。

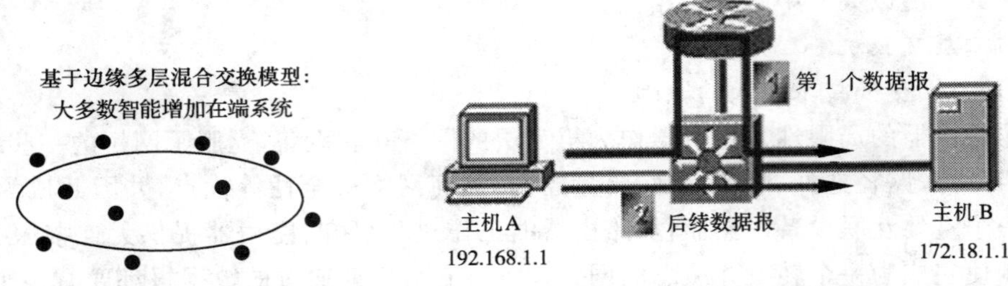

图 6-21　基于边缘多层混合交换模型　　　　图 6-22　一次路由，随后交换

三层交换机虽然同时具有二层交换和三层路由的特性，但是三层交换机与路由器在结构和性能上还是存在很大区别的。在结构上，三层交换机更接近二层交换机，只是针对三层路由进行了专门设计。之所以称为“三层交换机”而不称为“交换路由器”，是因为在交换性能上，路由器比三层交换机要弱很多。

基于核心模型：
在第三层进行改进

图 6-23　基于核心模型

②基于核心模型：如图 6-23 所示。基于核心模型的解决方案认为对于接近物理线路极限传输速率的网络流量，主要应该解决核心关键节点，即路由器的三层交换技术。这种方案不再是混合型的技术，而是完全利用 ASIC 硬件来实现路由器的路由转发、流控、管理等功能。

(3)三层交换机的作用

三层交换机既克服了路由器数据转发效率低的缺点，又克服了二层交换机不能隔离广播风暴的缺点，这使之既具有 IP 路由选择的功能，又具有极强的数据交换性能，能有效地提高网络数据传输速率和隔离网络广播风暴，同时又很经济。所以常有以下两方面的用途：

①用于大型局域网的网络骨干互联设备。

②用于虚拟局域网的划分。

6.2.5　网　关

中继器、网桥和路由器主要用于低三层有差异的子网的互联，互联后的网络仍然属于通信子网的范畴。采用网桥或者路由器连接两个或两个以上的网络时，都要求互相通信的用户节点具有相同的高层通信协议。如果两个网络完全遵循不同的体系结构，则无论是网桥还是路由器都无法保证不同网络用户之间的有效通信，这时，必须引入新的技术或者互联部件——网关(Gateway)。

网关工作在 OSI 七层协议的传输层或更高层，实际上网关使用了 OSI 所有的七个层次。如图 6-5(d)所示。它用于解决不同体系结构的网络连接问题，网关又被称为协议转换器。

一般而言，网关提供以下功能：

(1)地址格式的转换。网关可用于不同网络之间不同地址格式的转换，以便寻址和选

择路由。

(2)寻址和选择路由。

(3)格式的转换。由于连接的网络其结构可能完全不同,各网络的数据报长度有可能不一样,网关可提供数据报的分割与重组,以便适合不同的网络传输。如图 6-24 所示。

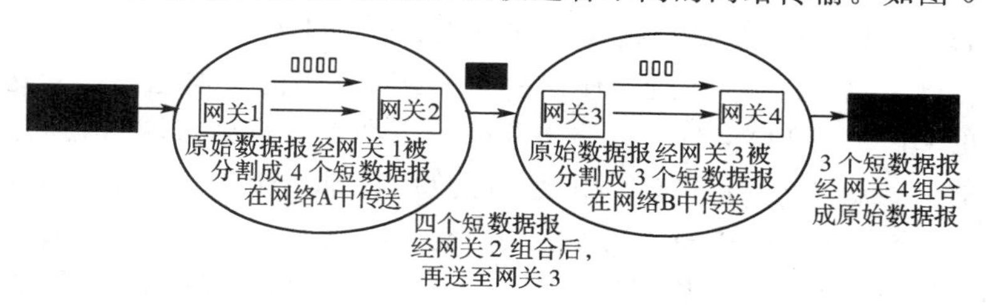

图 6-24　数据报格式的转换

(4)数字字符格式的转换。对于不同的字符系统,网关也必须提供字符格式的转换,如 ASCII EBCDIC(Extended BCD Interchange Code)。

(5)网络传输流量控制。

(6)高层协议转换。这是网关最主要的功能,即提供不同网络间的协议转换,例如 IBM 的 SNA 与 TCP/IP 互联时就需要网关进行协议转换。

值得一提的是,网关的功能大部分是通过软件来实现的。

除了一些特殊的网络外,只要是协议应用较为成熟规范的网络,一般还是会用路由器或核心交换机增加特殊模块的方式进行协议转换,这主要是因为这种不同种类的网络互联对于网关的设计要求比较高,统一设计不仅能提高规范性还能提高效率。

6.2.6　EPON 技术设备

近几年,开始流行一种新技术 EPON——无源光网络技术,EPON 介质的性质是共享介质和点到点网络的结合。在下行方向,拥有共享介质的连接性,而在上行方向其行为特性就如同点到点网络。

1. OLT 设备

EPON 技术的局端设备称为 OLT(Optical Line Terminal)光线路终端。在 EPON 技术应用中,OLT 设备是重要的局端设备,它实现的功能是:

(1)与前端(汇聚层)交换机用网线相连,转化成光信号,用单根光纤与用户端的分光器互联;

(2)实现对用户端设备 ONU 的控制、管理、测距等功能。

(3)OLT 设备和 ONU 设备一样,也是光电一体的设备。

它发出的以太网数据报经过一个 1∶n 的无源光分路器或几级分路器传送到每一个 ONU。n 的典型取值为 4~64(由可用的光功率预算所限制)。这种行为特征与共享媒质网络相同。在下行方向,因为以太网具有广播特性,与 EPON 结构匹配:OLT 广播数据包,目的 ONU 有选择地提取。

2. ONU 设备

客户端设备称为 ONU(Optical Network Unit) 光节点。ONU 分为有源光网络单元和无源光网络单元。一般把装有包括光接收机、上行光发射机、多个桥接放大器网络监控的设备叫作光节点。其实现的功能是：

(1)选择接收 OLT 发送的广播数据；

(2)响应 OLT 发出的测距及功率控制命令，并做相应的调整；

(3)对用户的以太网数据进行缓存，并在 OLT 分配的发送窗口中向上行方向发送。

由于无源光分路器的方向特性，任何一个 ONU 发出的数据包只能到达 OLT，而不能到达其他的 ONU。EPON 在上行方向上的行为特点与点到点网络相同。但是，不同于一个真正的点到点网络，在 EPON 中，所有的 ONU 都属于同一个冲突域——来自不同的 ONU 的数据包如果同时传输依然可能会冲突。因此，在上行方向，EPON 需要采用某种仲裁机制来避免数据冲突。局端(OLT)与用户(ONU)仅有光纤、光分路器等光无源器件，无须租用机房、配备电源、有源设备维护人员，因此，可有效节省建设和运营维护成本。

采用单纤波分复用技术(下行 1 490 nm，上行 1 310 nm)，仅需一根主干光纤和一个 OLT，传输距离可达 20 千米。在 ONU 侧通过光分路器分送给最多 32 个用户，因此可大大降低 OLT 和主干光纤的成本压力。

练习题

一、选择题

1. 下列哪一项不是网桥的功能(　　)?

A. 减轻网络负载　　B. 选择数据报传送的最佳路径

C. 过滤广播信息　　D. 判断数据报目的地址

2. 下列采用动态树延伸法进行路径选择的是(　　)。

A. 透明网桥　　B. 源路由网桥　　C. 路由器　　D. 集线器

3. 网络互联设备通常分成以下四种，(　　)在不同的网络间存储并转发分组，必要时可通过它进行网络层上的协议转换。

A. 转发器　　B. 网关　　C. 路由器　　D. 桥接器

4. 在网络互联中，网桥的主要用途是(　　)。

A. 连接两个以上的同类网络　　B. 连接不同类型的网络

C. 网络延伸　　D. 连接两个同类型的网络

5. 路由器最主要的功能是(　　)。

A. 将信号还原成原来的强度，再传送出去

B. 选择数据报传送的最佳路径

C. 集中线路

D. 防止病毒侵入

6. 一个路由器的路由表通常包含(　　)。

A. 目的网络和到达该目的网络的完整路径

B. 所有的目的主机和到达该目的主机的完整路径

C. 目的网络和到达该目的网络路径上的下一个路由器的 IP 地址

D. 互联网中所有路由器的 IP 地址

7. 三层交换机对应 OSI 七层中的(　　)。

A. 物理层　　B. 数据链路层　　C. 网络层　　D. 高层

8. 基于链路状态信息的路由协议是(　　)。

A. RIP　　B. OSPF　　C. EGP　　D. BGP

9. 网关一般用于(　　)。

A. 不同体系结构的网络互联　　B. 数据链路层协议相同的网络互联

C. 网络层协议不同的网络互联　　D. 以上都不对

10. 下列互联设备中能抑制广播风暴的是(　　)。

A. 网桥　　B. 路由器　　C. 集线器　　D. 二层交换机

二、简答题

1. 网络互联有何实际意义？网络互联的类型是什么？

2. 分别说出本章所学的用于网络互联的设备，以及它们工作的 OSI 协议层。

3. 为什么中继器不适合用于连接通信协议不同的网络？

4. 用集线器组网的形式都有哪些？

5. 交换式集线器和共享式集线器相比有何优点？

6. 在什么情况下适合用网桥作为互联设备？

7. 在什么情况下适合用路由器作为互联设备？

8. 路由器的工作原理和功能是什么？

9. 路由器按产品结构分为哪几类？

10. 路由选择协议都有哪些？

11. 简述集线器与二层交换机的区别及三层交换机与路由器的区别。

12. 引入三层交换技术有何好处？其技术特点是什么？

13. 三层交换技术有哪两个解决方案？各自的特点是什么？

三、实训操作

在第 5 章实训题目完成的基础上，采用一台专用路由器作为接入 Internet 的设备，并通过电信运营商申请 10 M 出口带宽，再购置一台专用服务器用于信息存储和备份。在实训室完成如下设计与实训：

1. 重新修改原来的联网方案，画出拓扑图。

2. 使用校园网提供的接口(如实训室墙上的信息模块接口)模拟作为电信提供的接入 Internet 的出口，完成网络互联。

3. 查阅资料，了解采用什么技术可以通过路由器实现所有部门同时上网。

第7章 Internet应用技术

本章概要

Internet 也称为“互联网”或“国际互联网”，是一个采用 TCP/IP 协议把各个国家、各个部门、各种机构的内部网络以及个人计算机连接起来的全球性数据通信网，是目前规模最大、使用人群最多的互联网络。本章将讲解 Internet 网络的基本构成、构建方法和接入方法，讲解通过 Internet 所提供的信息服务，如 WWW 服务、E-mail 服务、FTP 服务等。

训教重点

- WWW、Web Server、DNS、E-mail Server、FTP Server、Telnet 等技术
- ADSL 接入 Internet 应用

能力目标

- 了解 Internet 的起源与发展
- 掌握 Internet 的地址与域名
- 了解 Internet 的特点与各种信息服务类型
- 掌握 Internet 的接入技术与方法

7.1 Internet 概述

Internet 也叫作互联网、网际网、全球信息资源网，是全球最大的、开放的、由众多网络互联而成的计算机互联网，是以 TCP/IP 协议为基础的通信网络。

从技术角度看，Internet 是由分布在世界各地的、数以万计的、各种规模的子网，借助于路由器相互联接而形成的全球性的互联网络。子网可以是 LAN(局域网)，也可以是 WAN(广域网)。子网中的主机可以是网上的客户端、服务器或者路由器等设备。如图 7-1 所示。

从应用角度看，Internet 是一个世界范围的信息资源宝库。人们可以通过 Internet 阅读信息、查阅资料、网上购物，还可以享受远程医疗和远程教学。Internet 上的丰富资

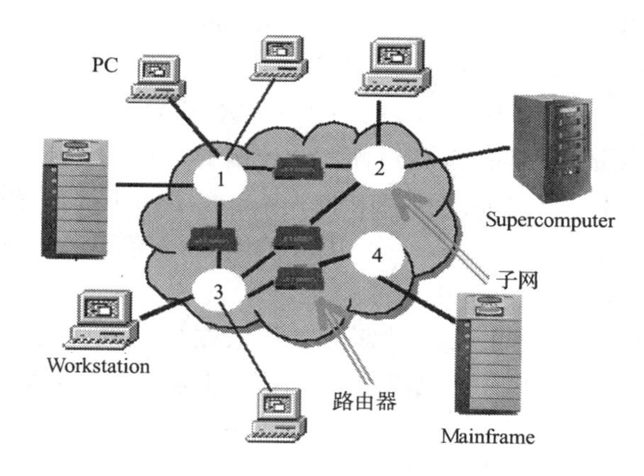

图7-1　Internet逻辑结构

源和获取资源的信息交流手段，为人们的工作、学习和生活带来了极大的便利。如图7-2所示。

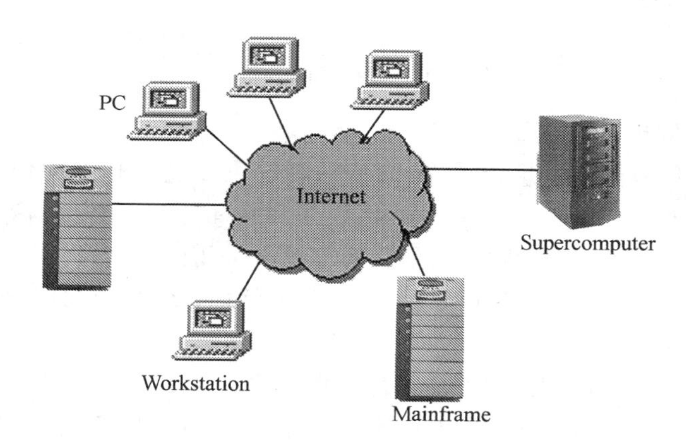

图7-2　Internet用户视图

7.1.1　Internet的发展与现状

Internet的起源要回溯到20世纪70年代中期，美国国防部高级计划研究局(Defense Advanced Research Project Agency,DARPA)决定开发一个计算机网络，以应对"冷战"时期核战争的需要，即在美国遭受突然攻击时，网络能够经受住攻击不被破坏，并维持正常工作。

1969年，DARPA建立了著名的ARPANET(Advanced Research Project Agency Network)。ARPANET采用分组交换技术，使用报文处理机实现网络互联，最基本的服务是资源共享。ARPANET的用户，不仅可以互换信息，并且能进行异地电子会议。

ARPANET的成功极大地促进了网络互联技术的发展，1980年开始在ARPANET全面推广TCP/IP协议，1983年完成数据在不同操作系统的计算机之间传送，而且不依赖于中央计算机，这便是早期的Internet。出于对网络安全的考虑，ARPANET被分为两个部分：MILNET和新的ARPANET。1986年，美国国家科学基金会(National Science

Foundation,NSF)采用 TCP/IP 通信协议建立起 NSFNET,与 ARPANET 连通,并逐渐取代了 ARPANET,形成了 Internet。

1988 年后,NSFNET 成为 Internet 的主干网,它以全美国 13 个节点为主干节点,再由各主干节点向下连接地区性网络,再到各大学校园的局域网。此后,其他发达国家相继建立了本国的 TCP/IP 网络,并连接到美国的 Internet,逐步形成了覆盖全球的 Internet。

自 20 世纪 90 年代以来,随着 Internet 服务的增强,人们开始利用其强大功能开展各种业务,使 Internet 逐步走向民间,走向商业化。

现在,Internet 是由许多分布在世界各地共享数据信息的计算机组成的一个大型网络,这些计算机通过电缆、光纤、卫星等连接在一起,包括了全球大多数已有的局域网、城域网和广域网。

归纳起来,Internet 的发展过程可以分为三个阶段:

(1)军用实验阶段(1969—1984)。

(2)学术应用阶段(1984—1992)。

(3)向商业应用过渡阶段(1992 年后)。

7.1.2 Internet 的资源与应用

1. Internet 的信息资源

Internet 是全球范围的信息资源网,为使用者提供了越来越多的信息服务。信息的内容涉及教育、科研、医疗、卫生、商业、金融、娱乐和新闻等诸多方面;信息的载体涉及文档、表格、图形、影像、声音等各种媒体;信息的容量小至几行字,大到一个图书馆。信息分布在世界各地的计算机系统上,并以各种形式存在,例如,文件、数据库、公告牌、目录文档和超文本文档等。

随着 Internet 规模的扩大,网上的信息资源几乎每天都在增加和更新。用户只要掌握信息资源的查找方法,就可以足不出户地在 Internet 的资源宝库中遨游。

2. Internet 提供的主要服务

Internet 是一个庞大的信息资源宝库,互联网上的信息服务资源通常配置在相应的服务器上,用户通过访问服务器上的资源获得相应的信息服务。客户端和服务器可以处于同一个子网中,也可以处于相隔遥远的不同子网上。互联网的主要信息服务分为以下几类:

(1)电子邮件 E-mail。

(2)文件传输协议(File Transfer Protocol,FTP)。

(3)远程登录 Telnet。

(4)信息浏览 Gopher。

(5)电子公告牌(Bulletin Board System,BBS)。

(6)万维网(World Wide Web,WWW)。

(7)自动标题搜索 Archie。

(8)自动搜索(Wide Area Information Service,WAIS)。

(9)域名系统(Domain Name System,DNS)。

这些服务中，常用的是电子邮件、信息浏览和文件传输协议。其中，自动标题搜索和自动搜索由于搜索命中率不高或使用效率不高而逐渐被WWW等新的多功能、高效率的搜索工具(如yahoo、Google等)所代替。DNS是Internet上提供域名与IP地址对照查询的服务系统。

7.1.3 中国与Internet

Internet在中国的发展，大致分为两个阶段。

第一阶段：从1987年至1993年，一些科研机构通过X.25实现了与Internet的电子邮件转发的连接。

第二阶段：从1994年开始，实现了和Internet的TCP/IP连接，从而开始了Internet全功能服务，几个全国范围的计算机信息网络相继建立，Internet在我国得到了迅猛发展。下面简单介绍国内的几个主要互联网络。

1. 中国科技网

中国科技网(China Science and Technology Network，CSTnet)由中国科学院主持，与北京大学、清华大学合作共同完成。CSTnet包括中科院院网CASnet、北京大学校园网Punet和清华大学校园网Tunet，是一个具有一定规模的光纤互联网络。该工程于1993年投入运行，1994年4月正式开通了与Internet的64 kbit/s专线连接，1995年5月完成了中国最高域名cn主域名服务器的设置，从而实现了和TCP/IP的连接。

2. 中国教育和科研计算机网

中国教育和科研计算机网(China Education and Research Network，CERnet)是由国家计委投资、国家教委主持建立的，目的是用先进实用的计算机技术和网络通信技术，把全国大部分高等院校连接起来，从而改善国内高校的教学和科研环境，促进高校之间信息和技术的交流与合作，推动我国教育和科研事业的发展。该工程于1994年启动，由清华、北大、上海交大、西安交大、华南理工、华中理工、北京邮电、东北大学、东南大学和成都科技大学共10所大学承担建设。

3. 中国公用计算机互联网

Chinanet是在1994年由中国前邮电部(现为信息产业部)投资建设的，是中国第一个商业化的计算机互联网，目的是为中国的广大用户提供Internet的各类服务，推进信息产业的发展。该网的特点是入网方便，接入方式灵活，可通过电话拨号、ChinaPAC、帧中继或ChinaDDN等方式入网。

4. 中国金桥信息网

ChinaGBN是由国务院授权的另一个商业化计算机互联网，由原电子工业部主管，现由吉通公司经营。它采用了卫星网和地面光纤网的互联互通，可以覆盖较偏远的省份和地区。

除了上述四大网络以外，中国还有以下已建成和正在建设中的骨干网络：中国联通互联网(UNInet)，中国网通公用互联网(CNCnet)，中国国际经济贸易互联网(CIETnet)，中国移动互联网(CMnet)，中国长城互联网(CGWnet)，中国卫星集团网(CSnet)。如图7-3所示。

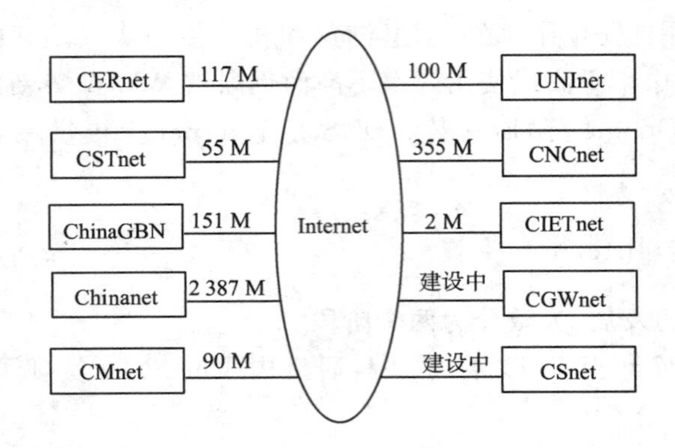

图 7-3 中国几大骨干网与 Internet 的连接

7.2 域名系统 DNS

在 Internet 上有无数的主机，为了区分这些主机，人们给每台主机都分配了一个专门的地址，称为 IP 地址。通过 IP 地址就可以访问每一台主机。由于作为数字的 IP 地址不便于记忆，从 1985 年开始，在 IP 地址的基础上向用户提供了域名系统 DNS 服务，采用字符来识别网络上的计算机，即用字符为计算机命名。DNS 一方面可以帮助人们用容易记住的名字来标识自己的主机，另一方面建立了主机名与 IP 地址一一对应的关系。域名与 IP 地址的转换工作称为域名解析，域名解析需要专门的域名解析服务器来完成，整个过程是自动的。

7.2.1 域名结构

Internet 采用了层次树状结构的命名方法，就像全球邮政系统和电话系统那样。采用这种命名方法，任何一台连接到 Internet 上的主机或路由器都有一个唯一的层次结构名字，即域名。“域”是名字空间中一个可被管理的划分，域还可以继续划分为子域，如二级域、三级域等。

DNS 概念

域名的结构由若干个分量组成，各分量之间用小数点分开，如：

三级域名.二级域名.顶级域名

各分量分别代表不同级别的域名。每一级别的域名都由英文字母和数字组成(不超过 63 个字符，不区分大小写)，级别最低的域名写在最左边，而级别最高的顶级域名则写在最右边。完整的域名不超过 255 个字符。

DNS 将整个 Internet 视为一个域名空间，由不同层次的域组成。DNS 域名空间是由树状结构组成的分层域名的集合。如图 7-4 所示。

DNS 域名空间树的最上面是一个无名的根域(Root Domain)，用“.”表示。这个域只是用来定位的，并不包含任何信息。在根域之下就是顶级域。顶级域一般分成两类：通用域和国家域。通用域包括 com、edu、gov、int、mil、net 和 org 七个组织。国家域是按国家来划分：每个申请加入 Internet 的国家都可以作为一个顶级域，并向 NIC 注册一个域名，如 cn 代表中国，us 代表美国，jp 代表日本等。见表 7-1。

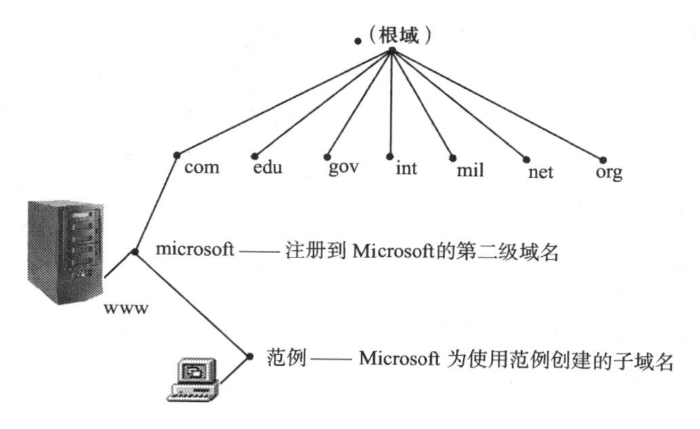

图 7-4　域名系统数据库

表 7-1　　顶级域名分配

顶级域名	分配情况
com	商业组织
edu	教育机构
gov	政府部门
mil	军事部门
net	主要网络支持中心
org	非营利组织
int	国际组织
国家代码	各个国家

顶级域名之下是二级域名。二级域名通常是由网络信息中心 NIC 授权给其他单位或组织自己管理的。一个拥有二级域名的单位可以根据自己的情况再将二级域名分为更低级的域名授权给单位下面的部门管理。DNS 域名树最下面的叶节点为单台计算机。域名的级数通常不多于五个。

DNS 域名空间中，任何一台计算机都可以采用从叶节点到根节点的方式标识，中间用“.”连接，级别最低的写在最左边，而级别最高的顶级域名写在最右边。如“中央电视台”主机的域名为“cctv. com. cn”。

微课22

DNS 域名解析过程

7.2.2　域名解析

为了实现域名与 IP 地址的转换，需要建立一张域名与 IP 地址的对应表。由于 Internet 上主机太多，对应的 IP 地址数以万计，在一台机器内难以处理，在技术和应用中也不便于操作，因此只能采用分布式处理技术。我们把提供 IP 地址与域名转换的主机称为域名服务器，通常由 ISP(Internet 服务提供商)负责管理和维护。

DNS 采用的是客户端/服务器模式，整个系统由解析器和域名服务器组成。解析器为客户方，它与应用程序连接，负责查询域名服务器、解释从域名服务器返回的应答以及把信息传送给应用程序。域名服务器是服务方，用于保存域名信息，一部分域名信息组成一个区，域名服务器负责存储和管理一个或若干个区。在一般情况下，一个域中可能有多个域名服务器。

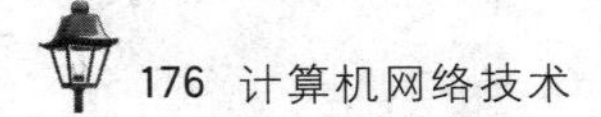

域名服务器实际上是一种域名服务软件。它运行在指定的机器上，完成域名与 IP 地址的映射。为了把一个域名映射为一个 IP 地址，应用程序调用客户方的解析程序，解析器将 UDP 分组传送到 DNS 服务器上，DNS 服务器查找域名并将 IP 地址返回给解析器，解析器再返回给调用者。有了 IP 地址，程序就可以和目的方建立 TCP 连接，或者向它发送 UDP 分组，从而进行通信。

7.3 WWW 服务

WWW 最早在 1989 年出现于欧洲的粒子物理实验室，WWW 的初衷是让科学家以更快的方式彼此交流思想和研究成果。它是 Internet 上集文本、图像、声音和视频等多种媒体信息于一身的信息服务系统，是 Internet 的重要组成部分。

微课23

WWW 概念

7.3.1 WWW 的相关概念

1. 超文本

超文本(Hyper Text)是一种全局性的信息结构，它的信息组织形式不是简单地按顺序排列，而是将文档中的不同部分通过关键字建立链接，当鼠标的光标移到这些链接上时，光标形状就会变成一个手掌状，这时单击鼠标所指向的位置，就会从这一网页跳转到另一网页上，这种链接关系称为“超链接”，可以链接的有文本、图像、动画、声音或影像等。如图 7-5 所示。

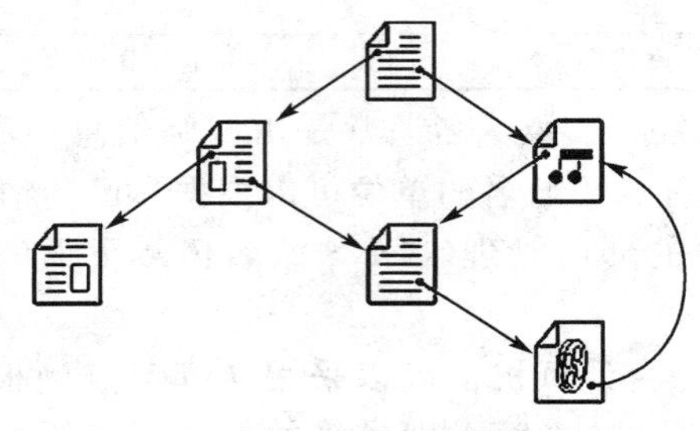

图 7-5　超文本链接

2. 主页

主页(Homepage)是指个人或机构的基本信息页面，用户通过主页可以访问有关的信息资源。主页通常是用户使用万维网访问 Internet 上的任何 WWW 服务器所看到的首页。它包含了链接同一站点其他项的指针，也包含了到别的站点的链接。

3. 超文本传输协议(HTTP)

WWW 所使用的通信协议是超文本传输协议(Hyper Text Transfer Protocol，HTTP)，它能够传输任意类型的数据对象，从而成为 Internet 中发布多媒体信息的主要协议。

从层次的角度来看，HTTP 是 WWW 客户端与 WWW 服务器的应用层协议，它是万维网上能够可靠地交换文件的重要基础。为了保证 WWW 客户端与 WWW 服务器能顺利进行通信，HTTP 协议定义了通信交换机制、请求报文和响应报文的格式。HTTP 会话过程包括四个步骤：连接（Connection）、请求（Request）、应答（Response）和关闭(Close)。

4. 统一资源定位器(URL)

URL(Uniform Resource Locator)被称为“固定资源位置”或“统一资源定位器”。它用来指定 Internet 或 Intranet(内联网)服务器中信息资源的位置。URL 的描述格式如下:

协议类型://主机地址/路径名/文件名:端口号

其中,协议类型可以是 Internet 上某一种应用所使用的协议类型,见表 7-2。主机地址是指提供信息服务的主机在 Internet 上的域名或 IP 地址,是信息资源的地址。例如,www.tsinghua.edu.cn 是清华大学 WWW 服务器的主机域名。路径名及文件名常统称为路径,这一部分可以省略。端口号经常省略,因为大部分协议或应用的端口号都是众所周知的。

例如,http://www.cctv.com.cn/jrsf.htm,客户端程序首先看到 HTTP 协议,便知道处理的是 HTML 链接,使用 80 端口,接下来的是站点地址 www.cctv.com.cn,最后是页面 jrsf.htm。

表 7-2 URL 指定的部分协议类型

协议类型	描 述
HTTP	通过 HTTP 协议访问 WWW 服务器
FTP	通过 FTP 协议访问文件服务器
Telnet	通过 Telnet 协议进行远程登录
File	在所连的计算机上获取文件

7.3.2 WWW 的工作方式及浏览器

WWW 工作原理

WWW 的工作方式是采用浏览器/服务器体系结构,它主要由两部分组成,Web 服务器和 Web 客户端浏览器。服务器负责对各种信息按超文本的方式组织,形成的文件存储在服务器上。

这些文件或内容的链接由 URL 来确定。Web 浏览器安装在用户的计算机上,用户通过浏览器向 Web 服务器提出请求,服务器负责向用户发送该文件,当客户端接收到文件后,解释该文件并显示在客户端上。如图 7-6 所示。

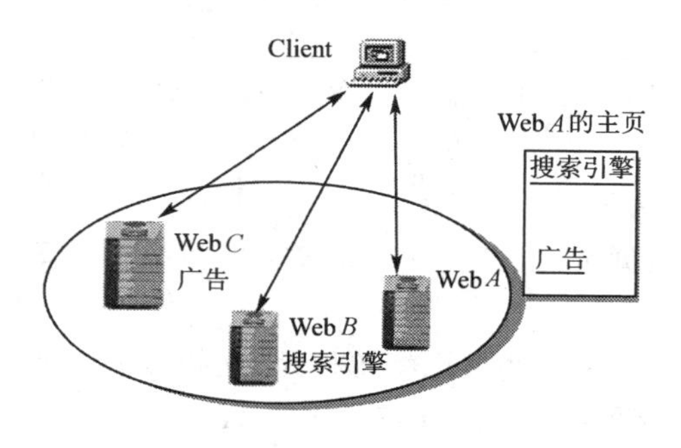

图 7-6 WWW 的工作方式

WWW 客户端程序被称为 WWW 浏览器(Browser),是用来浏览 Internet 的 WWW 主页的软件。WWW 主页是按照 HTML 语言制作的。借助于标准的 HTTP 协议与

HTML 语言,用户可以浏览任何一个 WWW 服务器中存放的 WWW 主页。浏览器的结构要比服务器的结构复杂得多。服务器只是重复地执行一个简单的任务:等待浏览器打开一个链接,按照浏览器发来的请求向浏览器发送页面,关闭链接,并等待浏览器的下一个请求。但浏览器却包含若干个大型软件组件,它们协同工作。如图 7-7 所示。

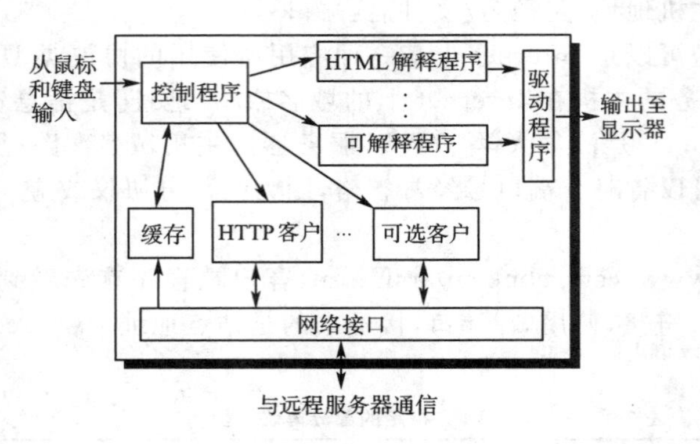

图 7-7 浏览器的组成

目前流行的浏览器软件主要有 Netscape Navigator 和 Microsoft Internet Explorer。随着 WWW 浏览器技术的发展,WWW 浏览器开始支持一些新的特性。例如,通过支持 VRML(虚拟现实的 HTML 格式),用户可以通过 WWW 浏览器看到许多动态的主页,如旋转的三维物体等,并且可以随意控制物体的运动,从而大大提高了用户的兴趣。目前绝大多数 WWW 浏览器都支持 Java 语言,它可以通过一种小的应用程序 Applet 来扩充 WWW 浏览器的功能,用户无须更新 WWW 浏览器就可以通过 Applet 来执行一些不能支持的任务。更重要的是,现在流行的 WWW 浏览器基本上都支持多媒体特性,声音、动画以及视频都可以通过 WWW 浏览器来播放,使得 WWW 世界变得更加丰富多彩。

7.3.3 WWW 的语言

超文本标记语言(Hyper Text Markup Language,HTML)是 WWW 上用于创建超文本链接的基本语言,通过它可设置文本的格式、网页的色彩、图像与超文本链接等内容,主要用于创建和制作网页。

通过标准化 HTML 规范,不同厂商开发的 WWW 编辑器等各类软件可以按照同一标准对主页进行处理,这样,用户就可以自由地在 Internet 上漫游了。

HTML 文档,通常称为网页,其扩展名通常是 htm。HTML 文档内容的显示风格、字符的大小、行间距等都由浏览器决定。HTML 文档和简单的文本文件一样可以在多种文件编辑器上编辑。

HTML 文档实际上是使用一些标记将各种元素(如文本和图像)组合在一个文件中,这些标记遵循着 HTML 标准所制定的规范。每个 HTML 文件都用〈html〉……〈/html〉开始和结束,文件可以分成“头”和“正文”两部分,用〈head〉……〈/head〉表示头的开始和结束,〈body〉……〈/body〉表示正文的开始和结束。下面是一个简单的 HTML 文档的例子:

〈html〉

〈head〉

〈title〉a simple file of html〈/title〉

〈/head〉

〈body〉

This is a simple file of html

〈/body〉

〈/html〉

在“头”中的标题部分(〈title〉)通常显示在浏览器的标题区，而“头”中的其余部分都不会显示。

HTML文档可以分为静态HTML和动态HTML。静态HTML文档是指网页中的内容是固定不变的。动态HTML文档指的是网页是交互式的，内容是通过动态脚本更新的。

在HTML文档中可以嵌入脚本语言，如JavaScript和VBScript。JavaScript是一种解释性脚本语言，不需要编译，可直接插入HTML文档中。它能很容易地设计与用户交互的界面，还可以使网页产生动态的效果。VBScript同JavaScript一样，也需要嵌入HTML文档中，随同网页下载到客户端，由浏览器解释执行。VBScript可以与控件集成，允许ActiveX的控件像OLE(Object Linked Embed)一样被调用，用于开发交互式的网页。

7.4 文件传输服务

在Internet中，文件传输是一种高效、快速传输大量信息的方式，它通过网络可以将文件从一台计算机传输到另一台计算机。无论这两台计算机相距多远，采用什么技术与网络连接，使用什么操作系统，都能在网络上两个站点之间传输文件。

7.4.1 FTP模型

FTP(File Transfer Protocol)是TCP/IP应用层的协议，采用典型的客户端/服务器工作模式。客户端程序把客户的请求告诉服务器，并将服务器发回的结果显示出来。服务器端执行真正的工作，如存储、发送文件等。

文件传输协议负责将文件从一台计算机传输到另一台计算机上，且保证其传输的可靠性。如果用户要将文件从自己的计算机上发送到另一台计算机上，称为FTP上传(Upload)。如果用户想把服务器中大量的共享软件和免费资料传到客户端上，称为FTP下载(Download)。

远端提供FTP服务的计算机称为FTP服务器，通常是互联网信息服务提供者的计算机，它包含了许多允许人们存取的文件。用户自己的计算机称为客户端。FTP客户端程序必须与远程的FTP服务器建立连接并登录后，才能进行文件传输。通常，一个用户必须在FTP服务器上进行注册，即建立合法的用户帐户，拥有合法的用户名和密码后，才有可能进行有效的FTP连接和登录。FTP在客户端与服务器之间建立了两个连接：控制连接和数据连接。控制连接用于传送客户端与服务器的命令以及相应的回送信息，数据连接用于客户端与服务器的数据交换。如图 7-8 所示。

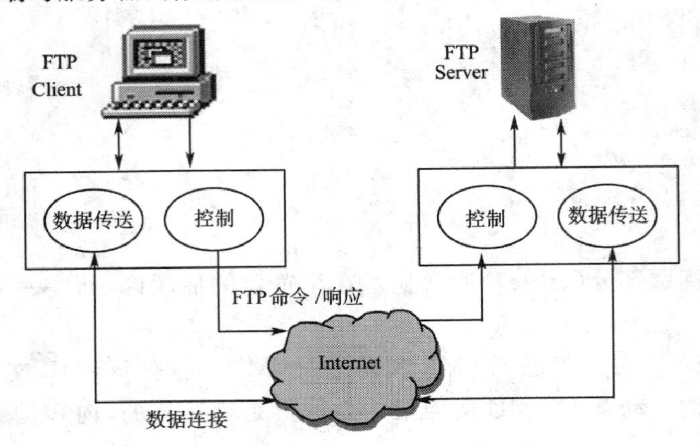

图 7-8　FTP 客户端/服务器模型

7.4.2　匿名 FTP 服务

用户连接 FTP 服务器时，要经过一个登录的过程，即输入用户在该主机上申请的帐号和密码。为了方便用户，目前大多数提供公共资源的 FTP 服务器都提供了一种称为匿名 FTP 的服务。互联网用户可以随时访问这些服务器而不需要事先申请用户帐户，用户可以使用“anonymous”作为用户名，用户的电子邮件地址作为口令，即可进入服务器。

为了保证 FTP 服务器的安全性，几乎所有的匿名 FTP 服务只允许用户浏览和下载文件，而不允许用户上传文件或修改服务器上的文件。

7.5　电子邮件服务

微课25

电子邮件系统结构和传送过程

7.5.1　电子邮件概述

电子邮件的英文名称为 Electronic Mail，简称 E-mail，是 Internet 上使用最频繁、应用范围最广的服务。E-mail 是一种软件，它允许用户在 Internet 上的各主机间发送信息，也允许用户接收 Internet 上其他用户发来的消息（邮件），即利用 E-mail 可以实现信件的接收和发送。与别的通信手段相比，E-mail 具有方便、快捷、廉价和可靠等优点。

电子邮件是一种存储、转发（Store and Forward）系统。当一封邮件发出后，首先由 Internet 上某台计算机接收该邮件（存储），然后该计算机经过地址识别，选择最佳路径发送到下一个 Internet 上的计算机（转发），直到到达目的地址。这同传统邮件的传送过程相似，一封信投入邮箱后，当地邮局接收此信，通过分拣和邮车传输，中途可能要经过多个邮局转发，最后到达收信人所在的邮局，再由邮局转交收信人。

在 TCP/IP 邮件系统中，提供了一种特殊的机制，即延迟传递（Delayed Delivery）。当邮件在 Internet 主机之间进行转发时，如果远端目的主机由于关机等情况暂时不能被访问时，发送端的主机就会把邮件存储在缓冲区中，然后不断地进行试探发送，直到目的主机可以访问为止。

7.5.2 电子邮件的相关协议

1. 简单邮件传输协议(SMTP)

简单邮件传输协议(Simple Mail Transfer Protocol,SMTP)包括两个标准子集,一个是标准定义电子邮件信息的格式,另一个是传送邮件的标准。在Internet中,电子邮件的传送是依靠SMTP进行的,也就是说,SMTP的主要任务是负责服务器之间的邮件传送。它的最大特点就是简单,因为它只规定了电子邮件如何在Internet中通过TCP协议在发送方和接收方之间进行传送,对于其他操作,如与用户的交互、邮件的存储、邮件系统发送邮件的时间间隔等问题均不涉及。

在电子邮件系统中,SMTP协议是按照客户端/服务器方式工作的。发信人的主机为客户方,收件人的邮件服务器为服务方,双方机器上的SMTP协议相互配合,将电子邮件从发信方的主机传送到收信方的信箱中。在传送邮件的过程中,需要使用TCP协议进行连接(默认端口号为25)。SMTP协议规定发送方和接收方进行交互的动作,如图7-9所示。

图7-9 SMTP协议简单交互模型

2. 邮局协议(POP)

邮局协议(Post Office Protocol,POP),目前使用的是第三版,即POP3。POP3的主要任务是当用户计算机与邮件服务器连通时,将邮件服务器的电子邮箱中的邮件直接传送到用户本地计算机上。如图7-10所示。

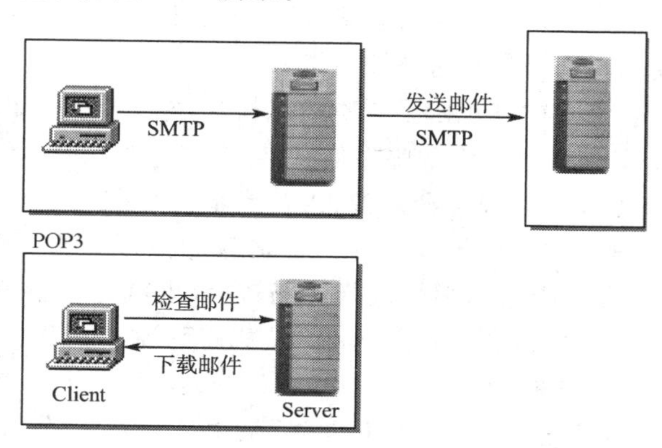

图7-10 POP3与SMTP

用户激活一个POP3客户,该客户创建一个TCP连接,送到具有邮箱的计算机上的POP3服务器。用户首先发送登录名和口令,以鉴别该会话,一旦接受了鉴别,用户就可以发送命令,检索一个或多个邮件的副本,或者从邮箱中删除邮件。这个功能类似于邮局暂时保存邮件,用户可以随时取走邮件。如果不使用POP3协议,用户只能通过远程登录的方式连接到本地邮件服务器去查看邮件,要想将邮件传送到本地计算机上,操作起来是比较麻烦的。

3. 互联网信息访问协议(IMAP)

互联网信息访问协议(Internet Message Access Protocol,IMAP)提供了一个在远程服务器上管理邮件的手段,允许用户使用电子邮件程序来访问邮件服务器上的电子邮件和公告栏信息。它与POP协议相似,但功能比POP要多,包括只下载邮件的标题、建立多个邮箱和在服务器上建立保存邮件的文件夹等。

下面对IMAP的功能做简单介绍。

IMAP具有智能邮件储存功能,用户可以在下载邮件前预览相关信息(到达时间、发件人、主题、大小等),包括是否下载附件等。用户可以使用服务器上的过滤软件或搜索代理软件,可从任何地方、任何机器上获取邮件信息。对于经常接收大量邮件和希望阻止垃圾邮件的用户来说此功能是非常实用的。例如,用户建立IMAP帐号后,收到了一封有3个附件的信件,用户可以根据自己的需要只下载其中的1个,从而节省了大量的宝贵时间和网费,避免了使用POP3方式收信时必须将邮件全部收到本地后才能进行判断的被动局面。

IMAP具有远程访问的能力,用户阅读在几千米以外的服务器上的邮件时,就像这些邮件存储在本机上一样。多数情况下,漫游用户愿意把他们的信件保存在服务器上,这样可以通过别人的终端收取新的信件或查看旧信。

4. 多用途网际邮件扩展协议(MIME)

多用途网际邮件扩展协议(Multipurpose Internet Mail Extensions,MIME)是IETF于1993年9月通过的一个电子邮件标准,它是为了使Internet用户能够传送二进制数据而制定的标准。该标准是对现有邮件信息格式(RFC822)的扩展。MIME能满足人们对多媒体电子邮件和使用本国语言发送邮件的需求。

在现有的邮件信息格式中仅规定了文本信息格式,它只允许7位ASCII码正文作为邮件体内容。而MIME是一种新型的邮件信息格式,在邮件体中不仅允许7位ASCII码文本信息,而且允许8位文本信息以及图像、语音等非文本的二进制信息。

由于SMTP电子邮件传输协议规定邮件传输只能传送7位ASCII码文本信息,因此,要实现多种信息格式的传输还必须进行代码转换,也就是重新编码。在发送方需将8位码重新编码为7位码格式,在接收方再将7位码解码为8位码格式。MIME提供了5种编码机制:7位、8位、二进制、基本64和Quoted Printable。其中,前三种只用来表示邮件体内容的数据类型,并不进行编码。"基本64"是用ASCII码的65个字符对8位码数据进行编码,"Quoted Printable"用可打印的ASCII字符对8位码重新编码,是较为常用的一种编码方法。

7.5.3 电子邮件的地址与信息格式

1. 电子邮件地址格式

Internet上的电子邮件采用客户端/服务器方式。电子邮件服务器可看成电子邮局，它全天开机运行着电子邮件服务程序，并为每个用户开辟一个电子邮箱，用以存放任何时候从世界各地寄给该用户的邮件，等待用户在任何时候上网获取。用户在自己的电脑上运行电子邮件客户端程序，如Microsoft Outlook、Netscape Messenger、FoxMail等，用以接收、发送和阅读电子邮件。

电子邮件地址(E-mail地址)由用户名和邮件服务器的主机名(包括域名)组成，中间用@隔开，其格式如下所示：

Username@Hostname. Domain-name

其中，Username表示用户名，代表用户在邮件中使用的帐号。由英文字符组成，不区分大小写，用于鉴别用户身份，又叫注册名。@的含义和读音与英文单词"at"相同。Hostname表示用户邮箱所在的邮件服务器的主机名。Domain-name表示邮件服务器所在的域名。

2. 电子邮件信息格式

SMTP规定电子邮件信息由封皮(Envelope)、邮件头(Headers)和邮件体(Body)组成。

封皮中包括发信人和收信人的电子邮件地址。邮件服务器使用它来传输电子邮件。

邮件头被客户端的邮件应用程序使用，并将邮件头显示给用户。用户可了解邮件的来源、来信日期、时间等有关信息。

邮件头提供了详细的技术信息列表，如：该邮件的发件人、用于撰写该邮件的软件以及在其到达收件人途中所经过的电子邮件服务器。这些详细信息对辨别电子邮件的问题或者辨别未经授权的商务邮件的来源非常有用。

由于Internet上未经授权的商业邮件数量迅猛增长，因此在邮件头中提供虚假信息的行为也日益增长。例如，某封邮件可能会显示其来自Alpine SkiHouse的Eric Lang(eric@alpineskihouse. com)，而它实际上来自某群发电子邮件服务。因此，在您向某个发送邮件的发件人生气地抱怨他/她的邮件时，请记住：正如身份欺骗问题日益加剧一样，这也有可能是伪装的邮件头信息。那么，邮件头都有哪些内容呢？

我们以两名用户举例说明，一名用户的邮件地址是anton@proseware. com，另一名用户的邮件地址是kelly@litware. com(该用户使用Outlook 2003)。让我们来看一下从Kelly Weadock的Litware, Inc.帐户发送到Anton Kirilow的Proseware, Inc.帐户的邮件。

Microsoft Mail Internet Headers Version 2.0

Received: from mail. litware. com([10. 54. 108. 101]) by mail. proseware. com with Microsoft SMTPSVC(6. 0. 3790. 0);

Wed, 15 Dec 2004 13:39:49-0800

Received: from mail. proseware. com ([10. 54. 108. 23] RDNS failed) by mail.

litware. com with Microsoft SMTPSVC(6. 0. 3790. 0)；

Wed，15 Dec 2004 13：38：49-0800

From："Kelly Weadock"〈kelly@litware. com〉

To：〈anton@proseware. com〉

Cc：

Subject：Review of staff assignments

Date：Wed，15 Dec 2004 13：38：31-0800

MIME-Version：1. 0

Content-Type：multipart/mixed

X-Mailer：Microsoft Office Outlook，Build 11. 0. 5510

X-MimeOLE：Produced By Microsoft MimeOLE V6. 00. 2800. 1165

Thread-Index：AcON3CInEwkfLOQsQGeK8VCv3M＋ipA＝＝

Return-Path：kelly@litware. com

Message-ID：

X-OriginalArrivalTime：15 Dec 2004 21：38：50. 0145（UTC）FILETIME＝［2E0D4910：01C38DDC］

邮件体是邮件的内容，是用户要传送的信息。

发送邮件的过程：当用户写好一封信后，由客户端的邮件应用程序将邮件体加上邮件头传送给邮件服务器，该服务器在邮件头再加上一些信息，并加上封皮，然后传送给另一台邮件服务器。

7.5.4 电子邮件的发送和接收过程

邮件的发送和接收过程，如图 7-11 所示。

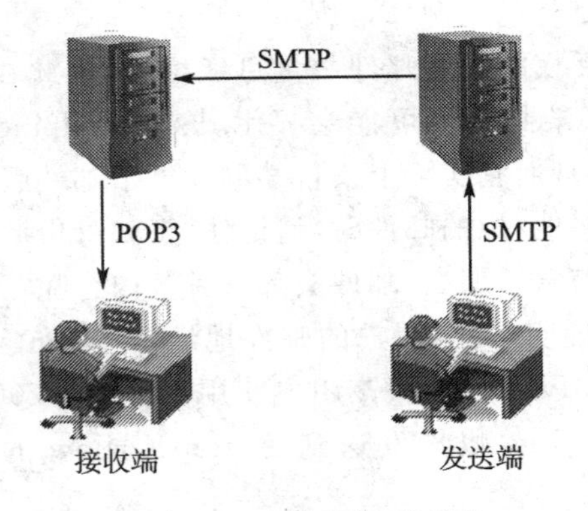

图 7-11 邮件系统工作过程

用户需要发送电子邮件时，首先利用客户端电子邮件应用程序起草、编辑一封邮件，然后利用 SMTP 将邮件送往发送端的邮件服务器。

发送端的邮件服务器接收到用户送来的邮件后，通过 SMTP 协议将邮件送到接收端的邮件服务器。接收端的邮件服务器根据收件人地址中的帐号将邮件投递到对应的邮箱中。

接收端的用户利用 POP3 协议，可以在任何时间、任何地点从自己的邮箱中读取邮件，并对自己的邮件进行管理。

7.6 远程登录服务

7.6.1 远程登录概述

远程登录（Telnet）是 Internet 主要的应用之一，也是最早的应用。Telnet 允许 Internet 用户从其本地计算机登录到远程服务器上，一旦建立连接并成功登录，用户就会使自己的计算机暂时成为远程计算机的一个仿真终端。用户可以向其输入数据、运行软件，就像直接登录到服务器一样，可以做任何其他操作。

远程登录允许任意类型的计算机之间进行通信。远程登录之所以能提供这种功能，主要是因为所有的运行操作都是在远程计算机上完成的，用户的计算机仅仅作为一台仿真终端向远程计算机传送击键信息和显示结果。Internet 的远程登录服务的主要作用是：

允许用户与在远程计算机上运行的程序进行交互。

当用户登录到远程计算机时，可以执行远程计算机上的任何应用程序，并且能屏蔽不同型号计算机之间的差异。

用户可以利用个人计算机去完成许多只有大型计算机才能完成的任务。

7.6.2 Telnet 协议

现在有两个主要的协议用来访问远程应用：Rlogin 协议和 Telnet 协议。Rlogin 是为 BSD UNIX 而开发的，它是一个相对简单且稳定的协议。而 Telnet 则是一个功能丰富的 TCP/IP 标准。

Telnet 的优点之一是能够解决多种不同的计算机系统之间的互操作问题。对于 Telnet 远程登录来说，系统间的差异性表现在不同系统对终端键盘输入的解释各不相同。例如行结束标志，当按回车键时，所有的系统都会换行，但是有些系统以 ASCII 码回车控制符（CR）作为行结束标志，有些系统则以 ASCII 码换行符（LF）作为行结束标志，而有些系统则以两个字符的回车-换行（CR-LF）作为行结束标志。以不同字符作为行结束标志的系统显然不能直接进行远程登录。为了解决系统的差异性，可以将终端映射为一个逻辑（或虚拟）设备，这样就可以采用一致的标准，从而使用不同的终端类型进行客户端到服务器的数据交换。这个虚拟设备就是网络虚拟终端（Network Virtual Terminal，NVT），它提供了一种标准的键盘定义，用来屏蔽不同计算机系统对键盘输入的差异性。

7.6.3 Telnet 工作原理

Telnet 服务系统采用了客户端/服务器模式，主要由 Telnet 服务器、Telnet 客户端和 Telnet 通信协议组成。Telnet 服务器和客户端分别要有 Telnet 服务器软件和 Telnet 客户软件，只有 Telnet 服务器软件和客户软件协同工作，用户在 Telnet 通信协议的协调指挥下，才能完成远程登录。

在进行远程登录时，用户通过本地计算机的终端与客户软件进行交互。客户软件把客户系统格式的用户击键和命令转换为 NVT 格式，并通过 TCP 直接传送给远程的服务器。服务器软件把收到的数据和命令，从 NVT 格式转换为远程系统所需的格式。向用户返回数据时，服务器将远程服务器系统格式转换为 NVT 格式，本地用户收到信息后，再把 NVT 格式转换为本地系统所需的格式并在屏幕上显示出来。如图 7-12 所示。

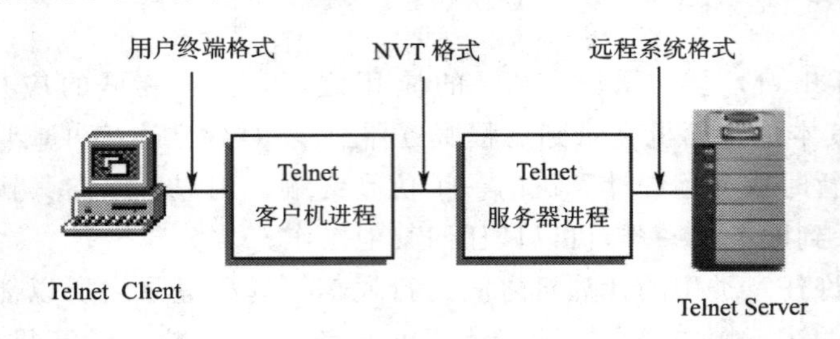

图 7-12 Telnet 客户端/服务器模型

1. Telnet 服务器软件的功能

(1)通知网络软件与客户端建立 TCP 连接。

(2)接收并执行客户软件发来的命令。

(3)将输出信息发送给客户软件。

2. Telnet 客户软件的功能

(1)建立与服务器的 TCP 连接。

(2)接收用户输入的命令及其他信息。

(3)对命令及其他信息进行处理，将相应信息通过 TCP 连接发送给服务器软件。

(4)接收服务器软件送回的信息并显示在屏幕上。

7.6.4 Telnet 的使用

如果用户希望使用远程登录服务，用户本地计算机和远程计算机都必须支持 Telnet。同时，用户在远程计算机上应该有自己的用户帐户，包括用户名密码。或者远程计算机提供公开的用户帐户，供没有帐户的用户使用。

用户在使用 Telnet 命令进行远程登录时，首先应在 Telnet 命令中给出对方计算机的主机名或 IP 地址，然后根据对方系统的询问，输入正确的用户名与密码。有时还要根据对方的要求回答自己所使用的仿真终端的类型。

Internet 有很多信息服务机构提供开放式的远程登录服务，登录到这样的计算机时，不需要事先设置用户帐户，使用公开的用户名就可以进入系统。这样，用户就可以使用 Telnet 命令，使自己的计算机暂时成为远程计算机的一个仿真终端。一旦用户成功地实现了远程登录，用户就可以对远程主机像本地终端一样进行操作，并可以使用远程主机对外开放的全部资源，如硬件、程序、操作系统、应用软件及信息资源。

Telnet 也经常用于公共服务或商业目的。用户可以使用 Telnet 远程检索大型数据库、公共图书馆的信息资源库或其他信息。

7.7 流媒体技术

7.7.1 流媒体技术简介

流媒体技术也称为流式媒体技术，是一种网络传输技术，如图 7-13 所示。流媒体技术通过网络技术与视频技术的有机结合，将连续的影像和声音信息经过压缩处理后放在网络服务器上，让用户可以边下载边收看，而不需要等整个压缩文件都下载到本地计算机上才可以收看。

在网络上实现流媒体技术，需要利用音、视频技术及网络技术来完成流媒体的制作、发布、传输和播放等环节。该技术先在用户端的计算机上创建一个缓冲区，在播放前预先下载一段数据作为缓冲，当网络实际连接速度小于播放速度时，播放程序就会取用一小段缓冲区内的数据，从而避免播放的中断，并保证流媒体的播放品质。

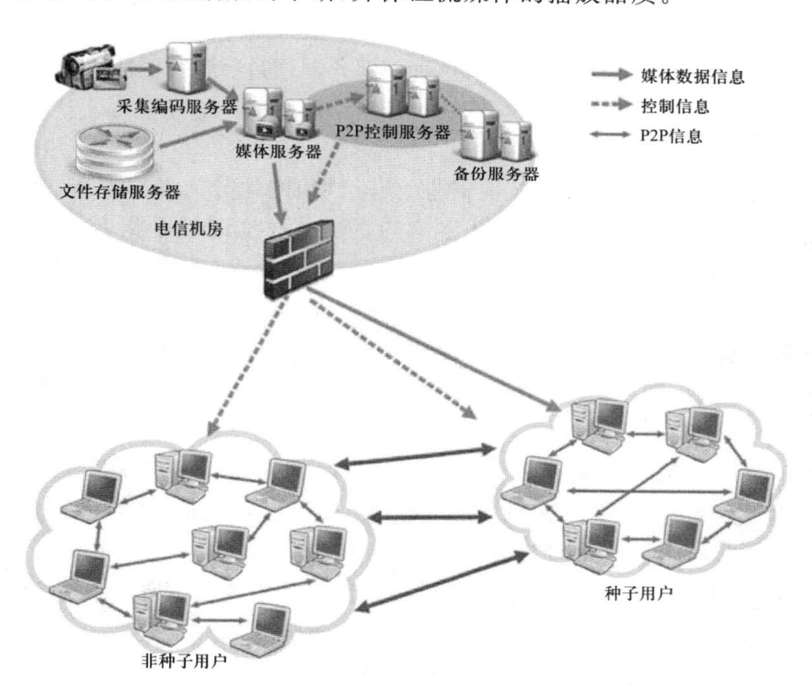

图 7-13 流媒体技术

如果将文件传输看作是一次接水的过程，过去的传输方式就像是对用户做了一个规定，必须等到一桶水接满才能使用它，这个等待的时间自然要受到水流量大小和桶的大小的影响。而流式传输则是，打开水龙头，等待一小会儿，水就会源源不断地流出来，而且可以随接随用，因此，不管水流量的大小，也不管桶的大小，用户都可以随时用水。从这个意义上看，流媒体这个词是非常形象的。

流式传输技术又分两种，一种是顺序流式传输，另一种是实时流式传输。

顺序流式传输是顺序下载，在下载文件的同时用户可以观看，但是用户的观看与服务器上的传输并不是同步进行的，用户是在一段延时后才能看到服务器上传出的信息，或者说用户看到的总是服务器在若干时间以前传出的信息。在这一过程中，用户只能观看已下载的那部分，而不能要求跳到还未下载的部分。顺序流式传输比较适合高质量的短片段，因为它可以较好地保证节目播放的质量，适合于在网站上发布的供用户点播的音、视频节目。

在实时流式传输中，音、视频信息可被实时观看到。在观看过程中，用户可以快进或后退以观看前面或后面的内容，但是在这种传输方式中，如果网络传输状况不理想，则收到的信号效果比较差。

流媒体系统是由各种不同软件构成的，这些软件在各个不同层面上互相通信，基本的流媒体系统包含以下三个组件：

(1)播放器(Player)，用来播放流媒体的软件。

(2)服务器(Server)，用来向用户发送流媒体的软件。

(3)编码器(Encode)，用来将原始的音频、视频转化为流媒体格式的软件。

这些组件之间通过特定的协议互相通信，按照特定的格式互相交换文件数据。有些文件中包含了由特定编解码器解码的数据，这种编解码器通过特定算法压缩文件的数据量。

7.7.2 流媒体技术应用

流媒体应用可以根据传输模式、实时性、交互性粗略地分为多种类型。传输模式主要是指流媒体传输是点到点的方式还是点到多点的方式。实时性是指音、视频内容是否实时产生、采集和播放，实时内容主要包括实况内容、视频会议、节目内容等。交互性是指应用是否需要交互，即流媒体的传输是单向的还是双向的。

在运用流媒体技术时，音、视频文件要采用相应的格式，不同格式的文件需要用不同的播放器软件来播放，即所谓“一把钥匙开一把锁”。目前，采用流媒体技术的音、视频文件主要有三大“流派”。

第一种是微软的 ASF(Advanced Stream Format)。这类文件的后缀是.asf 和.wmv，与它对应的播放器是微软公司的“Media Player”。用户可以将图形、声音和动画等数据组合成一个 ASF 格式的文件，也可以将其他格式的视频和音频转换为 ASF 格式，而且用户还可以通过声卡和视频捕获卡将诸如麦克风、录像机等外设的数据保存为 ASF 格式。如果使用 Windows 服务器平台，则 Windows Media 的费用最少。

第二种是 RealNetworks 公司的 RealMedia，它包括 RealAudio、RealVideo 和 RealFlash 三类文件，其中 RealAudio 用来传输接近 CD 音质的音频数据，RealVideo 用来传输不间断的视频数据，RealFlash 则是 RealNetworks 公司与 Macromedia 公司联合推出的一种高压缩比的动画格式，这类文件的后缀是.rm，文件对应的播放器是“RealPlayer”。RealMedia 在用户数量上有优势。

第三种是苹果公司的 QuickTime。这类文件扩展名通常是.mov，它所对应的播放器是“QuickTime”。QuickTime 在性价比上具有优势。

此外，MPEG、AVI、DVI、SWF 等都是适用于流媒体技术的文件格式。

由于流媒体技术在一定程度上突破了网络带宽对多媒体信息传输的限制，因此被广泛运用于网上直播、网络广告、视频点播、远程教育、远程医疗、视频会议、企业培训、电子

商务等多个领域。流媒体应用必然会成为未来网络的主流应用。

对于新闻媒体来说,流媒体带来了机遇,也带来了挑战。流媒体技术为传统媒体在互联网上开辟更广阔的空间提供了可能。广播、电视节目在网上传播更为方便,听众、观众在网上点播节目更为简单,网上音、视频直播也得到广泛运用。

流媒体技术将过去传统媒体的"推"式传播,变为受众的"拉"式传播,受众不再是被动地接收来自广播电视的节目,而是在自己方便的时间来接收自己需要的信息。这将在一定程度上提高受众的地位,使他们在新闻传播中占有主动权,也使他们的需求对新闻媒体的活动产生更为直接的影响。

流媒体技术的广泛运用也将模糊广播、电视与网络的界限,网络既是广播、电视的辅助者与延伸者,也将成为它们的有力竞争者。利用流媒体技术,网络将提供新的音、视频节目样式,也将形成新的经营方式,例如收费的点播服务。发挥传统媒体的优势,利用网络媒体的特长,保持媒体间良好的竞争与合作,是未来网络的发展之路,也是未来传统媒体的发展之路。

7.8 使用ADSL接入Internet实例

目前提供的ADSL接入方式有专线入网方式和虚拟拨号入网方式两种。专线入网方式(静态IP方式)由电信公司给用户分配固定的静态IP地址,这种上网方式相对简单一些;虚拟拨号入网方式(PPPoE拨号方式)并非拨电话号码,费用也与电话服务无关,而是用户输入帐号、密码,通过身份验证获得一个动态的IP地址。

ADSL安装包括局端线路调整和用户端设备安装。在局端方面,由ADSL服务商将用户原有的电话线再串接入ADSL局端设备;用户端的ADSL安装将根据所连接的客户端数量采用不同的联网方案,以下分别以家庭单用户和部门多用户的情况为例介绍ADSL接入Internet的设计方案。

1. 单用户方案

单用户方案一般符合家庭或个人单机上网需要。联网方案比较简单:将电话线端连接到滤波器上,滤波器通过一条两芯电话线与ADSL Modem相连,然后用一条双绞网线或USB线缆(一般购买ADSL Modem会配有这些附件)将ADSL Modem与计算机中的网卡连通即可。如图7-14所示。

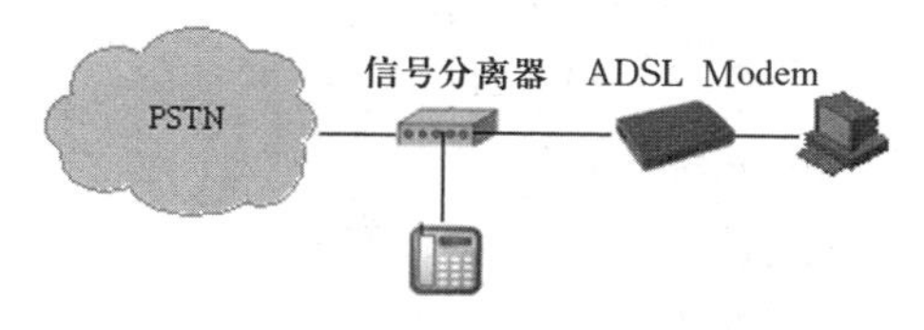

图7-14 ADSL单用户联网方案

计算机网络协议设置为TCP/IP协议,将TCP/IP协议中的IP、DNS和网关等参数项设置为提供的参数即可。

2. 多用户方案

多用户方案一般符合小型单位多客户机上网需要。联网方案与单用户方案基本相同,只是需要选择一个带路由功能的ADSL Modem。如果该路由器所带的LAN端口够用，比如 2 至 4 个等，就可以满足家庭或部门多台计算机同时上网需要，如果不够用，则可以增加一台小型交换机实现多台计算机同时上网。如图 7-15 所示。

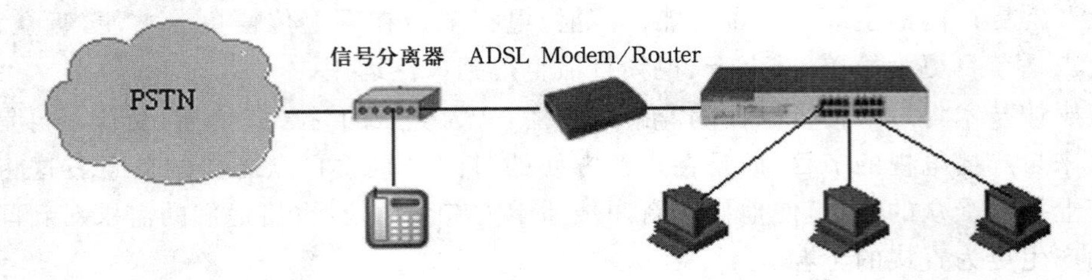

图 7-15 ADSL 多用户联网方案

在该方案中，需要对 ADSL 路由器进行配置：

(1)打开 IE 浏览器，在地址栏内输入 192.168.1.1(具体地址可参考配套说明书)，在出现用户登录页面的"用户名"和"密码"栏内分别输入 admin 和 admin(不同的 ADSL 设备提供商可能会不同，具体参考说明书)后，就可以登录到路由器进行设置了。

(2)打开配置页面后，根据电信部门或 ADSL 使用说明书所提供的信息，在相应字段填入适当的参数，如"VPI"、"VCI"、"PPPoE 用户名"以及"PPPoE 口令密码"等。

(3)启用 NAT 功能(一般 ADSL 缺省配置就为启动方式)。

(4)保存设置并重新启动 ADSL 路由器。

按照以上方式，在用户 PC 上需要设置静态 IP 地址、网关(ADSL 路由器的 IP 地址)和 DNS 服务器地址。

建议打开 ADSL 内置 DHCP 功能，可以实现计算机 IP 地址、DNS 等属性值自动配置。

练习题

一、选择题

1. http://www.online.sh.cn 是中国上海热线主页的(　　)。

A. 域名　　B. IP 地址

C. 统一资源定位器　　D. 文件名

2. 将 jmchang@online.sh.cn 称为(　　)。

A. 域名　　B. IP 地址　　C. URL　　D. E-mail 地址

3. 编写 WWW 网页文件用的是(　　)。

A. Visual Basic　　B. C++　　C. HTML　　D. 汇编语言

4. 通过 WWW 浏览器可以直接获取的互联网服务是(　　)。

A. 发送电子邮件　　B. 查看网页　　C. 图像处理　　D. 远程登录

5. 目前在邮件服务器中使用的邮局协议是(　　)。

A. SMTP　　B. MIME　　C. POP3　　D. TCP

6. FTP最大的特点是用户可以使用Internet上众多的匿名FTP服务器。登录匿名FTP服务器时使用的用户名是(　　)。

A. incoming　　B. pub　　C. ftp　　D. anonymous

7. 互联网中的远程登录协议是(　　)。

A. BBS　　B. Telnet　　C. FTP　　D. USENET

8. 网页以文件的形式保存在Internet上众多的(　　)中。

A. Web服务器　　B. 文件服务器　　C. 电子邮件服务器　　D. 网管服务器

9. 互联网中完成域名和IP地址转换的系统是(　　)。

A. POP　　B. DNS　　C. SLIP　　D. USENET

10. 准确地说，网页中的"超链接"对应一个网页的(　　)。

A. 域名　　B. IP地址　　C. 统一资源定位器　　D. 地址

11. WWW浏览器是一个(　　)。

A. 客户端应用程序　　B. 服务器端应用程序

C. 一般应用程序　　D. 图标

二、简答题

1. Internet提供了哪些基本服务？

2. 简要说明Internet域名系统(DNS)的功能。

3. WWW的含义是什么？在Internet中如何使用WWW服务？

4. E-mail的工作原理是什么？

5. Telnet的工作原理是什么？

6. 什么是FTP服务？

三、实训操作

查阅资料，并在实训指导教师的辅助下，完成Internet接入功能：某公司使用C类网段(192.168.100.124)实现内部通信，租用宽带(10 M出口带宽，在实训室可以借用校园网信息模块模拟出口)通过专用路由器实现NAT(Network Address Translation)地址转换(在实训室可以使用校园网络提供的外部全局地址如222.195.203.10至222.195.203.32作为路由器外部端口地址和NAT地址)，使公司都能够上网。

第8章 网络管理与安全

本章概要

网络管理是保证网络正常运行不可或缺的手段。随着网络规模越来越大、系统越来越复杂，只有加强网络管理，才能保证网络稳定、正常地运行。网络安全设计的目的是保护网络系统的硬件、软件及其系统中的数据不受偶然的或者恶意的破坏、更改或泄露，确保网络系统能够连续、可靠、正常地运行。本章主要介绍了网络管理的概念、协议、原理以及网络安全的概念、安全策略和加密、防火墙、入侵检测、虚拟专用网等安全技术。

训教重点

- 网络管理内容
- SNMP 的工作原理
- 加密方法
- 防火墙技术分类
- 入侵检测方法
- VPN 技术的实现方法

能力目标

- 掌握网络管理的内容和方法
- 掌握网络管理协议(SNMP)的工作原理
- 了解网络安全基本知识
- 熟悉常见的网络安全技术

8.1 网络管理

计算机网络的发展与普及，呈现出以下三大特点：一是网络系统规模不断扩大；二是网络系统复杂度增加；三是在一个网络内经常会由于集成了多个计算机和网络厂家的产品而出现多个网管的现象。计算机网络从小型的、互不相连的网络发展成大型的、相互连接的、复杂的计算机网络，所使用的设备也越来越复杂，因而这些网络的管理也越来越繁杂，因此，网络管理协议的设计就被提到议事日程上。

8.1.1　网络管理概述

网络管理涉及以下三个方面：

(1)网络服务提供是指向用户提供新的服务类型、增加网络设备、提高网络性能。

(2)网络维护是指网络性能监控、故障报警、故障诊断、故障隔离与恢复。

(3)网络处理是指网络线路、设备利用率数据的采集与分析，以及提高网络利用率的各种控制。

目前存在两种类型的网络管理问题：一种是与软件相关的问题；另一种是与硬件相关的问题。目前国际标准化组织ISO定义了网络管理的五个功能域：

(1)配置管理：管理所有的网络设备，包含各设备参数的配置与设备账目的管理。

(2)故障管理：找出故障的位置并进行恢复。

(3)性能管理：统计网络的使用状况，根据网络的使用情况进行扩充，确定设置的规划。

(4)安全管理：限制非法用户窃取或修改网络中的重要数据等。

(5)计费管理：记录用户使用网络资源的数量，调整用户使用网络资源的配额和记账收费。

1.配置管理

配置管理的目标是掌握并控制网络和系统的配置信息以及网络内各设备的状态和连接关系，涉及网络设备、网络的物理连接和物理接口。它不仅负责建立、修改、删除和优化网络配置参数，而且可以通过配置管理来提高整个网络的性能。

2.故障管理

故障管理的目标是自动监测网络硬件和软件中的故障并通知用户，以便网络能有效地运行。当网络出现故障时，要进行故障的确认、记录、定位，并尽可能排除这些故障，恢复因故障受到影响的业务。故障管理包含以下几个步骤：

(1)判断故障症状。

(2)隔离该故障。

(3)修复该故障。

(4)对所有重要子系统的故障进行修复。

(5)记录故障的监测及其结果。

3.性能管理

性能管理负责监视整个网络的性能，允许网络管理者了解网络运行的情况。性能管理的目标是衡量和呈现网络特性的各个方面，使网络的性能维持在一个可以接受的水平上。

性能管理包含以下几个步骤：

(1)收集网络管理者感兴趣的那些变量的性能参数。

(2)分析这些数据，以判断网络是否处于正常水平。

(3)为每个重要的变量决定一个适合的性能门限值，超过该限值就意味着网络故障。

管理实体不断监视性能变量，当某个性能门限值被超过时，就产生一个报警，并将该报警发送到网络管理系统。

4. 安全管理

安全管理的目标是按照一定的策略控制对网络资源的访问,以保证网络不被侵害,并保证重要的信息不被未授权的用户访问。安全管理包括验证用户的访问权限和优先级、监测和记录未授权用户企图进行的非法操作。

安全管理子系统将网络资源分为授权和未授权两大类。它执行以下几种功能:

(1)标识重要的网络资源。

(2)确定重要的网络资源和用户集的映射关系。

(3)监视对重要网络资源的访问。

(4)记录对重要网络资源的非法访问。

5. 计费管理

在有偿使用的网络上,一方面,计费管理功能统计有哪些用户、使用何种信道、传输多少数据、访问什么资源等信息;另一方面,计费管理功能还统计不同线路和各类资源的利用情况。

因此可见,计费管理就是根据用户对网络的使用情况,制定一种用户可以接受的计费方法。商业性网络中的计费系统还要包含诸如每次通信的开始和结束时间、通信中使用的服务等级以及通信中的另一方等更详细的计费信息,并能够随时查询这些信息。

8.1.2 网络管理协议

为了更好地进行网络管理,许多国际标准化组织都提出了各自的网络管理标准和网络管理方案,目前使用最广泛的网络管理协议是简单网络管理协议(SNMP),其管理对象包括网桥、路由器、交换机等内存和处理能力有限的网络互联设备。

SNMP 是由 Internet 工程任务组织(IETF)的研究小组为了解决 Internet 上的路由器管理问题而提出的,该协议已经发展了三代,现在的版本是 SNMP V3,主要用来管理 Internet 上众多厂家生产的软、硬件平台。SNMP 已成为一个事实上的工业标准,被广泛应用在国际上的网络管理领域,是 Internet 组织用来管理互联网和以太网的网络管理协议。

SNMP 的设计思想是通过 SNMP 的 PDU(协议数据单元)来与被管理的对象交换信息,这些对象有特定的属性和值。

SNMP 采用简化的面向对象的方法来实现对网络设施的管理,SNMP 管理模型如图 8-1 所示。

网络管理进程对各站进行轮询,以检查某个变量的值,被管对象中的代理负责对这些轮询做出响应。代理是驻留在被管理对象中的软件模块,负责编辑被管对象的信息,将这些信息存储到管理数据库(MIB)中,并通过 SNMP 将这些信息提供给网络管理进程。被管理对象可以是一个网桥、网关、主机、服务器、路由器等,为了实现与网络管理站的信息交换,必须由一个相应的软件收集、加工、处理被管理网络设施的信息,同时这个软件负责与网络管理站的通信,这样的软件被称为代理,即管理代理是指为其他实体提供管理信息的实体。这些代理本身不是被管理对象,只是代表了被管理对象,每一个代理都体现相应

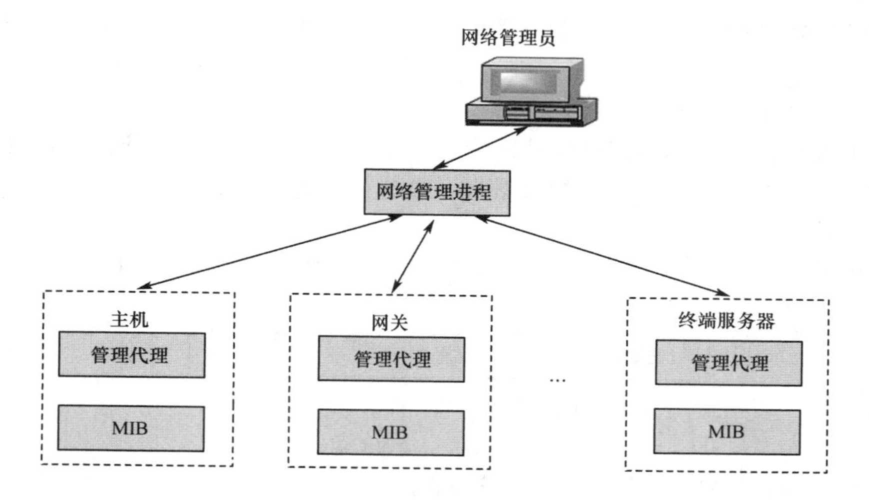

图 8-1 网络管理基本结构

被管理对象的有关信息。

1. SNMP 的工作原理

SNMP 使用嵌入网络设施中的代理软件来收集网络的通信信息和有关网络设备的统计数据。代理软件不断地收集统计数据，并把这些数据记录到一个管理数据库（MIB）中，网络管理员通过向代理的 MIB 发出查询信号可以得到这些信息。虽然 MIB 计算器将统计数据的总和记录下来，但它无法对日常通信量进行历史分析。为了能全面地查看一天的通信流量和变化率，管理人员必须不断地轮询 SNMP 代理，每分钟轮询一次。这样，网络管理员可以使用 SNMP 来评价网络的运行状况，并揭示通信的趋势。先进的 SNMP 网络管理站甚至可以通过编程来自动关闭端口或采取其他矫正措施来处理历史的网络数据。

SNMP 是关于管理进程和代理进程的通信协议，管理进程和代理进程的通信有两种方式：一种是管理进程向代理进程发出请求，询问一个具体的参数值；另一种是代理进程主动向管理进程报告某些重要事件的发生。

具体地说，管理节点从被管理设备中收集数据有三种方法：

(1)轮询方法。被管设备总是在控制之下，网络管理站不断地询问各个代理。缺陷：信息的实时性较差，尤其是错误的实时性。

(2)中断方法。当有异常事件发生时，立即通知网络管理站。缺陷：首先，产生错误或中断需要系统资源；其次，如果自陷必须转发大量的信息，那么被管理设备可能不得不消耗更多的时间和系统资源来产生自陷，从而影响它执行主要进程的功能。

(3)自陷的轮询方法。一方面，在初始化阶段，或者每隔一段较长时间，网络管理站通过轮询所有代理来了解某些关键信息，一旦了解到这些信息，网络管理站可以不再进行轮询；另一方面，每个代理负责向网络管理站通知可能出现的异常事件，这些事件通过 SNMP TRAP 传递消息。一旦网络管理站得到一个意外事件的通知，它可能采取一些动作，如直接轮询报告该事件的代理或轮询与该代理邻近的一些代理以便取得更多有关该意外事件的特定信息。由 TRAP 导致的轮询有助于大大降低网络带宽和节省代理的响应时间，尤其是网络管理站不需要的管理信息不必通过网络传递，代理也可以不用频繁响应那些不感兴趣的请求。

2. SNMP的报文格式

SNMP使用UDP作为第四层协议（传输层协议），进行无连接操作。管理进程和代理进程的每个消息都是一个单独的数据报。数据报会有丢失的情况，因此，SNMP有超时和重传的机制。

SNMP消息报文包含两个部分：SNMP报头和协议数据单元（PDU）。如图8-2所示。

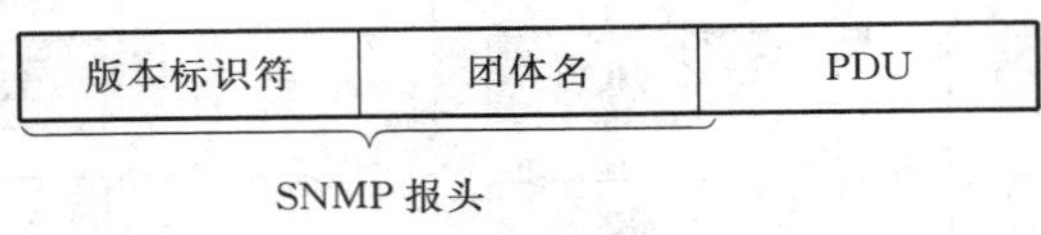

图8-2 SNMP消息报文格式

版本标识符：用来确保SNMP代理使用相同的协议，每个SNMP代理都直接抛弃与自己协议版本不同的数据报。

团体名：用于SNMP代理对SNMP管理站进行认证。网络配置要求验证时，SNMP代理将对团体名和管理站的IP地址进行认证，如果失败，SNMP代理将向管理站发送一个认证失败消息。

协议数据单元（PDU）：指明了SNMP的消息类型及其相关参数。

8.2 计算机网络安全技术

网络安全问题已经成为信息化社会的一个焦点问题。计算机网络安全技术是计算机技术的一部分，它以保证信息安全，防止信息被攻击、窃取和泄露为主要目的；数据完整性保证信息可以及时、准确、完整无缺地保存，在计算机网络上进行传输时，信息也不会被篡改。

8.2.1 计算机网络安全概述

1. 计算机网络安全概念

计算机网络安全的定义涉及计算机科学、网络技术、通信技术、密码技术、信息安全技术、应用数学、数论、信息论等多个学科。

网络安全从其本质上来讲就是网络上的信息安全，是指网络系统的硬件、软件及其系统中的数据受到保护，不受偶然的或者恶意的原因而遭到破坏、更改、泄露，系统连续、可靠、正常地运行，网络服务不中断。从广义上来说，凡是涉及网络上信息的保密性、完整性、可用性、真实性和可控性的相关技术和理论都是网络安全所要研究的领域。网络安全涉及的内容既有技术方面的问题，也有管理方面的问题，两方面相互补充，缺一不可。

技术方面主要侧重于防范外部非法用户的攻击，管理方面则侧重于内部人为因素的管理。如何更有效地保护重要的信息数据、提高计算机网络系统的安全性已经成为所有计算机网络应用必须考虑和解决的重要问题。

2. 网络安全的内容

计算机网络的安全性问题实际上包括两方面的内容：一是网络的系统安全，二是网络

的信息安全。具体而言，就是要具备以下特性。

(1)可靠性

可靠性是网络系统安全最基本的要求，主要是指网络系统硬件和软件无故障运行的性能。

(2)可用性

可用性是指网络信息可被授权用户访问的特性，即网络信息服务在需要时，能够保证授权用户使用。

(3)保密性

保密性是指网络信息不被泄露的特性。保密性是在可靠性和可用性的基础上保证网络信息安全的非常重要的手段。

(4)完整性

完整性是指网络信息未经授权不能进行改变特性的操作，即网络信息在存储和传输过程中不能进行删除、修改、伪造、乱序、重放和插入等操作，要保持信息的原样。

(5)不可抵赖性

不可抵赖性也称为不可否认性，主要用于网络信息的交换过程，保证信息交换的参与者不可能否认或抵赖曾进行的操作，类似于在发文或收文过程中的签名和签收的过程。

概括来讲，网络安全就是通过计算机技术、通信技术、密码技术和安全技术保护在公用网络中存储、交换和传输信息的可靠性、可用性、保密性、完整性和不可抵赖性的技术。

从技术角度看，网络安全的内容包括四个方面：

(1)网络实体安全：如机房的物理条件、物理环境及设施的安全标准，计算机硬件、附属设备及网络传输线路的安装及配置等。

(2)软件安全：如保护网络系统不被非法侵入，系统软件与应用软件不被非法复制、篡改，不受病毒的侵害等。

(3)网络数据安全：如保护网络信息的数据不被非法存取，保护其完整性等。

(4)网络安全管理：如运行时突发事件的安全处理等，包括采取计算机安全技术、建立安全管理制度、开展安全审计、进行风险分析等内容。

3. 网络安全策略

网络安全管理主要是配合行政手段，从技术上实现安全管理，从范畴上讲，涉及四个方面：物理安全策略、访问控制策略、信息加密策略、网络安全管理策略。

(1)物理安全策略

物理安全策略的目的是保护计算机系统、网络服务器、打印机等硬件实体和通信链路免受自然灾害、人为破坏和搭线攻击；验证用户的身份和使用权限，防止用户越权操作；确保计算机系统有一个良好的电磁兼容工作环境；建立完备的安全管理制度，防止非法进入计算机控制室和各种偷窃、破坏活动的事件发生。抑制和防止电磁泄漏是物理安全策略的主要问题。

(2)访问控制策略

访问控制策略是网络安全防范和保护的主要策略，它的首要任务是保证网络资源不被非法使用和非常规访问。访问控制策略可以说是保证网络安全最重要的核心策略。

(3)信息加密策略

信息加密的目的是保护网内的数据、文件、口令和控制信息,保护网上传输的数据。网络加密常用的方法有链路加密、端点加密和节点加密三种。

(4)网络安全管理策略

在网络安全中,加强网络的安全管理,制定有关规章制度,对确保网络安全、可靠运行将起到十分有效的作用。

4.计算机网络面临的威胁

(1)在计算机网络上进行通信时,面临的威胁主要包括:

①截获,攻击者从网络上窃听信息。

②中断,攻击者有意中断网络上的通信。

③篡改,攻击者有意更改网络上的信息。

④伪造,攻击者使用假的信息在网络上传输。

截获信息被称为被动攻击,攻击者只是被动地观察和分析信息,而不干扰信息流,一般用于对网络上传输的信息内容进行了解。被动攻击是不容易被检测出来的,一般可以采取加密的方法,使攻击者不能识别网络中所传输的信息内容。中断、篡改和伪造信息被称为主动攻击,主动攻击对信息进行各种处理,如有选择地更改、删除或伪造等。对于主动攻击,除了进行信息加密以外,还应该采取鉴别等措施。攻击者主要是指黑客,除此之外,还包括计算机病毒、蠕虫、特洛伊木马及逻辑炸弹等。

(2)计算机网络系统自身面临的威胁包括:

①物理设备的安全威胁。常见的威胁有偷窃、废物搜寻和间谍活动等。因为计算机里存储的数据价值远远超过计算机本身,所以计算机偷窃行为造成的损失往往比被偷设备的价值高出数倍。

②计算机系统的脆弱性。这主要来自计算机操作系统和网络通信协议的不安全性。属于D级的操作系统(如DOS、Windows 9X等)没有安全防护措施,达到C2级系统(如Windows 2000、UNIX、Linux)的安全性高,能用作服务器操作系统。但是,C2级系统也存在安全漏洞。例如,系统的管理员或超级用户帐号,如果入侵者得到这些帐号,整个系统将完全受控于入侵者,系统将面临巨大的危险。又如,系统开发者有意设置的系统漏洞,目的是当用户失去对系统的访问权时仍能进入系统,像VMS操作系统中隐藏的一个维护帐号,恶意用户可用此帐号进入系统。此外,和操作系统绑定的TCP/IP(IPv4)通信协议也存在很多安全漏洞。

下面介绍几种常见的盗窃数据或侵入网络的方法。

(1)窃听

最常见的窃听方式是将计算机连入网络,利用专门的工具软件对在网络上传输的数据报进行分析。进行窃听的最佳位置是网络中的路由器,特别是位于关卡处的路由器,它是数据报的集散地。

窃听程序的基本功能是收集、分析数据报,高级的窃听程序还提供生成假数据报、解码等功能,甚至可锁定某源服务器(或目标服务器)的特定端口,自动处理与这些端口有关的数据报。利用上述功能,可监听他人的联网操作、盗取信息。

(2)窃取

这种入侵方式一般出现在使用支持信任机制的网络中。在这种机制下，用户通常只需拥有合法帐号即可通过认证，因此入侵者可以利用信任关系，冒充一方与另一方联网，以窃取信息。

(3)会话窃夺

会话窃夺指入侵者首先在网络上窥探现有的会话，发现有攻击价值的会话后，便将参与会话的一方截断，并顶替被截断方继续与另一方进行连接，以窃取信息。

会话窃夺不像窃取那样容易防范。对于由外部网络入侵内部网络的途径，可用防火墙切断，但对于内、外部网络之间的会话，除了采用数据加密手段外，没有其他方法可保证绝对安全。

(4)利用操作系统漏洞

任何操作系统都难免存在漏洞，包括新一代操作系统。操作系统的漏洞大致可分为两部分：一部分是由设计缺陷造成的，包括协议方面、网络服务方面、共用程序库方面等；另一部分则是由使用不得法造成的。这种由于系统管理不善所引发的漏洞主要是系统资源或帐户权限设置不当。

(5)盗用密码

盗用密码是较简单但对用户损失较大的一种方法。

盗用密码通常有两种方式：一种是因为用户密码不小心被他人“发现”，而“发现”的方法一般是“猜测”，猜密码的方式有多种，最常见的是在登录系统时尝试不同的密码，系统允许用户登录就意味着密码被猜中了；另一种比较常见的方式是先从服务器中获得被加密的密码表，再利用公开的算法进行计算，直到求出密码为止，这种技巧最常用于UNIX系统。

(6)木马、病毒、暗门

计算机网络中的木马，是一种与计算机病毒类似的指令集合，它寄生在普通程序中，并在暗中进行某些破坏性操作或盗窃数据。木马与计算机病毒的区别是，前者不进行自我复制，即不感染其他程序。

病毒是一种寄生在普通程序中、能够将自身复制到其他程序并通过执行某些操作，破坏系统或干扰系统运行的“坏”程序。其不良行为可能是悄悄进行的，也可能是明目张胆实施的，可能没有破坏性，也可能毁掉用户几十年的心血。病毒程序除了可从事破坏活动外，也可能进行间谍活动。例如，将服务器内的数据传到某台主机等。

暗门又称后门，指隐藏在程序中的秘密功能，通常是程序设计者为了能在日后随意进入系统而设置的。

(7)隐秘通道

安装防火墙、选择满足工业标准的安全结构、对进出网络环境的存储媒体实施严格管制，可起到一定的安全防护作用，但仍然不能保证绝对安全。

尽管有许多技术用来保护网络，但是如果没有详细的安全计划，没有安全管理网络的清晰策略，无论使用何种技术都可能造成事倍功半。

8.2.2 网络安全评估

1. 网络安全规范和措施

计算机网络安全涉及的面非常广。在技术方面包括计算机技术、通信技术和安全技术;在基础理论方面包括数学、密码学等多个学科;在实际应用环境中,还涉及管理和法律等方面。所以,计算机网络的安全性是不可判定的,也就是说无法用形式化的方法(比如数学公式)来证明,只能针对具体的攻击来讨论其安全性。试图设计绝对安全可靠的网络也是不可能的。

所以,解决网络安全问题必须全方位地考虑,包括采取安全的技术、加强安全检测与评估、构筑安全体系结构、加强安全管理、制定网络安全方面的法律和法规等。

(1)安全检测和评估

安全检测和评估主要包括网络、保密性以及操作系统的检测与评估。由于操作系统是网络系统的核心软件,所以针对网络环境的计算机操作系统进行安全检测和评估是非常重要的。目前主要可参照的标准是最初由美国计算机中心在 1983 年发表的并经过多次修改的可信任计算机标准评价准则(Trusted Computer Standards Evaluation Criteria,TCSEC),该标准把计算机操作系统分为 4 个等级(A、B、C、D)和 7 个级别,D 级最低,A 级最高。

中国国家计算机系统安全规范是国内可参考的规范。该规范对网络安全进行了分类。它将计算机的安全大致分为三类:实体安全,包括机房、线路和主机等的安全;网络与信息安全,包括网络的畅通、准确以及网上信息的安全;应用安全,包括程序开发运行、I/O、数据库等的安全。

(2)安全体系结构

在安全体系结构方面,目前主要参照 ISO 于 1989 年制定的 OSI 网络安全体系结构,安全体系结构包括安全服务和安全机制,主要解决网络信息系统中的安全与保密问题。

①OSI 安全服务主要包括对等实体鉴别服务、访问控制服务、数据保密服务、数据完整性服务、数据源鉴别服务和禁止否认服务等。

②OSI 加密机制主要包括加密机制、数字签名机制、访问控制机制、数据完整性机制、交换鉴别机制、业务流量填充机制、路由控制机制和公证机制等。加密机制是提供数据保密最常用的方法。

③数字签名机制是防止网络通信中否认、伪造、冒充和篡改的常用方法之一。

④访问控制机制是检测按照事先规定的规则决定对系统的访问是否合法,数据完整性用于确定信息在传输过程中是否被修改。

⑤交换鉴别机制是以交换信息的方式来确认用户的身份。

⑥业务流量填充机制是在业务信息的间隙填充伪随机序列,以对抗监听。

⑦路由控制机制是使信息发送者选择特殊的、安全的路由,以保证信息传输的安全。

⑧公正机制是设立一个各方都信任的公正机构来提供公正服务以及仲裁服务等。

2. 网络安全评估等级

为了帮助计算机用户区分和解决计算机网络安全问题,美国国防部为计算机安全的

不同级别制定了四个准则——“橘皮书”，根据这四个准则对计算机的安全级别进行了分类，将计算机安全由低到高分为 4 类 7 级：D1、C1、C2、B1、B2、B3、A1。

(1)D1 级(最小保护系统)：这是计算机安全的最低级。

D1 级主要特征是保护措施很少，没有安全功能。D1 级计算机系统标准规定对用户没有验证，系统不要求用户进行登记或密码保护，任何人都可以使用该计算机系统而不会有任何障碍。D1 级的计算机系统有 DOS、Windows 3. X 等。

(2)C1 级(选择性安全保护系统)：C 级有两个安全级别，分别是 C1 级和 C2 级。

C1 级主要特征是有选择的存取控制，用户与数据分离，数据的保护以用户组为单位。

C1 级系统对硬件有某种程度的保护，用户拥有注册帐号和口令，系统通过帐号和口令来识别用户是否合法。

常见的 C1 级兼容计算机系统有 Novell3. X 或更高版本、Windows NT 等。

(3)C2 级(受控访问控制系统)：C2 级除了包含 C1 的特征外，还具有存取控制以用户为单位、广泛的审计等特征。

C2 级包含有受控访问环境，该环境具有进一步限制用户执行某些命令或访问某些文件的权限，还加入了身份验证；另外，C2 级系统对发生的事件加以审计，并写入日志中。

能够达到 C2 级的网络操作系统有 UNIX 系统、Novell3. X 或更高版本、Windows NT 等。

(4)B1 级(标号安全保护)：该级除了 C2 级的安全需求外，增加了安全策略模型、数据标号、托管访问控制。

在这一级，对象(如磁盘和文件服务器目录)必须在访问控制之下，不允许拥有者修改它们的权限。

(5)B2 级(结构防护)：要求计算机系统中所有对象都要加标签，而且给设备(如工作站、终端)分配安全级别。

(6)B3 级(安全域)：要求用户工作站或终端通过可信任途径连接到网络系统。

(7)A1 级(受查证设计)：这是“橘皮书”中的最高安全级，这一级包括了它以上各级的所有特征。

为了保障网络能够安全运行，必须从以下三个方面对网络安全状况进行评估：

(1)物理安全，加强计算机和机房的安全管理，制定完善的网络安全制度。

(2)访问控制，识别并验证用户，并将用户限制在已授权的活动和资源范围内。

(3)传输安全，保护网络上被传输的信息，以防止被动和主动的修改。

8.2.3　常见的网络安全技术

加密技术

1. 加密技术

(1)加密技术概念

加密技术是计算机网络采取的主要安全保密措施，是最常用的安全保密手段，利用技术手段把重要的数据变为乱码(加密)传送，到达目的地后再用相同或不同的手段还原(解密)。加密技术的应用是多方面的，但最为广泛的还是在电子商务和 VPN 上的应用，深受广大用户的喜爱。

所谓加密，是指将数据信息(明文)转换为不可识别的形式(密文)的过程，目的是使不应该了解该数据信息的人不能够知道或识别。将密文还原为明文的过程就是解密。

图 8-3 示意了加密、解密的过程。其中，“This is a book”称为明文(plaintext 或 cleart-ext)；“! @＃S～%^～&～＊()-”称为密文(ciphertext)。将明文转换成密文的过程称为加密(encryption)，相反的过程则称为解密(decryption)。

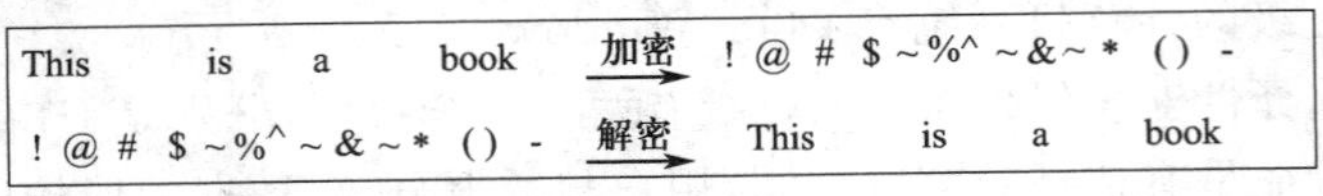

This is a book —加密→ ! @ # $ ~%^ ~&~ * () -

! @ # $ ~%^ ~ & ~ * () - —解密→ This is a book

图 8-3 加密、解密过程

(2)加密技术类型

加密技术包括两个元素：算法和密钥。算法是将普通的文本与一串数字(密钥)结合，产生不可理解的密文的步骤，密钥是用来对数据进行编码和解码的一种算法。在安全保密中，可通过适当的密钥加密技术和管理机制来保证网络的信息通信安全。密钥加密技术的密码体制分为对称密钥体制和非对称密钥体制两种。相应地，对数据加密的技术分为对称式加密法(私人密钥加密)和非对称式加密法(公开密钥加密)。

①对称式加密法：又称为秘密钥匙加密法或传统加密法。其特点是文件加密和解密使用相同的密钥，即加密密钥也可以用作解密密钥，如图 8-4 所示。对称式加密法使用起来简单快捷，密钥较短，且破译困难。

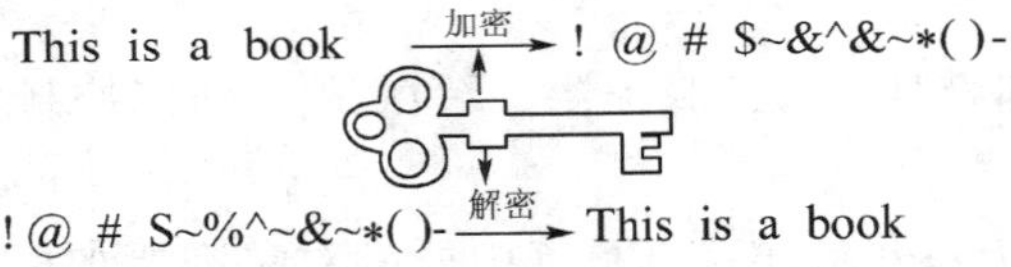

This is a book —加密→ ! @ # $~&^&~*()-

!@ # S~%^~&~*()- —解密→ This is a book

图 8-4 对称式加密法

②非对称式加密法：又称公用钥匙加密法，是近代密码学新兴的一个领域。与对称式加密法不同，非对称式加密法需要两个密钥：公开密钥(Public Key)和私有密钥 (Private Key)。公开密钥与私有密钥是一对，如果用公开密钥对数据进行加密，只有用对应的私有密钥才能解密；如果用私有密钥对数据进行加密，那么只有用对应的公开密钥才能解密。因为加密和解密使用的是两个不同的密钥，所以这种算法叫作非对称式加密法。即公用钥匙加密法的特色是完成一次加密、解密操作时，需要使用一对钥匙。

假如 X 需要传送数据给 A，X 可将数据用 A 的公开密钥加密后再传送给 A，A 收到后再用私有密钥解密，如图 8-5 所示。

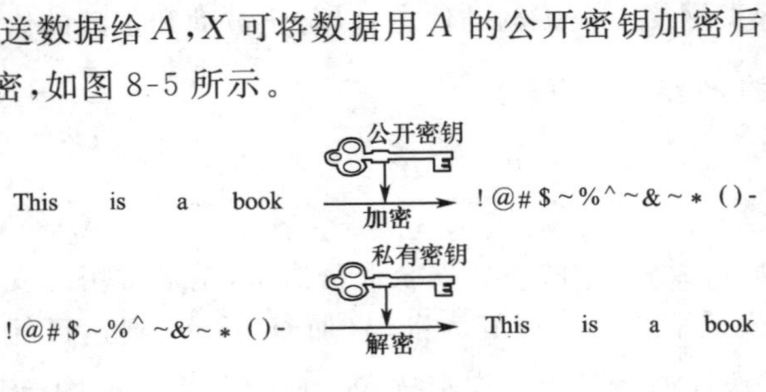

公开密钥

This is a book —加密→ !@# $ ~%^ ~& ~ * ()-

私有密钥

!@# $ ~%^ ~& ~ * ()- —解密→ This is a book

图 8-5 非对称式加密法

利用公开密钥加密虽然可避免钥匙共享带来的问题，但其使用时，需要的计算量较大。

(3)PKI功能作用

公钥基础设施(Public Key Infrastructure ,PKI)，是一种遵循既定标准的密钥管理平台，它能够为所有网络应用提供加密和数字签名等密码服务及所必需的密钥和证书管理体系。

原有的单密钥加密技术采用特定加密密钥加密数据，采用此加密技术作为理论基础的加密方法如果用于网络传输数据加密，则不可避免地出现安全漏洞。

区别于原有的单密钥加密技术，PKI采用非对称的加密算法，即由原文加密成密文的密钥不同于由密文解密为原文的密钥，以避免第三方获取密钥后将密文解密。

(4)证书签发机构(CA)

CA是负责签发证书、认证证书、管理已颁发证书的机关，是PKI的核心。它要制定政策和具体步骤来验证、识别用户身份，并对用户证书进行签名，以确保证书持有者的身份和公钥的拥有权。

CA也拥有一个证书(内含公钥)和私钥。网上的公众用户通过验证CA的签名从而信任CA，任何人都可以得到CA的证书(含公钥)，用以验证它所签发的证书。

(5)证书

证书实际是由证书签证机关(CA)签发的对用户的公钥的认证。

证书的内容包括电子签证机关的信息、公钥用户信息、公钥、权威机构的签名和有效期等。目前，证书的格式和验证方法普遍遵循X.509国际标准。

(6)数字签名

如何在电子文档上实现签名呢？我们可以使用数字签名。RSA公钥体制可实现对数字信息的数字签名，方法如下：

信息发送者用其私钥对从所传报文中提取出的特征数据(或称数字指纹)进行RSA算法操作，以保证发信人无法抵赖曾发过该信息(不可抵赖性)，同时也确保信息报文在传递过程中未被篡改(完整性)。当信息接收者收到报文后，就可以用发送者的公钥对数字签名进行验证。

(7)数字证书

数字证书为实现双方安全通信提供了电子认证。在互联网、公司内部网或外部网中，常使用数字证书实现身份识别和电子信息加密。数字证书中含有密钥对(公钥和私钥)所有者的识别信息，通过验证识别信息的真伪实现对证书持有者身份的认证。

数字证书在用户公钥后附加了用户信息及CA的签名。公钥是密钥对的一部分，另一部分是私钥。由公钥加密的信息只能由与之相对应的私钥解密。为确保只有收件人才能阅读自己的信件，发送者要用收件人的公钥加密信件；收件人便可用自己的私钥解密信件。同样，为证实发送者的身份，发送者要用自己的私钥对信件进行签名；收件人可使用发送者的公钥对签名进行验证，以确认发送者的身份。

在线交易中可使用数字证书验证对方身份。用数字证书加密信息,可以确保只有接收者才能解密、阅读原文,信息在传递过程中有保密性和完整性。有了数字证书网络安全才得以实现,电子邮件、在线交易和信用卡购物的安全才能得到保证。

(8)安全套接字层(SSL)

许多人都知道 NETSCAPE 公司是 Internet 商业中领先技术的提供者,该公司提供了一种基于 RSA 和保密密钥的应用于互联网的技术,被称为安全套接字层(Secure Sockets Layer,SSL)。

SSL 是一种广泛实施的公钥加密。SSL 最初由网景公司(Netscape)开发,是互联网浏览器和 Web 服务器用于传输机密信息的互联网安全协议。SSL 现在已经成为总体安全协议传输层安全(TLS)的一部分。

在浏览器中,可以通过多种不同方式知道何时使用安全协议(例如 TLS)。浏览器地址栏中的"http"被替换为"https",在浏览器窗口底部的状态栏中还会看到一个小的锁符号。

公钥加密占用大量计算资源,所以大多数系统结合使用公钥和对称密钥。当两台计算机发起安全会话时,一台计算机创建一个对称密钥,并将其发送给使用公钥加密的另一台计算机,然后这两台计算机使用对称密钥加密进行通信。一旦完成会话,每台计算机都会丢弃该会话使用的对称密钥。进行新的会话要求创建新的对称密钥,然后重复上述过程。

(9)网络加密的类型

①无客户端 SSL:SSL 的原始应用。在这种应用中,一台主机在加密的链路上直接连接到一个来源(如 Web 服务器、邮件服务器、目录等)。

②配置 VPN 设备的无客户端 SSL:这种使用 SSL 的方法对主机来说与第一种类似。但是,加密通信的工作是由 VPN 设备完成的,而不是由在线资源完成的(如 Web 或邮件服务器)。

③主机至网络:在上述两个方案中,主机在一个加密的频道直接连接到一个资源。在这种方式中,主机运行客户端软件(SSL 或者 IPSec 客户端软件)连接到一台 VPN 设备并且成为包含这台主机目标资源的那个网络的一部分。由于设置简单,SSL 已经成为这种类型的 VPN 的事实上的选择;IPSec,在 SSL 成为创建主机至网络的流行方式之前,要使用 IPSec 客户端软件。IPSec 仍在使用,但是它向用户提供了许多设置选择,容易造成混淆。

④网络至网络:有许多方法能够创建这种类型加密的隧道 VPN。但是,要使用的技术几乎都是 IPSec。

(10)加密技术的应用

加密技术的应用是多方面的,但最为广泛的还是在电子商务和 VPN 上的应用,下面分别介绍。

①加密技术在电子商务方面的应用

电子商务(E-business)能够使顾客在网上进行各种商务活动，而不必担心自己的信用卡被人盗用。在过去，用户为了防止信用卡的号码被窃取，一般是通过电话订货，然后使用信用卡付款。现在人们开始用RSA加密技术，提高信用卡交易的安全性，从而使电子商务走向实用成为可能。

SSL不但提供编程界面，而且向上提供一种安全的服务，SSL 3.0现在已经应用到服务器和浏览器上，SSL 2.0则只能应用于服务器端。

SSL 3.0用一种电子证书对身份进行验证后，双方就可以用保密密钥进行安全的会话了。它同时使用"对称"和"非对称"加密方法，在客户与电子商务的服务器进行沟通的过程中，客户会产生一个Session Key，然后客户用服务器端的公钥将Session Key进行加密，再传给服务器端，在双方都知道Session Key后，传输的数据都是以Session Key进行加密与解密的，但服务器端发给用户的公钥必须先向有关发证机关申请，以得到公证。

基于SSL 3.0提供的安全保障，用户就可以自由订购商品并且给出信用卡卡号了，也可以在网上和合作伙伴交流商业信息并且让供应商把订单和收货单从网上发过来，这样可以节省大量的纸张，为公司节省大量的电话、传真费用。在过去，电子信息交换(Electric Data Interchange)、信息交易(Information Transaction)和金融交易(Financial Transaction)都是在专用网络上完成的，而使用专用网络的费用大大高于互联网。正是由于面对这样大的诱惑，人们才开始发展互联网上的电子商务，因此，数据加密尤为重要。

②加密技术在VPN方面的应用

现在，越来越多的公司走向国际化，一个公司可能在多个国家都有办事机构或销售中心，每一个机构都有各自的局域网。在当今的网络社会，人们的要求不仅如此，用户希望将这些LAN连接在一起组成一个公司的广域网，这个要求在现在已不是什么难事了。

目前，人们一般使用租用专用线路来连接这些局域网，他们考虑的就是网络的安全问题。现在具有加密/解密功能的路由器已广泛被使用，这就使人们通过互联网连接这些局域网成为可能，这就是我们通常所说的虚拟专用网(Virtual Private Network，VPN)。当数据离开发送者所在的局域网时，该数据首先被用户端连接到互联网上的路由器进行硬件加密，数据在互联网上是以加密的形式传送的，当数据达到目的LAN的路由器时，该路由器就会对数据进行解密，这样目的LAN中的用户就可以看到真正的信息了。

2.防火墙

(1)防火墙的概念

所谓"防火墙"(Firewall)，是指在两个网络之间加强访问控制的一整套装置，通常是软件和硬件的组合体。或者说，防火墙是在一个可信网络(内部网)与一个不可信网络(外部网)之间起保护作用的一整套装置，在内部网和外部网之间的界面上构造一个保护层，它强制所有的访问或连接都必须经过这一保护层，按照一定的安全策略在此进行检查和连接，只有被授权的通信才能通过此保护层，从而保护内部网资源免遭非法入侵，并监视网络运行状态，实现对计算机的保护。如图 8-6 所示。

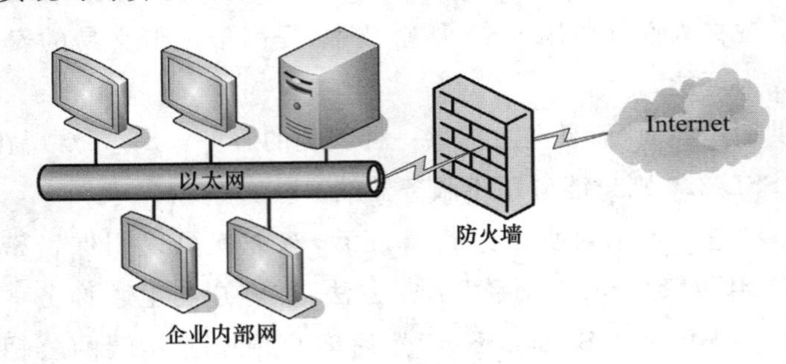

图 8-6　防火墙

另外，还有多种防火墙产品正朝着数据安全与用户认证、防止病毒与黑客侵入等方向发展。

(2)防火墙的功能

①访问控制——对内部与外部、内部不同部门之间实行的隔离。

②授权认证——授权对不同用户访问权限的隔离。

③安全检查——对流入网络内部的信息流进行检查或过滤，防止病毒和恶意攻击的干扰破坏(安全隔离)。

④加密——提供防火墙与移动用户在信息传输方面的安全保证，同时也保证防火墙与防火墙的信息安全。

⑤对网络资源实施不同的安全对策，提供多层次和多级别的安全保护。

⑥集中管理和监督用户的访问。

⑦报警功能和监督记录。

(3)防火墙的分类

构成防火墙系统的两个基本部件是包过滤路由器(Packet Filtering Router)和应用级网关(Application Gateway)。最简单的防火墙由一个包过滤路由器组成，而复杂的防火墙系统由包过滤路由器和应用级网关组合而成。目前防火墙产品主要有包过滤路由器、应用层网关(代理服务器)、主机屏蔽防火墙、子网屏蔽防火墙等类型。

①包过滤路由器：包过滤路由器是在一般路由器的基础上增加了一些新的安全控制功能，是一个检查通过它的数据报的路由器，包过滤路由器的标准由网络管理员在网络访问控制表中设定，以检查数据报的源地址、目的地址及每个 IP 数据报的端口。此类防火墙易于实现对用户进行透明访问，且费用较低。但包过滤路由器无法有效地区分同一 IP 地址的不同用户，因此安全性较差。如图 8-7 所示。

②应用级防火墙：又称应用级网关或双宿主网关，其在网络应用层上建立协议过滤和转发功能。采用协议代理服务，即在运行防火墙软件的堡垒主机(Bastion Host)上运行代理服

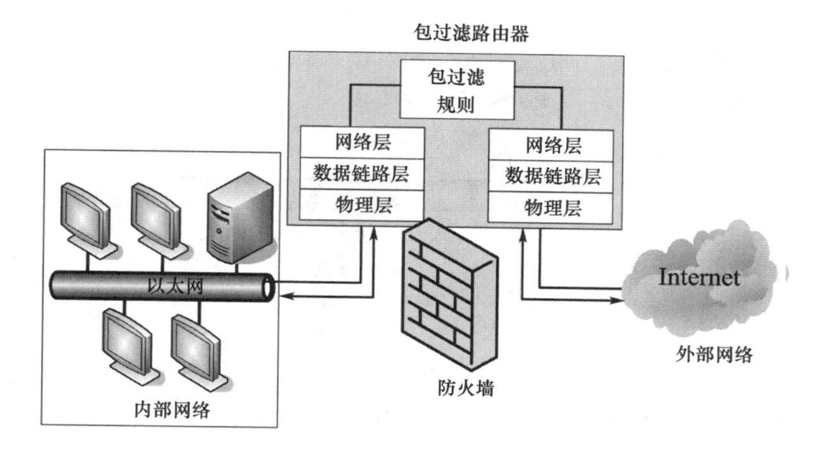

图 8-7　包过滤防火墙的结构

务程序 Proxy。应用级防火墙不允许网络间的业务直接联系，而是以堡垒主机作为数据转发的中转站。堡垒主机是一台具有两个网络界面的主机，每一个网络界面与它所对应的网络进行通信，它既能作为服务器接收外来请求，又能作为客户转发请求。如图 8-8 所示。

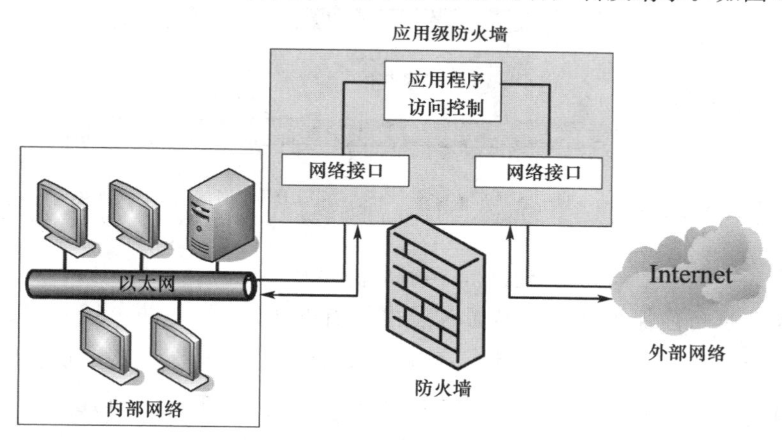

图 8-8　应用级防火墙结构

③主机屏蔽防火墙：主机屏蔽防火墙由一个只需单个网络端口的应用级防火墙和一个包过滤路由器组成。它将物理地址连接在网络总线上，它的逻辑功能仍工作在应用层上，所有业务通过它进行代理服务，数据报要通过路由器和堡垒主机两道防线。外出的数据报首先经过堡垒主机上的应用服务代理检查，然后被转发到包过滤路由器，最后由包过滤路由器转发到外部网络上。堡垒主机是防火墙关键部位、运行应用级网关软件的计算机。主机屏蔽防火墙设置了两层安全保护，因此相对比较安全。如图 8-9 所示。

④子网屏蔽防火墙：子网屏蔽防火墙的保护作用比主机屏蔽防火墙更进一步，它在被保护的内网与外网之间加入了一个由两个包过滤路由器和一台堡垒主机组成的子网。被保护的 Intranet 与 Internet 不能直接通信，而是通过各自的路由器和堡垒主机打交道，两台路由器也不能直接交换信息。子网屏蔽防火墙是防火墙技术中最为安全的防火墙体系

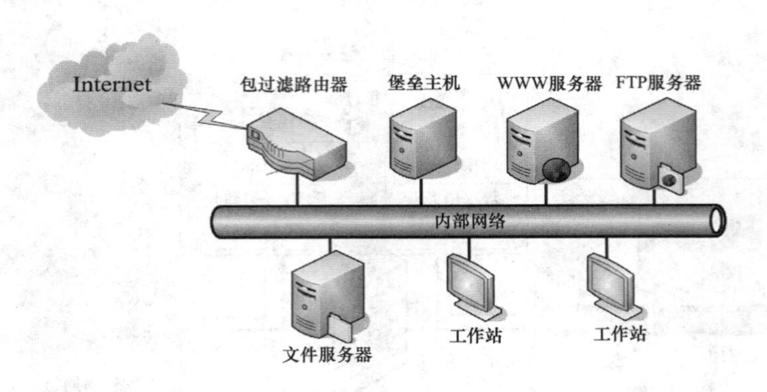

图 8-9 主机屏蔽防火墙

结构，它具有主机屏蔽防火墙的所有优点，并且比之更加优越。如图 8-10 所示。

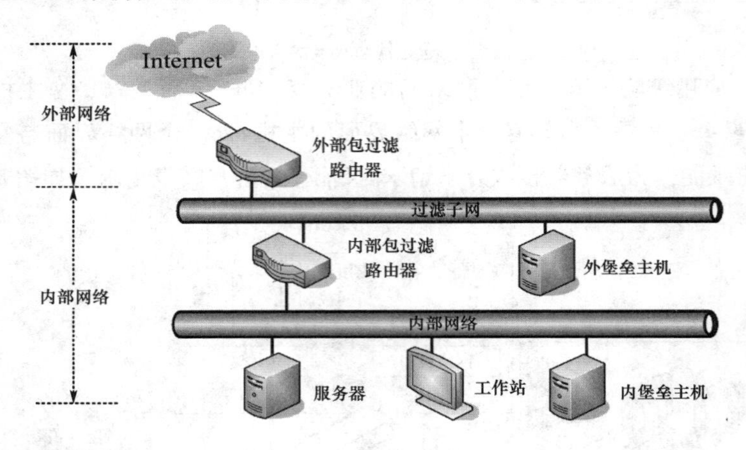

图 8-10 子网屏蔽防火墙

虽然防火墙是目前保护网络免遭黑客袭击的有效手段，但是防火墙只是一种被动防御性的网络安全工具，仅仅使用防火墙是不够的。首先，入侵者可以找到防火墙的漏洞，绕过防火墙进行攻击。其次，防火墙无法阻止来自内部的攻击。它所提供的服务方式只有两种，要么都拒绝，要么都通过，而这远远不能满足用户复杂的应用要求，于是就产生了入侵检测技术。

3. 入侵检测技术

(1)入侵检测技术概述

入侵检测(Intrusion Detection)的定义为：识别针对计算机或网络资源的恶意企图和行为，并对此做出反应的过程。IDS 则是完成如上功能的独立系统。IDS 能够检测未授权对象(人或程序)针对系统的入侵企图或行为(Intrusion)，同时监控授权对象对系统资源的非法操作(Misuse)，如图 8-11 所示。入侵检测系统的检测过程为：

①从系统的不同环节收集信息。

②分析该信息，试图寻找入侵活动的特征。

③自动对检测到的行为做出响应。

④记录并报告检测过程、结果。

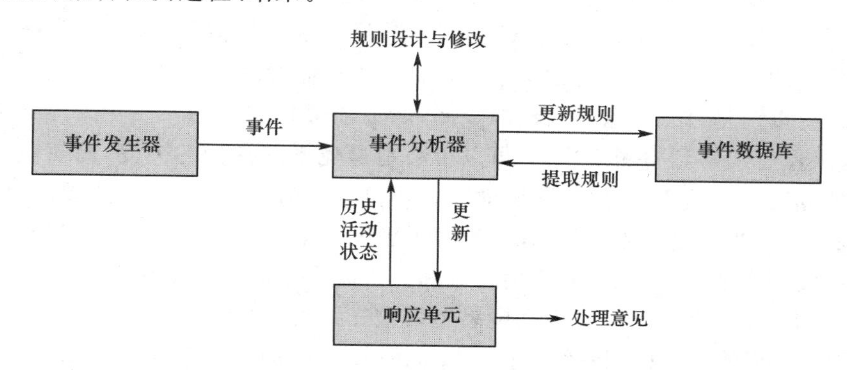

图 8-11　入侵检测系统框架结构

入侵检测作为一种积极主动的安全防护技术，提供了对内部攻击、外部攻击和误操作的实时保护，在网络系统受到危害之前拦截和响应入侵。入侵检测系统能很好地弥补防火墙的不足，从某种意义上说是防火墙的补充。

(2)入侵检测系统(IDS)的基本功能

①监控、分析用户和系统的行为。

②检查系统的配置和漏洞。

③评估重要的系统和数据文件的完整性。

④对异常行为的统计分析，识别攻击类型，并向网络管理人员报警。

⑤对操作系统进行审计、跟踪管理，识别违反授权的用户活动。

(3)入侵检测的方法

对各种事件进行分析并从中发现违反安全策略的行为是入侵检测系统的核心功能。入侵检测系统按照所采用的检测技术可以分为误用检测和异常检测。

①误用检测(Misuse Detection)

设定一些入侵活动的特征(Signature)，通过现在的活动是否与这些特征匹配来检测。常用的检测技术为：

- 专家系统：采用一系列的检测规则分析入侵的特征行为。
- 基于模型的入侵检测方法：入侵者在攻击一个系统时往往采用一定的行为序列，如猜测口令的行为序列。这种行为序列构成了具有一定行为特征的模型，根据这种模型所代表的攻击意图的行为特征，可以实时地检测出恶意的攻击企图。与专家系统通常放弃处理那些不确定的中间结论的缺点相比，这一方法的优点在于它基于完善的不确定性推理数学理论。
- 简单模式匹配(Pattern Matching)：基于简单模式匹配的入侵检测方法将已知的入侵特征编码成与审计记录相符合的模式。当新的审计事件产生时，这一方法将寻找与它相匹配的已知入侵模式。
- 软计算方法：软计算方法包含了神经网络、遗传算法与模糊技术。近年来已有关于运用神经网络进行入侵检测实验的报道，但还没有正式的产品问世。

②异常检测(Anomaly Detection)

异常检测假设入侵者的活动异常于正常的活动。为实现该类检测,IDS建立正常活动的"规范集"(Normal Profile),当主体的活动违反其统计规律时,认为可能是"入侵"行为。异常检测的优点之一为具有抽象系统正常行为从而检测系统异常行为的能力。这种能力不受系统以前是否知道这种入侵的限制,所以能够检测新的入侵行为。异常检测的缺点是:若入侵者了解到检测规律,就可以小心地避免系统指标的突变,而使用逐渐改变系统指标的方法逃避检测。另外,检测效率也不高,检测时间较长。最重要的是,这是一种"事后"的检测,当检测到入侵行为时,破坏早已发生了。

异常检测现有的分类,大都基于信息源和分析方法。根据信息源的不同,分为基于主机型和基于网络型以及基于主机型和网络型集成三大类。

- 基于主机型的入侵检测系统(Host-based Intrusion Detection System,HIDS)

HIDS可监测系统、事件和Windows NT下的安全记录以及UNIX环境下的系统记录。当有文件被修改时,IDS将新的记录条目与已知的攻击特征进行比较,看它们是否匹配。如果匹配,就会向系统管理员报警或者做出适当的响应。

- 基于网络型的入侵检测系统(Network-based Intrusion Detection System,NIDS)

NIDS以网络包作为分析数据源。它通常利用一个工作在混杂模式下的网卡来实时监视并分析通过网络的数据流。它的分析模块通常使用模式匹配、统计分析等技术来识别攻击行为。一旦检测到攻击行为,NIDS的响应模块就做出适当的响应,比如报警、切断相关用户的网络连接等。不同入侵检测系统在实现时采用的响应方式也可能不同,但通常都包括通知管理员、切断连接、记录相关的信息以提供必要的法律依据等。

- 基于主机型和网络型集成的入侵检测系统

许多机构的网络安全解决方案都同时采用了基于主机型和网络型的两种入侵检测系统,因为这两种系统在很大程度上是互补的。在防火墙之外的检测器检测来自外部Internet的攻击。DNS、E-mail和Web服务器经常是被攻击的目标,但是它们又必须与外部网络交互,不可能对其进行全部屏蔽,所以应当在各个服务器上安装基于主机型的入侵检测系统,其检测结果也要向分析员控制台报告。因此,即便是小规模的网络结构也常常需要基于主机型和网络型的两种入侵检测能力。

4. VPN技术

VPN技术就是在这种形势下应运而生的,它使企业能够在公共网络上创建自己的专用网络。于是,企业网络想连接到哪里都可以,保密性、安全性、可管理性的问题也容易解决了,还可以降低网络的使用成本。

(1)VPN技术概念

VPN(虚拟专用网)不是真正的专用网络,但却能够实现专用网络的功能。虚拟专用网指的是依靠ISP(Internet服务提供商)和其他NSP(网络服务提供商),在公共网络中建立专用的数据通信网络的技术。它形成一种将Internet作为计算机网络主干的网络模式,通过公众IP网络建立了私有数据传输通道,将远程的分支办公室、商业伙伴、移动办公人员、业务伙伴等连接起来,减轻了企业的远程访问费用负担,节省电话费用开支。

VPN是采用隧道技术以及加密、身份认证等方法,在公共网络上构建企业网络的技

术。也就是说它主要有两方面的内容，一是“隧道”技术，二是安全问题。所谓“隧道”，也就是“封装”，是把一个数据包封装在其他数据包中的过程。所谓安全问题，主要是指用户认证和数据的保密传输。用户认证可以通过帐户和口令验证、远程验证用户拨入服务或者其他身份验证方法来进行。IETF(Internet 工程任务组织)的 IP 安全协议标准(IPSec)解决了安全性的保密传输问题，它把多种安全技术集合到一起，建立一个安全、可靠的隧道。这些技术包括密钥交换技术、数据加密技术、数据签名技术等。

VPN 的工作流程如下：

①主机发送信息到连接骨干网络的 VPN 设备，VPN 设备根据网管设置的规则，确定是否需要对数据进行加密或让数据直接通过，对需要加密的数据，VPN 设备对整个数据包进行加密和附上数字签名。

②VPN 设备加上新的数据报头，其中包括目的地 VPN 设备需要的安全信息和一些初始化参数。

③VPN 设备对加密后的数据、鉴别包以及源 IP 地址、目标 VPN 设备 IP 地址进行重新封装，重新封装后的数据包通过虚拟通道在公网上传输，当数据包到达目标 VPN 设备时，数据包被解封装，数字签名被核对无误后，数据包被解密。

(2)VPN 的优点

增强的安全性：虚拟专用网采用安全隧道技术向用户提供无缝的和安全的端到端连接服务，确保信息资源的安全。

降低成本：企业无须租用长途专线建设专网，也无须投入大量的网络维护人员和设备资金。利用现有的公用网组建的企业 Intranet，要比租用专线或铺设专线节省开支，而且距离越远，节省的越多。

方便的扩充性：网络路由设备配置简单，无须增加太多的设备。

完全控制主动权：借助 VPN，企业既可以利用 ISP 的设施和服务，同时又完全掌握自己网络的控制权。比如，企业可以把拨号访问交给 ISP 去做，由自己负责用户的查验、访问权、网络地址、安全性和网络变化管理等重要工作。

可随意与合作伙伴联网：在过去，企业如果想与合作伙伴联网，双方的信息技术部门就必须协商如何在双方建立租用线路或帧中继线路。有了 VPN 之后，这种协商也毫无必要，真正达到了要连就连，要断就断，实现灵活自如的扩展和延伸。

(3)隧道技术

隧道技术是 VPN 的基本技术，它是一种通过使用公用网络的基础设施在网络之间传递数据的方式，使用隧道传递的数据(负载)可以是不同协议的数据帧或包。隧道协议将这些其他协议的数据帧或包重新封装在新的报头中发送。新的报头提供路由信息，从而使封装的负载数据能够通过公共网络传递，被封装的数据包在公共网络上传递时所经过的逻辑路径称为隧道。一旦到达网络终点，数据将被解包并转发到目的地。隧道技术包括数据封装、传输和解包，是 VPN 技术的核心，如图 8-12 所示。

(4)VPN 解决方案

VPN 有三种解决方案，分别是远程访问虚拟专用网(AccessVPN)、企业内部虚拟专用网(IntranetVPN)和企业扩展虚拟专用网(ExtranetVPN)。这三种类型的 VPN 分别

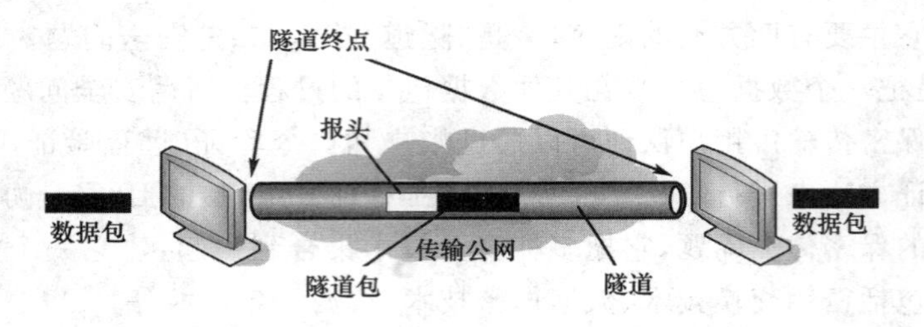

图 8-12　隧道技术

与传统的远程访问网络、企业内部的 Intranet 以及由企业网和相关合作伙伴的企业网所构成的 Extranet 相对应。

①AccessVPN

如果企业的内部人员有移动或有远程办公需要，或者商家要提供 B2C 的安全访问服务，就可以考虑使用 AccessVPN。AccessVPN 通过一个拥有与专用网络相同策略的共享基础设施，提供对企业内部网或外部网的远程访问。AccessVPN 能使用户随时随地以其所需的方式访问企业资源。AccessVPN 包括模拟、拨号、ISDN、数字用户线路(xDSL)、移动 IP 和电缆技术，能够安全地连接移动用户、远程工作者或分支机构。如图 8-13 所示。

图 8-13　AccessVPN(远程访问虚拟专用网)

②IntranetVPN

如果要进行企业内部各分支机构的互联，使用 IntranetVPN 是很好的方式。越来越多的企业在分公司增多、业务开展越来越广泛时，网络结构趋于复杂且费用昂贵。利用 VPN 特性可以在 Internet 上组建世界范围内的 IntranetVPN。利用 Internet 的线路保证网络的互联性，而利用隧道、加密等 VPN 特性可以保证信息在整个 IntranetVPN 上安全传输。企业拥有与专用网络的相同政策，包括安全、服务质量(QoS)、可管理性和可靠性。它的特点是容易建立连接，连接速度快，最大特点是它为各分支机构提供了整个网络的访问权限。IntranetVPN 通过一个使用专用连接的共享基础设施，连接企业总部、远程办事处和各分支机构。如图 8-14 所示。

③ExtranetVPN

如果是提供 B2B 的安全访问服务，则可以考虑 ExtranetVPN。即在供应商、商业合作伙伴的 LAN 和公司的 LAN 之间的 VPN。随着信息时代的到来，企业越来越重视各种信息的处理。Internet 为这一发展趋势提供了良好的基础，而如何利用 Internet 进行有效的信息管理，是企业发展中不可回避的一个关键问题。利用 VPN 技术可以组建安

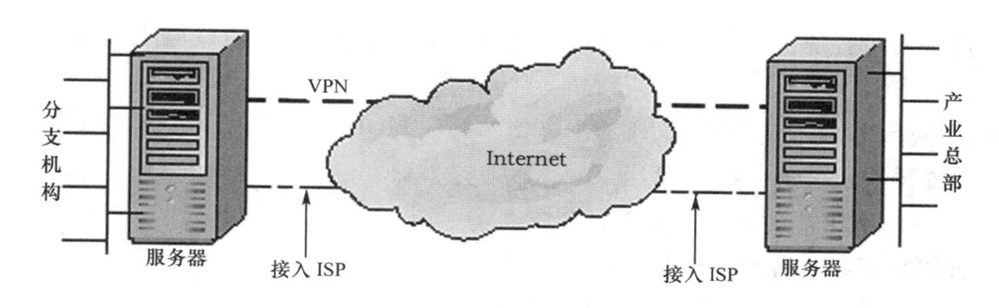

图 8-14　InternetVPN(企业内部虚拟专用网)

全的 Extranet,既可以向客户、合作伙伴提供有效的信息服务,又可以保证自身内部网络的安全。如图 8-15 所示。

由于不同公司网络环境的差异性,该产品必须能兼容不同的操作平台和协议。由于用户的多样性,公司的网络管理员还应该设置特定的访问控制表(Access Control List, ACL),根据访问者的身份、网络地址等参数来确定它相应的访问权限,开放部分资源而非全部资源给外网的用户。

图 8-15　ExtranetVPN(企业扩展虚拟专用网)

练习题

一、选择题

1. 网络管理的功能有(　　)。

A. 计费管理　　B. 病毒管理　　C. 用户管理　　D. 站点管理

2. 下列选项中是网络管理协议的是(　　)。

A. DES　　B. UNIX　　C. SNMP　　D. DNS

3. 公钥加密体制中,没有公开的是(　　)。

A. 明文　　B. 密文　　C. 公钥　　D. 私钥

4. SNMP 由网络管理站和(　　)组成。

A. 服务器软件　　B. 客户机软件　　C. 服务器　　D. 代理节点

5. 为了保障网络安全,防止外部网对内部网的侵犯,多在内部网与外部网之间设置(　　)。

A. 密码认证　　B. 时间戳　　C. 防火墙　　D. 数字签名

6. 简单网络管理协议(SNMP)是(　　)协议集中的一部分,用以监视和检修网络运行情况。

A. IPX/SPX　　B. TCP　　C. UDP　　D. TCP/IP

7. 下面描述正确的是(　　)。

A. 公钥加密比常规加密更具有安全性

B. 公钥加密是一种通用机制

C. 公钥加密比常规加密先进,必须用公钥加密替代常规加密

D. 公钥加密的算法和公钥都是公开的

二、简答题

1. 网络管理涉及哪些基本功能?

2. 网络管理的主要目的是什么?

3. 简述 SNMP 的工作原理。

4. 公钥和私钥有哪些特性?

5. 什么是计算机网络安全? 网络安全的内容包括哪些?

6. 简述网络加密的类型。

7. 什么是防火墙技术? 防火墙具备哪些功能? 常见的防火墙类型有哪些?

8. 什么是入侵检测技术? 入侵检测具备哪些功能?

9. 简述入侵检测的方法。

10. 什么是 VPN 技术? 什么是隧道技术?

11. 简述隧道技术的实现过程。

第9章 移动互联网技术

本章概要

移动互联网是移动通信和互联网融合的产物，继承了移动通信随时、随地、随身和互联网分享、开放、互动的优势。本章主要介绍了移动互联网的概念、体系架构、移动终端及操作系统以及移动互联网的相关技术。

训教重点

- 移动互联网的概念、特点
- 移动互联网的体系结构
- 移动终端及常见操作系统
- 常见移动接入技术及移动 IP 原理

能力目标

- 掌握移动互联网的概念、体系结构
- 熟悉常见移动终端及 iOS、安卓操作系统的结构
- 熟悉移动接入技术
- 掌握移动 IPv4、IPv6 的工作原理

9.1 移动互联网概述

9.1.1 移动互联网概念

尽管移动互联网是目前 IT 领域热门的概念之一，但业界并没有就其定义达成共识。这里介绍几种有代表性的定义：

百度百科的定义：移动互联网（Mobile Internet，MI）是一种通过智能移动终端，采用移动无线通信方式获取业务和服务的新兴业态，包含终端、软件和应用三个层面。终端层包括智能手机、平板电脑、电子书等；软件层包括操作系统、中间件、数据库和安全软件等；

应用层包括休闲娱乐类、工具媒体类、商务财经类等不同应用和服务。

维基百科的定义：移动互联网是指使用移动无线 Modem 或者整合在手机或独立设备（如 USB Modem、PCMCIA 卡等）上的无线 Modem 接入互联网。

独立电信研究机构 WAP 论坛的定义：移动互联网是指用户能够通过手机、PDA 或其他手持终端通过各种无线网络进行数据交换。

中兴通讯公司对移动互联网从狭义和广义两个角度来加以定义。狭义：移动互联网是指用户能够通过手机、PDA 或其他手持终端，通过无线通信网络接入互联网。广义：指用户能够通过手机、PDA 或其他手持终端以无线的方式通过各种网络（WLAN、BWLL、GSM、CDMA 等）接入互联网。

中国工业和信息化部电信研究院在 2011 年的《移动互联网白皮书》中的定义是：移动互联网是以移动网络作为接入网络的互联网及服务，包括 3 个要素，移动终端；移动通信网络接入，包括 2G、3G、4G 等；公众互联网服务，包括 WEB、WAP 方式。

综合上述观点，我们提出一个参考性定义：移动互联网是指以各种类型的移动终端作为接入设备，使用各种移动网络作为接入网络，从而实现包括传统移动通信、传统互联网及其各种融合创新服务的新型业务模式。

9.1.2 移动互联网的特点

与传统的桌面互联网相比较，移动互联网具有几个鲜明的特性：

1. 移动性

移动互联网的基础网络是一张立体的网络，GPRS、EDGE、3G、4G 和 WLAN 或 Wi-Fi 构成的无缝覆盖，使得移动终端具有通过上述任何形式方便联通网络的特性。

2. 便携性

移动互联网的基本载体是移动终端。这些移动终端不仅仅包括智能手机、平板电脑，还包括智能眼镜、手表、服装、饰品等各类随身物品。它们属于人体穿戴的一部分，随时随地都可使用。

3. 即时性

由于互联网具有便捷性和便利性，人们可以充分利用生活中、工作中的碎片化时间来接收和处理各类信息，而不再担心会错过任何重要信息和时效信息。

4. 定向性

基于 LBS（Location Based Services，定位服务）的位置服务，互联网不仅能够定位移动终端所在的位置，还可以根据移动终端的趋向性，确定下一步可能去往的位置，使得相关服务具有可靠的定位性和定向性。

5. 精准性

无论是什么样的移动终端，其个性化程度都相当高。尤其是智能手机，每一个电话号码都精确地指向了一个明确的个体，使得移动互联网能够针对不同的个体，提供更为精准的个性化服务。

6. 感触性

这一点不仅仅体现在移动终端屏幕的感触层面，更重要的是体现在照相、摄像、二维

码扫描，以及重力感应、磁场感应、移动感应、温度和湿度感应，甚至人体心电感应、血压感应、脉搏感应等无所不及的感触功能。

7. 私密性

不同于传统互联网，用户在手机中存有大量的私人信息，手机用户对私人社交中使用频率和私密性的要求更高。在使用移动互联网业务时，所使用的业务内容和服务更私密，如手机支付业务、微信应用等。

8. 网络的局限性

移动互联网业务在便携的同时，也受到了来自网络能力和终端能力的限制：在网络能力方面，受到无线网络传输环境、技术能力等因素限制；在终端能力方面，受到终端大小、处理能力、电池容量等的限制。

以上这些特性，构成了移动互联网与桌面互联网完全不同的用户体验生态。移动互联网已经渗入人们生活、工作、娱乐的方方面面。

9.1.3　移动互联网发展趋势

移动互联网的发展趋势包含以下几个方面：

1. 移动互联网超越 PC 互联网

有线互联网是互联网的早期形态，移动互联网（无线互联网）是互联网的未来。PC 只是互联网的终端之一，智能手机、平板电脑、电子阅读器（电子书）已经成为重要终端，电视机、车载设备正在成为终端，冰箱、微波炉、油烟机、照相机，甚至眼镜、手表等穿戴之物，都可能成为泛终端。

2. 移动互联网和传统行业融合，催生新的应用模式

在移动互联网、云计算、物联网等新技术的推动下，传统行业与互联网的融合正呈现出新的特点，平台和模式都发生了改变。这一方面可以作为业务推广的一种手段，如食品、餐饮、娱乐、航空、汽车、金融、家电等传统行业的 APP 和企业推广平台，另一方面也重构了移动端的业务模式，如医疗、教育、旅游、交通、传媒等领域的业务改造。

3. 更加重视不同终端的用户体验

终端的支持是业务推广的生命线，随着移动互联网业务逐渐升温，移动终端解决方案也不断增多。2011 年，主流的智能手机屏幕是 3.5～4.3 英寸，2012 年发展到 4.7～5.0 英寸，而平板电脑却以 mini 型为时髦。但是，不同屏幕大小的移动终端，其用户体验是不一样的，适应小屏幕的智能手机的网页应该轻便、轻质化，它承载的广告也必须适应这一要求。而目前，大量互联网业务迁移到移动终端上，为适应平板电脑、智能手机及不同操作系统，开发了不同的 APP，HTML5 的自适应较好地解决了阅读体验问题。

4. 移动互联网商业模式多样化

成功的业务，需要成功的商业模式来支持。移动互联网业务的新特点为商业模式创新提供了空间。随着移动互联网发展进入快车道，网络、终端、用户等方面已经打好了坚实的基础，不盈利的情况已开始改变，移动互联网已融入主流生活与商业社会，货币化浪潮即将到来。移动游戏、移动广告、移动电子商务、移动视频等业务模式流量变现能力快速提升。

5.跨平台互联互通

目前形成的iOS、Android、Windows Phone三大系统各自独立，相对封闭、割裂，应用服务开发者需要进行多个平台的适配开发。不同品牌的智能手机，甚至不同品牌、类型的移动终端都能互联互通，是用户的期待，也是发展趋势。移动互联网时代是融合的时代，是设备与服务融合的时代，是产业间互相进入的时代，在这个时代，移动互联网业务参与主体的多样性是一个显著的特征。技术的发展降低了产业间以及产业链各个环节之间的技术和资金门槛，推动了传统电信业向电信、互联网、媒体、娱乐等产业融合的大ICT产业的演进，原有的产业运作模式和竞争结构在新的形势下已经显得不合时宜。在产业融合和演进的过程中，不同产业原有的运作机制和资源配置方式都在改变，产生了更多新的市场空间和发展机遇。

6.大数据挖掘促成精准营销

随着移动宽带技术的迅速提升，更多的传感设备、移动终端随时随地接入网络，加之云计算、物联网等技术的带动，中国移动互联网也逐渐步入"大数据"时代。目前的移动互联网领域，仍然是以位置的精准营销为主，但未来随着大数据相关技术的发展，人们对数据挖掘的不断深入，针对用户个性化定制的应用服务和营销方式将成为发展趋势。

9.1.4 移动互联网的体系架构

下面从业务体系和技术体系两方面介绍移动互联网的架构。

1.移动互联网的业务体系

(1)固定互联网的业务向移动终端复制，从而实现移动互联网与固定互联网相似的业务体验，这是移动互联网业务的基础。

(2)移动通信业务的互联网化。

(3)结合移动通信与互联网功能而进行的有别于固定互联网的业务创新，是移动互联网业务的发展方向，移动互联网业务创新的关键是如何将移动通信的网络能力与互联网的网络与应用能力进行聚合，从而创新出适合移动互联网的互联网业务。

移动互联网业务体系结构，如图9-1所示。

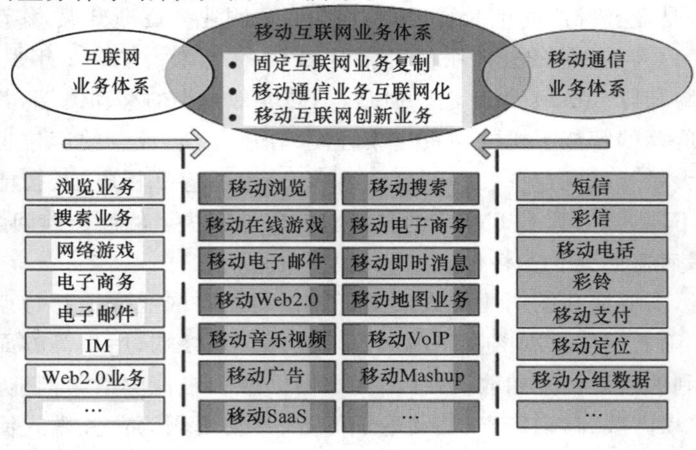

图9-1 移动互联网业务体系结构

2. 移动互联网的技术体系

移动互联网主要涵盖六个技术领域：

(1)移动互联网关键应用服务平台技术。

(2)面向移动互联网的网络平台技术。

(3)智能移动终端软件平台技术。

(4)智能移动终端硬件平台技术。

(5)智能移动终端原材料元器件技术。

(6)移动互联网安全控制技术。

移动互联网技术体系结构如图9-2所示。

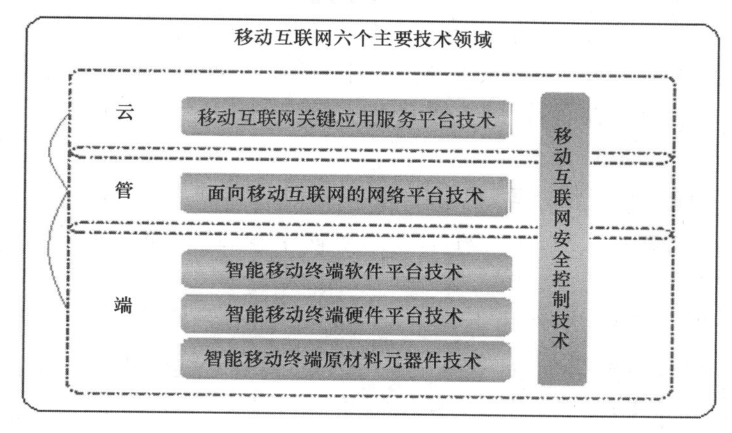

图9-2 移动互联网技术体系结构

9.2 移动终端操作系统

移动终端操作系统是管理移动智能终端硬件与软件资源的程序，向下适配硬件系统、发挥终端硬件性能，向上支撑应用软件功能、影响用户的使用体验，起到了承上启下的关键作用。移动终端操作系统的典型应用是在智能手机上。智能手机操作系统是一种运算能力及功能比传统手机操作系统更强的操作系统。因为可以像个人电脑一样安装第三方软件，所以智能手机有丰富的功能，具有独立的操作系统和良好的用户界面，拥有很强的应用扩展性，能方便、随意地安装和删除应用程序。同时具备信息管理和基于无线数据通信的网络功能。

目前应用在移动终端的操作系统主要有Android、iOS、Windows Phone、BlackBerry OS、Windows Mobile等，它们之间的应用软件互不兼容。下面，我们介绍目前主流的两个移动终端操作系统。

9.2.1 iOS操作系统

iOS是由苹果公司开发的手持设备操作系统。苹果公司最早于2007年1月的Macworld大会上公布这个系统，最初是设计给iPhone使用的，后来陆续套用到iPod Touch、iPad以及Apple TV等产品上。iOS与苹果的Mac OS X操作系统一样，属于类

UNIX 的商业操作系统。

1. iOS 的特点

(1)界面优雅直观。iOS 创新的 Multi-Touch 界面专为手指而设计。

(2)软、硬件搭配组合优化。Apple 同时制造的 iPad、iPhone 和 iPod Touch 的硬件和操作系统都可以匹配,高度整合使 App (应用)得以充分利用 Retina(视网膜)屏幕的显示技术、Multi-Touch (多点式触控屏幕技术)界面、加速感应器、三轴陀螺仪、加速图形功能以及更多硬件功能。Face Time (视频通话软件)就是一个典范,它使用前后两个摄像头、显示屏、麦克风和 WLAN 连接,使得 iOS 是优化程度最好、最快的移动操作系统。

(3)设计安全可靠。设计了低层级的硬件和固件功能,用以防止恶意软件和病毒;还设计了高层级的 OS 功能,有助于在访问个人信息和企业数据时确保安全性。

(4)支持多种语言。iOS 设备支持 30 多种语言,可以在各种语言之间切换。内置词典支持 50 多种语言,VoiceOver(语音辅助程序)可阅读超过 35 种语言的屏幕内容,语音控制功能可阅读 20 多种语言。

(5)新 UI 的优点是视觉轻盈,色彩丰富,更显时尚气息。Control Center 的引入让操控更为简便,扁平化的设计能在某种程度上减轻跨平台的应用设计压力。

2. iOS 系统结构

iOS 系统可分为四级结构,由上至下分别为可触摸层(Cocoa Touch Layer)、媒体层(Media Layer)、核心服务层(Core Services Layer)、核心系统层(Core OS Layer),每个层级提供不同的服务。低层级结构提供基础服务,如文件系统、内存管理、I/O 操作等。高层级结构建立在低层级结构之上,提供具体服务,如 UI 控件、文件访问等。iOS 系统结构如图 9-3 所示。

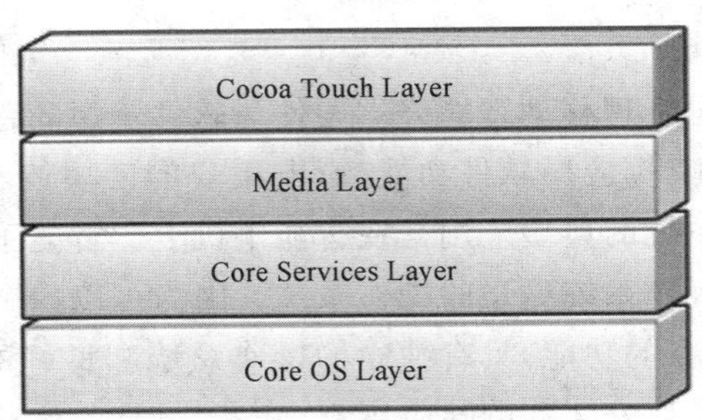

图 9-3　iOS 系统结构

(1)可触摸层(Cocoa Touch Layer)

可触摸层为应用程序开发提供了各种有用的框架,并且大部分与用户界面有关,从本质上来说它负责用户在 iOS 设备上的触摸交互操作,如 Notification Center 的本地通知和远程推送服务、iAd 广告框架、地图框架、界面控件、事件管理等,主要包含以下框架:

UIKit(界面相关)

EventKit(日历事件提醒等)

Notification Center(通知中心)

MapKit(地图显示)

Address Book(联系人)

iAd(广告)

Message UI(邮件与 SMS 显示)

PushKit(iOS8 新 push 机制)

(2)媒体层(Media Layer)

通过媒体层可以在应用程序中使用各种媒体文件,进行音频与视频的录制,进行图形的绘制以及制作基础的动画效果。媒体层主要包含以下框架:

图像引擎(Core Graphics、Core Image、Core Animation、OpenGL ES)

音频引擎(Core Audio、AV Foundation、OpenAL)

视频引擎(AV Foundation、Core Media)

(3)核心服务层(Core Services Layer)

可以通过核心服务层来访问 iOS 的一些服务。核心服务层为程序提供基础的系统服务,例如网络访问、浏览器引擎、定位、文件访问、数据库访问等,这些服务中核心的是 Core Foundation 和 Foundation 框架,定义了所有应用使用的数据类型。Core Foundation 是基于 C 的一组接口,Foundation 是对 CoreFoundation 的 OC 封装。主要包含以下框架:

CFNetwork(网络访问)

Core Data(数据存储)

Core Location(定位功能)

Core Motion(重力加速度,陀螺仪)

Foundation(基础功能,如 NSString)

WebKit(浏览器引擎)

JavaScript(JavaScript 引擎)

(4)核心系统层(Core OS Layer)

可以通过核心系统层来访问 iOS 的一些服务。核心系统层为上层结构提供基础的服务,如操作系统内核服务、本地认证、安全、加速等。包含大多数低级别接近硬件的功能,它所包含的框架常常被其他框架所使用。Accelerate 框架包含数字信号、线性代数、图像处理的接口。针对所有的 iOS 设备硬件之间的差异做优化,保证写一次代码可在所有 iOS 设备上高效运行。Security 框架提供管理证书,公钥和私钥信任策略、keychain、hash 认证数字签名等与安全相关的解决方案。

主要包括的框架有:

OS X Kernel 操作系统内核服务(BSD sockets、I/O 访问、内存申请、文件系统、数学计算等)

Certificates(本地认证)指纹识别验证等

Security(安全)提供管理证书、公钥、密钥等的接口

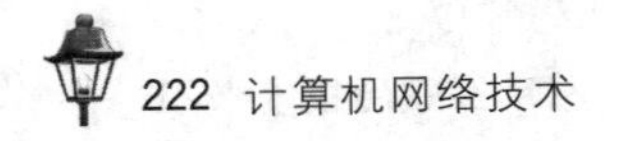

Accelerate(加速)执行数学、大数字以及DSP运算，这些接口与iOS设备硬件相匹配

3. SDK

SDK，英文全称为Software Development Kit，中文意思是软件开发工具。2007年10月17日，史蒂夫·乔布斯在一封张贴于苹果公司网页上的公开信上宣布软件开发工具包，它将在2008年2月提供给第三方开发商。软件开发工具包于2008年3月6日发布，并允许开发人员开发iPhone和iPod Touch的应用程序，并对其进行测试，名为“iPhone手机模拟器”。

SDK，通常都包含API函数库、帮助文档、使用手册、辅助工具等资源。事实上是开发所需资源的一个集合。该SDK需要拥有英特尔处理器且运行Mac OS X Leopard系统的Mac才能使用。其他的操作系统，包括微软的Windows操作系统和旧版本的Mac OS X都不支持。SDK本身是可以免费下载的，但为了发布软件，开发人员必须加入iPhone开发者计划，其中有一步需要付款以获得苹果的批准。加入之后，开发人员将会得到一个牌照，他们可以用这个牌照将编写的软件发布到苹果的App Store。

自从Xcode 3.1发布以后，Xcode就成了iPhone软件开发工具包的开发环境。由于iOS是由Mac OS X演变而来，因此开发工具也是基于Xcode。

要注意的是API和SDK是一种使用比较广泛的专业术语，并没有专指某一种特定的API和SDK。

API是包含在SDK之中的，英文全称为Application Programming Interface，中文意思是应用程序编程接口，其实就是操作系统留给应用程序的一个调用接口，应用程序通过调用操作系统的API而使操作系统去执行应用程序的命令(动作)。简单地说，就是各种规则，用来管理应用程序之间的沟通。

4. 界面

iOS的用户界面能够使用多点触控直接操作。控制方法包括滑动、轻触开关及按键。与系统交互包括滑动(Wiping)、轻按(Tapping)、挤压(Pinching)及旋转(Reverse Pinching)。此外，通过其内置的加速器，可以令设备改变其y轴以改变屏幕方向，这样的设计令iPhone更便于使用。屏幕的下方有一个主屏幕按键，底部则是Dock，有四个用户最经常使用的程序的图标被固定在Dock上。屏幕上方有一个状态栏能显示一些有关数据，如时间、电池电量和信号强度等。其余的屏幕用于显示当前的应用程序。启动iPhone应用程序的唯一方法就是在当前屏幕上点击该程序的图标，退出程序则是按下屏幕下方的Home键(iPad可使用五指捏合手势回到主屏幕)。在第三方软件退出后，它直接就被关闭了，但在iOS及后续版本中，当第三方软件收到新的信息时，Apple的服务器将把这些通知推送至iPhone、iPad或iPod Touch上(不管它是否正在运行中)，在iOS 5中，通知中心将这些通知汇总在一起，iOS 6提供了“请勿打扰”模式来隐藏通知。在iPhone上，许多应用程序之间无法直接调用对方的资源。然而，不同的应用程序仍能通过特定方式分享同一个信息(如当你收到了一条包括电话号码的短信息时，你可以选择是

将这个电话号码存为联络人或是直接选择给这个号码打一通电话)。

5.控件

iPhone 的 iOS 系统的开发需要用到控件。开发者在 iOS 平台会遇到界面和交互如何展现的问题,控件解决了这个问题,使得 iPhone 的用户界面相对于老式手机,更加灵活,便于用户使用。下面介绍 iPhone 常用的控件:

(1)iOS 窗口

UIWindow,iPhone 的规则是一个窗口、多个视图,窗口是在 APP 上显示出来的能看到的最底层,它是固定不变的。

(2)iOS 视图

UIView,是用户构建界面的基础,所有的控件都是在这个页面上画出来的,可以把它当成是一个画布,可以通过 UIView 增加控件,并利用控件和用户进行交互和传递数据。

窗口和视图是基本的类,创建任何类型的用户界面都要用到。窗口表示屏幕上的一个几何区域,而视图类则用其自身的功能画出不同的控件,如导航栏、按钮都是附着在视图类之上的,而一个视图则链接到一个窗口。

(3)iOS 视图控制器

UIViewController,可以在 UIViewController 中控制要显示的是哪个具体的 UIView,从而实现对视图进行管理和控制。另外,视图控制器还增添了额外的功能,比如内建的旋转屏幕、转场动画以及对触摸等事件的支持。

(4)iOSUIKit

①显示数据的视图

UITextView:将文本段落呈现给用户,并允许用户使用键盘输入自己的文本。

UILabel:实现短的只读文本,可以通过设置视图属性为标签选择颜色、字体和字号等。

UIImageView:可以通过 UIImage 加载图片赋给 UIImageView,加载后可以指定显示的位置和大小。

UIWebView:可以显示 HTML、PDF 等其他高级的 Web 内容。包括 Excel、Word 等文档。

MKMapView:可以通过 MKMapView 应用嵌入地图。很热门的 LBS 应用就是基于这个来做的。还可以结合 MKAnnotationView 和 MKPinAnnotationView 来自定义注释信息、注释地图。

UIScrollView:一般用来呈现比正常的程序窗口大的一些内容。可以通过水平和竖直滚动来查看全部内容,并且支持缩放功能。

②做出选择的视图

UIAlertView:通过警告视图让用户选择信息或者向用户显示文本。

UIActionSheet:类似 UIAlertView,但当选项比较多的时候可以操作表单,它提供从屏幕底部向上滚动的菜单。

③其他

UIButton:主要是平常触摸的按钮,触发时可以调用想要执行的方法。

UISegmentControl:选择按钮,可以设置多个选项,通过触发相应的选项调用不同的方法。

UISwitch:开关按钮,可以选择开或者关。

UISlider:滑动按钮,常用于控制音量等。

UITextField:显示文本段,显示所给的文本。

UITableView:表格视图,可以定义用户要的表格视图,表格头和表格行都可以自定义。

UIPickerView:选择条,一般用于选择日期。

UISearchBar:搜索条,一般用于功能查找。

UIToolBar:工具栏,一般用于主页面的框架。

UIActivityIndicatorView:活动指示器,显示一个标准的旋转进度轮。

UIProgressView:进度条,一般用于显示下载的进度条。

随着 iPhone 的流行、发展,iPhone 原生的界面控件无法满足产品日益增长的功能需要。iPhone 鼓励用户创新,因此出现了更多的 iPhone 控件,使得开发者可以将现有的技术应用在 iPhone 平台,并创建完美的桌面、Web 和移动应用程序。

9.2.2 Android 操作系统

Android 是基于 Linux 内核的操作系统,是 Google 公司在 2007 年 11 月 5 日发布的手机操作系统,早期由 Google 开发,后由开放手持设备联盟(Open Handset Alliance)开发。它采用了软件堆层(Software Stack)的架构,底层 Linux 内核只提供基本功能,其他的应用软件则由各公司自行开发,部分程序用 Java 编写。

Android 系统不但应用于智能手机,也在平板电脑市场急速扩张。

1. 系统架构

Android 系统架构分为四层,从高到低分别是应用程序层、应用程序框架层、系统运行库层和 Linux 内核层,如图 9-4 所示。

(1)应用程序层

Android 会同一系列核心应用程序包一起发布,该应用程序包包括 E-mail 客户端、SMS 短消息程序、日历、地图、浏览器、联系人管理程序等。所有的应用程序都是使用 Java 编写的。

(2)应用程序框架层

开发人员也可以完全访问核心应用程序所使用的 API 框架。该应用程序的架构设计简化了组件的重用;任何一个应用程序都可以发布它的功能块并且任何其他的应用程

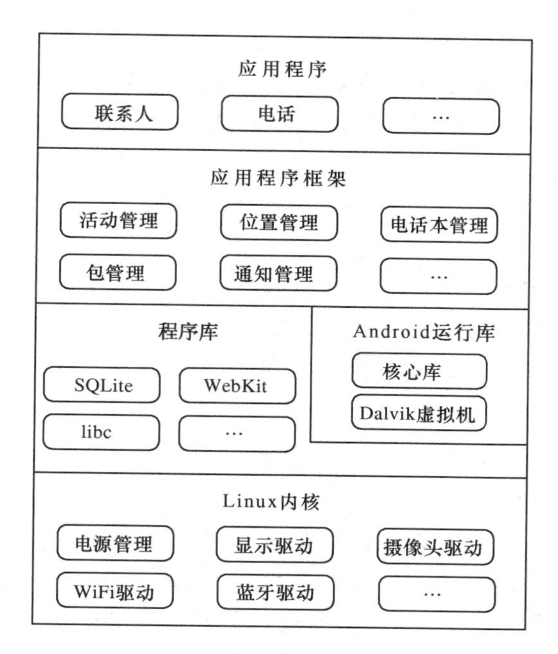

图 9-4 Android 系统架构

序都可以使用其所发布的功能块(不过得遵循框架的安全性限制)。同样,该应用程序重用机制也使用户可以方便地替换程序组件。

(3)系统运行库层

程序库:Android 包含一些C/C++库,这些库能被 Android 系统中不同的组件使用。它们通过 Android 应用程序框架为开发者提供服务。

Android 运行库:Android 包括了一个核心库,该核心库提供了 Java 编程语言核心库的大多数功能。每一个 Android 应用程序都在它自己的进程中运行,都拥有一个独立的 Dalvik 虚拟机实例。

(4)Linux 内核层

Android 的核心系统服务依赖于 Linux 2.6 内核,如安全性、内存管理、进程管理、网络协议栈和驱动模型。Linux 内核也同时作为硬件和软件栈的抽象层。

2. 应用组件

Android 开发四大组件分别是:活动(Activity),用于表现功能;服务(Service),用于后台运行服务,不提供界面呈现;广播接收器(Broadcast Receiver),用于接收广播;内容提供商(Content Provider),支持在多个应用中存储和读取数据,相当于数据库。

(1)活动

Android 中,Activity 是所有程序的根本,所有程序的流程都运行在 Activity 之中,Activity 可以算是开发者遇到的最频繁,也是 Android 中最基本的模块。在 Android 程序中,Activity 一般代表手机屏幕的一屏。如果把手机比作一个浏览器,那么 Activity 就相当于一个网页。在 Activity 中,可以添加一些 Button、Check Box 等控件。可以看到

Activity 的概念和网页的概念类似。

一般一个 Android 应用是由多个 Activity 组成的。多个 Activity 之间可以进行相互跳转,例如,按下一个 Button 按钮后,可能会跳转到其他的 Activity。和网页跳转稍微有些不一样的是,Activity 之间的跳转可能有返回值,例如,从 Activity A 跳转到 Activity B,那么当 Activity B 运行结束的时候,有可能会给 Activity A 一个返回值。这样做在很多时候是相当方便的。

当打开一个新的屏幕时,之前一个屏幕会被置为暂停状态,并且压入历史堆栈中。用户可以通过退回操作返回到以前打开过的屏幕。可以选择性地移除一些没有必要保留的屏幕,因为 Android 会把每个应用的开始到当前的每个屏幕保存在堆栈中。

(2)服务

Service 是 Android 系统中的一种组件,它跟 Activity 的级别差不多,但是它不能自己运行,只能后台运行,并且可以和其他组件进行交互。Service 是一种程序,它可以运行很长时间,但是它却没有用户界面。例如,打开一个音乐播放器的程序,这个时候若想上网了,就打开 Android 浏览器,虽然这个时候已经进入了浏览器程序,但是歌曲播放并没有停止,而是在后台继续一首接着一首地播放。其实这个播放就是由播放音乐的 Service 进行控制的。当然这个播放音乐的 Service 也可以停止,例如,当播放列表里边的歌曲都结束,或者用户按下了停止音乐播放的快捷键等。Service 可以在很多场合的应用中使用,比如播放多媒体的时候用户启动了其他 Activity,这个时候程序要在后台继续播放,比如检测 SD 卡上文件的变化,再或者在后台记录地理信息位置的改变等。

(3)广播接收器

在 Android 中,Broadcast 是一种广泛运用在应用程序之间传输信息的机制。而 Broadcast Receiver 是对发送出来的 Broadcast 进行过滤接收并响应的一类组件。可以使用 Broadcast Receiver 来让应用对一个外部的事件做出响应。这是非常有意思的,例如,当电话呼入这个外部事件到来的时候,可以利用 Broadcast Receiver 进行处理。例如,当下载一个程序成功完成的时候,仍然可以利用 Broadcast Receiver 进行处理。Broadcast Receiver 不能生成 UI,也就是说对于用户来说是不透明的,用户是看不到的。Broadcast Receiver 通过 Notification Manager 来通知用户这些事情发生了。Broadcast Receiver 既可以在 AndroidManifest. xml 中注册,也可以在运行时的代码中使用 Context. register Receiver()进行注册。只要注册了,当事件来临的时候,即使程序没有启动,系统也在需要的时候启动程序。各种应用还可以通过使用 Context. sendBroadcast()将它们自己的 Intent Broadcasts 广播给其他应用程序。

(4)内容提供商

Content Provider 是 Android 提供的第三方应用数据的访问方案。在 Android 中,对数据的保护是很严密的,除了放在 SD 卡中的数据,一个应用所持有的数据库、文件等内容,都是不允许其他程序直接访问的。Android 当然不会真的把每个应用都做成一座孤岛,它为所有应用都准备了一扇窗,这就是 Content Provider。应用想对外提供的数据,可以通过派生 Content Provider 类,封装成一枚 Content Provider,每个 Content Provider

都用一个 uri 作为独立的标识，形如：content：//com. xxxxx。所有东西看着像 REST 的样子，但实际上，它比 REST 更为灵活。和 REST 类似，uri 也有两种类型，一种是带 id 的，另一种是列表的，但实现者不需要按照这个模式来做，给 id 的 uri 也可以返回列表类型的数据，只要调用者明白，就无妨，不用苛求所谓的 REST。

3. 安卓系统的优势

(1)开放性

在优势方面，Android 平台首先就是其开放性，开放的平台允许任何移动终端厂商加入 Android 联盟中来。显著的开放性可以使其拥有更多的开发者，随着用户和应用的增多，一个崭新的平台也将很快走向成熟。

开放性对于 Android 的发展而言，有利于积累人气，这里的人气包括消费者和厂商，而对于消费者来讲，最大的受益正是丰富的软件资源。开放的平台也会带来更大竞争，如此一来，消费者将可以用更低的价位购得心仪的终端设备。

(2)挣脱运营商的束缚

在过去很长的一段时间，特别是在欧美地区，手机应用往往受到运营商制约，使用什么功能接入什么网络，几乎都受到运营商的控制。Android 的发展打破了运营商对系统平台的控制。Android 是一款基于 Linux 平台的开源操作系统，避开了阻碍市场发展的专利壁垒，是一款完全免费的智能手机平台。采用 Android 系统的终端可以有效地降低产品成本；Android 系统对第三方软件开发商也是完全开放和免费的。

(3)丰富的硬件选择

这一点还是与 Android 平台的开放性相关，由于 Android 的开放性，众多的厂商会推出功能各具特色的多种产品。功能上的差异和特色，却不会影响数据同步、甚至软件的兼容。

(4)不受任何限制的开发商

Android 平台提供给第三方开发商一个十分宽泛、自由的环境，使其不会受到各种条条框框的阻挠，因此有大量新颖别致的软件诞生。但这也有不好的一面，如何控制血腥、暴力、情色方面的程序和游戏是 Android 面临的难题之一。

(5)无缝结合的 Google 应用

从搜索巨人到全面的互联网渗透，Google 服务如地图、邮件、搜索等已经成为连接用户和互联网的重要纽带，而 Android 平台手机将无缝结合这些优秀的 Google 服务。

9.3 移动终端

9.3.1 移动终端的概念和特点

1. 移动终端的概念

移动终端或者叫移动通信终端是指可以在移动中使用的计算机设备，广义上讲包括手机、笔记本、平板电脑、POS 机甚至包括车载电脑等。狭义上讲是指手机或者具有多种

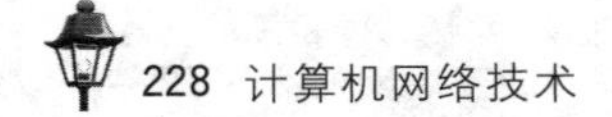

应用功能的智能手机以及平板电脑。一方面，随着网络和技术朝着越来越宽带化的方向发展，移动通信产业将走向真正的移动信息时代。另一方面，随着集成电路技术的飞速发展，移动终端已经拥有了强大的处理能力，移动终端正在从简单的通话工具变为一个综合信息处理平台。这也给移动终端增加了更加广阔的发展空间。

2. 移动终端的特点

(1)在硬件体系上，移动终端具备中央处理器、存储器、输入部件和输出部件，也就是说，移动终端往往是具备通信功能的微型计算机设备。另外，移动终端可以具有多种输入方式，如键盘、鼠标、触摸屏、送话器和摄像头等，并可以根据需要进行输入方式的调整。同时，移动终端往往具有多种输出方式，如受话器、显示屏等，也可以根据需要进行调整。

(2)在软件体系上，移动终端必须具备操作系统，如 Windows Mobile、Android、iOS 等。同时，这些操作系统越来越开放，基于这些开放的操作系统平台开发的个性化应用软件层出不穷，如通信簿、日程表、记事本、计算器以及各类游戏等，极大程度地满足了用户的个性化需求。

(3)在通信能力上，移动终端具有灵活的接入方式和高带宽通信性能，并且能根据所选择的业务和所处的环境，自动调整所选的通信方式，从而方便用户使用。移动终端可以支持 GSM、WCDMA、CDMA2000、TDSCDMA、Wi-Fi 以及 WiMAX 等，从而适应多种制式网络，不仅支持语音业务，更支持多种无线数据业务。

(4)在功能使用上，移动终端更加注重人性化、个性化和多功能化。随着计算机技术的发展，移动终端从“以设备为中心”的模式进入“以人为中心”的模式，集成了嵌入式计算、控制技术、人工智能技术以及生物认证技术等，充分体现了以人为本的宗旨。随着软件技术的发展，移动终端可以根据个人需求调整设置，更加个性化。同时，移动终端本身集成了众多软件和硬件，功能也越来越强大。

9.3.2 智能移动终端的概念和特点

1. 智能移动终端的概念

智能移动终端是指具有操作系统，使用宽带无线移动通信技术实现互联网接入，能够通过下载、安装应用软件和数字内容为用户提供服务的移动终端产品。

2. 智能移动终端的特点

(1)具备高速接入网络的能力，4G/Wi-Fi 等无线接入技术的发展，使无线高速数据传输成为可能，智能移动终端可方便地接入互联网。

(2)具备开放的、可扩展的操作系统平台，这个操作系统平台能够在用户使用过程中灵活地安装和卸载来自第三方的各种应用程序和数字内容，承载更多应用服务，从而使终端的功能得到灵活扩展。

(3)具备较强的处理能力，当前的智能移动终端在硬件上已具有快速的处理速度，可

以实现复杂的处理功能，随着芯片技术的发展，终端处理能力还将持续提升。

(4)拥有丰富的人机交互方式，触摸屏、语音识别、传感输入等交互技术使得终端的操作和应用更加便捷和智能。

9.3.3　典型智能移动终端

1. 智能手机

智能手机是指具有独立的操作系统，可以由用户自行安装软件、游戏、导航等第三方服务商提供的程序，通过此类程序来不断对手机的功能进行扩充，并可以通过移动通信网络来实现无线网络接入的这样一类手机的总称，如图9-5所示。

智能手机具有如下特点：

(1)具备无线接入互联网的能力：即支持GSM网络下的GPRS或者CDMA网络的CDMA1X或3G(WCDMA、CDMA-2000、TD-CDMA)网络、4G(HSPA+、FDD-LTE、TDD-LTE)网络。

(2)具有PDA的功能：包括PIM(个人信息管理)、日程记事、任务安排、多媒体应用、浏览网页等。

(3)具有开放性的操作系统：拥有独立的核心处理器(CPU)和内存，可以根据个人需要安装更多的应用程序，使智能手机的功能得到无限扩展。

图9-5　智能手机

2. 平板电脑

平板电脑(Tablet PC)是一种小型的、方便携带的个人电脑，如图9-6所示。平板电脑带有触摸识别的液晶屏，可以用电磁感应笔或手写输入。平板电脑集移动商务、移动通信和移动娱乐为一体，具有手写识别和无线网络通信功能，被称为上网本的终结者。

就目前的平板电脑来说，最常见的操作系统是Windows操作系统、Android操作系统和iOS操作系统，还有Windows CE操作系统，另外Meego和Moblin两个操作系统作为Intel针对手机和MID市场的主打产品，在未来也很有可能出现在平板电脑平台上，还有被称为云计算必然产物的WebOS。

图 9-6 平板电脑

3. UMPC

UMPC(超级移动电脑)是一种新型便携式笔记本电脑。其实就是一款安装了特殊版 Windows XP Tablet 操作系统的 Tablet PC，但体积要小很多；同时能够扩展功能，包括 GPS 等。现在也有 Linux 系统版本的，比如华硕的易 PC。官方认为只有同时满足“7 英寸或更小的显示屏”“内置触控板”“最小分辨率为 800×480”等多项条件，才能称为 UMPC。

4. PDA 智能终端

PDA(Personal Digital Assistant)又称为掌上电脑，是个人数字助手的意思。顾名思义就是辅助个人工作的数字工具，主要提供记事本、通信录、名片交换及行程安排等功能，可以帮助人们实现在移动中工作、学习、娱乐等。按使用来分类，分为工业级 PDA 和消费品 PDA。工业级 PDA 主要应用在工业领域，常见的有条码扫描器、RFID 读写器、POS 机等。工业级 PDA 内置高性能进口激光扫描引擎、高速 CPU 处理器、WINCE 5.0/Android 操作系统，具备超级防水、防摔及抗压能力。广泛用于鞋服、快消、速递、零售连锁、仓储、移动医疗等多个行业的数据采集，支持 BT/GPRS/3G/Wi-Fi 等无线网络通信，如图 9-7 所示。

图 9-7 超高频 PDA

5. 电子书

电子书是一种便携式的手持电子设备，专为阅读图书设计，它有大屏幕的液晶显示器，内置上网芯片，可以从互联网上方便地购买及下载数字化的图书，并且有大容量的内存可以储存大量数字信息，特别设计的液晶显示技术可以让人舒适地长时间阅读图书。现在已经进入第四代的电子书，从技术角度来看，它基于云端，无须下载，可以实现随时随地极速连接用户与产品。基于 HTML5 而优于 Flash，可全面支持图文、视频、音频、LBS、电话、3D、重力感应、智能数据分析识别等交互体验。

6. 可穿戴设备

包括智能眼镜、智能手表、智能手环、智能戒指等可穿戴设备产品。智能终端开始与时尚挂钩，人们的需求不再局限于可携带，更追求可穿戴，如图 9-8 所示为智能手表。

7. 车载智能终端

车载智能终端具备 GPS 定位、车辆导航、采集和诊断故障信息等功能，在新一代汽车行业中得到大量应用，能对车辆进行现代化管理。车载智能终端将在智能交通中发挥更大的作用。

图 9-8　智能手表

9.4　移动互联网技术及发展应用

9.4.1　移动互联网接入技术

移动互联网接入技术时刻支持移动互联网的运营，成为基础技术，它打破了传统网络的限制，提高移动互联网的速度并扩大了应用规模。

(1) WLAN

WLAN(Wireless Local Area Networks，无线局域网)频率取值波段为 3～5 GHz，实现无线上网环境。WLAN 是移动互联网的代表产物，用户群体非常多。WLAN 建立在射频技术的基础上，利用架构模式，实现局域网功能，取缔传统有线上网，WLAN 利用有线环境，控制访问节点，利用无线设备，如：Hub(多端口转发器)、网卡等构建无线环境，促使无线覆盖局域，便于用户使用。WLAN 在局域的空间内，方便多个用户上网，分担同一信号，越来越多的用户认识到 WLAN 的便捷、快速，充分利用 WLAN。无线局域网具有布网便捷，网络规划调整可操作性强，网络易于扩展的特点。只需要一个或多个接入点设备，就可以搭建覆盖整个区域的网络，搭建网络所需的基础设施也不需要隐藏在地下或墙里，便于网络优化配置、改造和维护。只要在无线信号能够覆盖的范围内，用户都可以在任意位置接入网络，并随时改变位置，具有较强的灵活性和移动性。

(2) 无线城域网

无线城域网以整体城市为研究对象，完善移动互联网的接入问题，城域网利用微波环境无线接入后，实现城区数据的统一服务，城域网的实现利用 IEEE 802.16 接入技术，构建微波接入框架，覆盖范围相对较大。以无线方式为主要接入手段，提供同城数据高速传输，以及其他如图像、视频等多媒体通信业务和 Internet 接入服务。城域网的构建，引用 QoS 机制，不仅实现移动接入，还可继续满足宽带接入，虽然城域网的运行良好，但是接入网络技术始终无法实现快速的无缝切换。城域网在远程、交通中的应用明显，目前城域网应用到媒体通信方面，保障通信质量，提高服务水平。

(3) OFDMA

OFDMA(Orthogonal Frequency Division Multiple Access，正交频分多址技术)属于 4G 制式的支持技术，以此为基础，构建 TD-LTE 和 FDD-LTE。TD-LTE 实现 4G 通信的编码、解码，确保信令、空口的结构稳定，统一 4G 技术的运行标准，例如：中国移动加强对

TD-LTE的应用,渗入多项移动领域,形成试验网,促使移动用户充分体验。FDD-LTE要领先于TD-LTE,主要是其具备高端标准特性,满足多项终端设备对4G技术的需要。两者均以OFDMA为技术基础,综合利用3GPP组织,支持4G移动互联网的使用。

(4)WPAN

WPAN(Wireless Personal Area Network,无线个人局域网)对服务对象具有明显的选择特性,用于特定的网络群体,WPAN的覆盖范围非常小,基本在10米区域以内,例如:蓝牙传输,用于近距离文件传输,构建小型传输空间,固定移动设备。近几年,WPAN的应用规模逐渐被WLAN取代,或者两者呈现兼容发展,共同完成用户对移动互联网的请求。

(5)卫星通信技术

卫星通信技术将卫星作为网络中继站,连接地球上的基站。卫星通信技术通过VSAT完成网络接入,实现两点之间的电波传送,体现接入技术的集成特性。卫星接入是移动互联网的发展趋势,在IP支撑下,完成数据连接,将网络业务转化为移动业务。

卫星通信具有通信区域大、距离远、频段宽、容量大的特点,即只要是在卫星发射电波覆盖范围内的任意两点间,都可以互相通信。卫星通信的可靠性高、质量好、噪声小、可移动性强,即不容易受自然灾害的影响。但是,卫星通信存在传输时延大、回声大、费用高的问题。目前,卫星通信主要用于电视广播、远距离的越洋电话、军事通信、应急通信等。卫星通信作为一种特殊的通信技术,其基本定位必然是地面系统的有效支持、补充与延伸,对农村及偏远地区的通信发挥重要的作用,使全球通信海陆空一体化的无缝覆盖成为可能。卫星通信的广播与多播等技术优势,结合现代Internet技术,在地面互联网拥塞的状态下,可充分发挥以IP为基础的多媒体远距离传送与高速连接,将宽带高速数据业务进行有效的传送。伴随着移动互联网的发展,卫星通信与4G技术的相互融合将成为卫星通信发展的必然趋势。

9.4.2 移动互联网定位技术

移动互联网定位技术是指利用移动通信网络,对接收到的无线电波的一些参数进行测量,根据特定的算法对某一移动终端或个人在某一时间所处的地理位置进行精确测定,以便为移动终端用户提供相关的位置信息服务或进行实时的监测和跟踪。根据移动定位的基本原理,其技术大致可分为以下3类:

1. 卫星辅助定位技术

卫星辅助定位技术是指定位终端通过卫星定位系统获取物理位置的经纬度信息。目前主要的卫星定位系统包括美国的GPS系统、俄罗斯的GLONASS系统、中国的北斗卫星导航和欧盟的伽利略定位系统。在上述系统中应用最广泛的是GPS定位系统,在移动通信网已经商用部署的定位业务系统中,A-GPS(网络辅助的GPS定位)是应用最成功的卫星定位技术。进行A-GPS定位时,网络可以根据移动平台当前所在小区,先确定定位终端上空的GPS卫星,并解调卫星辅助数据发送给终端,定位终端利用卫星辅助数据可以快速搜索到有效的GPS卫星并接收卫星导航数据,再将接收到的卫星导航数据传输给网络侧的定位业务平台进行位置计算,或由定位终端在本地完成位置计算。该技术的实

施需要定位终端内置GPS天线和GPS芯片等模块，同时与网络侧的定位业务平台之间支持GPS定位数据交互协议。与其他的定位技术相比，A-GPS技术定位精度较高，定位半径可达到几米。但是，由于其定位过程需要接收至少4个卫星的信号，因此其定位精度受环境影响较大，仍需要其他定位技术进行补充。

2. 基于网络的定位技术

基于网络的定位技术是在定位终端接入移动网络之后，通过网络感知其接入的网元的位置，并把该位置信息经过一系列计算后作为定位结果发送给定位发起者。该类定位技术主要包括基于Cell ID的定位技术、基于基站测量的定位等。

(1)基于Cell ID的定位

基于Cell ID的定位技术适用于所有的移动蜂窝网络，其基本原理是：当移动终端成功登录到移动蜂窝网络中时，通过空中接口(基站和移动电话之间的无线传输规范)的信令消息将其所处小区的Cell ID信息上报给网络侧，网络侧根据定位终端当前所在的小区信息来估算用户的当前位置。基于Cell ID定位技术的精度完全取决于定位终端所处小区的大小，若小区为全向小区，则定位终端的位置是以服务基站为中心，半径为小区覆盖半径的一个圆内；若小区为扇区，则可以进一步确定定位终端处于某扇区覆盖的范围内。基于Cell ID的定位技术主要包括GSM网络中的Cell ID+TA(Timing Advance)增强技术，CDMA网络中的Cell ID+RTT(Round Trip Time)增强技术等。基于Cell ID的定位技术的定位精度是所有定位技术中最低的，但由于这种定位技术对终端没有特殊要求，对基础网络设备也不需要增加额外的信令支持，实现上相对简单。在支持多数定位技术的系统中，基于Cell ID的定位技术一般扮演辅助定位的角色。

(2)基于基站测量的定位

基于基站测量的定位技术通常采用三角测量的定位原理。包括高级向前链接三边测量(Advanced Forward Link Three edge measurement, AFLT)定位技术、增强型观测时间差(Enhanced-Observed Time Difference, E-OTD)定位技术、观测到达时间差(Observed Time Difference Of Arrival, OTDOA)定位技术等。其中AFLT用于CDMA系统中，是一种基于基站导频相位测量的定位技术，在进行定位操作时，手机同时监听多个基站(至少3个基站)的导频信息。利用码片时延来确定手机到附近基站的距离，最后用三角定位法算出用户的位置；E-OTD技术用于GSMC(Global System for Mobile Communications，全球移动通信系统)网络中，定位终端测量来自多个基站收发台信号的到达时间差，同时这些信号还要被固定定位测量点接收，通过推导基站收发台到定位终端的时间延迟来确定终端的位置；OTDOA主要用于通用移动通信系统网络中，其定位原理为：定位终端测量不同基站的下行导频信号，得到不同基站下行导频到达多个基站的传播时间，根据该测量结果并结合基站的坐标，采用合适的位置估计算法，计算出定位终端的位置。

3. 位置信息匹配定位技术

位置信息匹配定位技术是指定位终端收集周边环境中的无线信号信息上报给定位服务器，定位服务器通过查找特征数据库中已有的环境无线信息描述找到最匹配的信息，随后把该位置的经纬度作为定位结果返回给定位发起者。位置信息匹配定位技术的关键点是:场景位置数据库、场景信息收集方法和匹配算法。其中场景位置数据库记录了可定位点周边的无线信号信息,该信息可以通过终端进行 GPS 定位测量,即终端用户通过自学方式进行采集,随着用户和数据点的增多,定位精度和可用性将不断提高。在位置信息匹配定位技术中使用较多的算法是基于指纹的匹配算法,然后通过分布式数据处理技术进行搜索以提高匹配效率。

目前应用较多的位置信息匹配定位技术包括 Skyhook 公司提供的融合定位能力和 Google 公司提供的 Google Map 定位技术等。基于上述几种定位技术的优缺点,在实际的定位业务系统实现中,通常会同时集成多种定位技术,以作为相互补充。在特殊环境下,可根据具体情况同时采用两种技术进行定位,即混合定位,或依次尝试不同的定位技术,进行自适应定位。

9.4.3 移动 IP 技术

无论设备是通过有线媒体还是通过无线媒体连接到网络,当设备移动时,即不管移动设备实际上身在何处,其他设备都能够以同一个 IP 地址来访问该设备,这将是很方便的。然而要实现这一点却非常困难,因为节点移动时,可能必须连接到使用不同 IP 地址的不同网络。为了支持互联网上的移动设备,并使其保留不变的永久 IP 地址,IETF 推出了移动 IP 的标准,即移动 IP。

移动 IP 就是一种在互联网上提供移动功能的方案,它具有可扩展性、可靠性和安全性,并使节点在切换链路时仍可保持正在进行的通信。移动 IP 有两种:一种是基于 IPv4 的移动 IPv4,一种是基于 IPv6 的移动 IPv6。

1. 几个重要概念

(1)移动节点

移动节点是指接入互联网后,当从一条链路切换到另一条链路时,仍然保持所有正在进行的通信,并且只使用它的家乡地址的那些节点。

(2)移动代理

移动代理(Mobility Agent)分归属代理(Home Agent,也称为家乡代理)和外区代理(Foreign Agent,也称为外地代理)两类,它们是移动的 IP 服务器或路由器,能知道移动节点实际连接在何处。

其中,归属代理是归属网上的移动 IP 代理,它至少有一个接口在归属网上。其责任是当移动节点离开归属网,连至某一外区网时,截收发往移动节点的数据包,并使用隧道技术将这些数据包转发到移动节点的转交节点。归属代理还负责维护移动节点的当前位置信息。

外区代理位于移动节点当前连接的外区网上,它向已登记的移动节点提供选路服务。当使用外区代理转交地址时,外区代理负责解除原始数据包的隧道封装,取出原始数据包,并将其转发到该移动节点。对于那些由移动节点发出的数据包而言,外区代理可作为已登记的移动节点的缺省路由器使用。

(3)移动 IP 地址

移动 IP 节点拥有两个 IP 地址。一个是归属地址,是移动节点与归属网连接时使用

的地址，不管移动节点移至网络何处，其归属地址保持不变。二是转交地址，就是隧道终点地址，转交地址可能是外区代理转交地址，也可能是驻留本地的转交地址。通常用的是外区代理转交地址。在这种地址模式中，外区代理就是隧道的终点，它接收隧道数据包，解除数据包的隧道封装，然后将原始数据包转发到移动节点。

(4)位置登记(Registration)

移动节点必须将其位置信息向其归属代理进行登记，以便被找到。有两种不同的登记规程。一种是通过外区代理，移动节点向外区代理发送登记请求报文，然后将报文中继到移动节点的归属代理；归属代理处理完登记请求报文后向外区代理发送登记答复报文(接受或拒绝登记请求)，外区代理处理登记答复报文，并将其转发到移动节点。另一种是直接向归属代理进行登记，即移动节点向其归属代理发送登记请求报文，归属代理处理后向移动节点发送登记答复报文。

(5)代理发现(Agent Discovery)

一是被动发现，即移动节点等待本地移动代理周期性地广播代理通告报文；二是主动发现，即移动节点广播一条请求代理的报文。

(6)隧道技术(Tunneling)

当移动节点在外区网上时，归属代理需要将原始数据报转发给已登记的外区代理。这时，归属代理使用IP隧道技术，将原始IP数据包封装在转发的IP数据包中，从而使原始IP数据包原封不动地转发到处于隧道终点的转交地址处。在转交地址处解除隧道，取出原始数据包，并将原始数据包发送到移动节点。当转交地址为本地的转交地址时，移动节点本身就是隧道的终点，它自身进行解除隧道取出原始数据包的工作。

2.移动IPv4的工作原理

通过周期性地组播或广播一个称为代理广播(Agent Advertisements)的消息，家乡代理(HA)和外地代理(FA)宣告它们与链路的连接关系；移动节点(MN)收到这些代理广播消息后，检查其中的内容以确定自己是连在家乡链路还是外地链路上。当它连在家乡链路上时，移动节点就可以像固定节点一样工作，即它不再利用移动IP的其他功能。具体过程为：

(1)移动代理(外区代理和归属代理)通过代理通告报文广播其存在。移动节点通过代理请求报文，可有选择地向本地移动代理请求代理通告报文。

(2)移动节点收到这些代理通告后，分辨其在归属网上，还是在某一外区网上。

(3)当移动节点检测到自己位于归属网上时，那么它不需要移动服务就可工作。假如移动节点从登记的其他外区网返回归属网时，通过交换其随带的登记请求和登记答复报文，移动节点需要向其归属代理撤销其外区网登记信息。

(4)当移动节点检测到自己已漫游到某一外区网时，它获得该外区网上的一个转交地址。这个转交地址可能通过外区代理的通告获得，也可能通过外部分配机制获得，如DHCP(一个驻留本地的转交地址)。

(5)离开归属网的移动节点通过交换其随带的登记请求和登记答复报文，向归属代理登记其新的转交地址，另外它也可能借助外区代理向归属代理进行登记。

(6)发往移动节点归属地址的数据包被其归属代理接收，归属代理利用隧道技术封装该数据包，并将封装后的数据包发送到移动节点的转交地址，由隧道终点（外区代理或移动节点本身）接收，解除封装，并最终传送到移动节点。

在相反方向，使用标准的IP选路机制，移动节点发出的数据包被传送到目的地，无须通过归属代理转发。无论移动节点在归属网内还是在外区网中，IP主机与移动节点的所有数据包都是用移动节点的归属地址，转交地址仅用于与移动代理的联系，而不被IP主机所觉察。

3.移动IPv6的工作原理

移动IPv6在终端移动过程中实现不间断通信的解决方案可以简单地归纳为以下三点：

(1)定义了家乡地址，上层通信应用全程使用家乡地址保证了对应用的移动透明；

(2)定义了转交地址，从外地网络获得转交地址，保证了现有路由模式下通信可达；

(3)家乡地址与转交地址的映射，建立了上层应用所使用的网络层标识与网络层路由所使用的目的标识的关系。

具体工作流程可简单归纳如下：

当移动节点在家乡网段中时，它与通信节点按照传统的路由技术进行通信，不需要移动IPv6的介入。

当移动节点移动到外地链路时，移动节点的家乡地址保持不变，同时获得一个临时的IP地址（转交地址）。移动节点把家乡地址与转交地址的映射告知家乡代理。通信节点与移动节点进行通信仍然使用移动节点的家乡地址，数据包仍然发往移动节点的家乡网段；家乡代理截获这些数据包，并根据已获得的映射关系通过隧道方式将其转发给移动节点的转交地址。移动节点则可以直接和通信节点进行通信。这个过程也叫作三角路由过程。

移动节点也会将家乡地址与转交地址的映射关系告知通信节点，当通信节点知道了移动节点的转交地址就可以直接将数据包转发到其转交地址所在的外地网段。这样通信节点与移动节点就可以直接进行正常通信。这个通信过程也被称作路由优化后的通信过程。

4.移动IPv4和移动IPv6的不同

移动IPv6从移动IPv4中借鉴了许多概念和术语，但两者还是有区别的。它们的区别可以总结如下：

(1)转交地址的确定

移动IPv4：采用代理搜索的方式判断节点是否连在外地链路上以及是否切换了链路，如果在外地链路上则可得到一个转交地址。

移动IPv6：利用ICMPv6路由器搜索确定自己的位置，当在外地链路上时可得到一个转交地址。

(2) 转交地址的通告

移动IPv4：移动节点将它的转交地址通知给家乡代理，进行注册；

移动IPv6：移动节点将它的转交地址通知给家乡代理，如果可以保证操作的安全性，移动节点同时将它的转交地址布告给几个通信伙伴。

(3) 数据包的选路

①通信伙伴向移动节点发送数据包

移动 IPv4:数据包被送往移动节点的家乡链路,即移动节点的家乡代理。家乡代理截获这些数据包之后,通过隧道向每一个转交地址发送一个数据包的拷贝。在每一个转交地址上,原始数据包从隧道中取出拆封后送往移动节点。

移动 IPv6:如果通信节点不知道移动节点的转交地址,那么它就像移动 IPv4 那样,向移动节点发送数据包。知道移动节点的转交地址的通信节点可以利用 IPv6 选路报头直接将数据包发送给移动节点,这些包不需要经过移动节点的家乡代理,它们将经过从始发点到移动节点的一条优化路由。

②移动节点向通信伙伴发送数据包

移动 IPv4 和移动 IPv6 移动节点一样,采用特殊的机制将数据包送出,并被直接路由到通信伙伴(目的地)。

9.4.4 移动互联网技术的发展与应用

1. 移动互联网技术的发展

(1)Web 2.0 技术

2001 年秋,互联网公司泡沫破灭标志着互联网的一个转折点,但互联网先驱 O′Reilly 公司副总裁戴尔·多尔蒂(Dale Dougherty)注意到,互联网此时更重要,新的应用程序和网站规律性涌现,那些幸存的互联网公司有共同特征。为区别于之前的互联网,Web 2.0 由此诞生。目前,Web 2.0 已成为实际意义上的标准互联网运用模式。以博客(Blog)、内容聚合(RSS)、百科全书(WiKi)、社会网络(SNS)和对等网络(P2P)为代表的 Web 2.0 应用已被用户广泛地接受和使用。与 Web 1.0 时代相比,Web 2.0 时代满足 7 大原则:

①互联网作为平台。

②利用集体智慧。

③数据是核心。

④软件发布周期的终结。

⑤轻量型编程模型。

⑥软件超越单一设备。

⑦丰富的用户体验。

Web 2.0 让用户从信息获得者变成了信息贡献者,也让富互联网应用(Rich Internet Application,RIA)成为网络应用的发展趋势。例如,Ajax 是支持 RIA 的编程框架,帮助 RIA 在客户端实现友好而丰富的用户体验。同时,Web 2.0 的出现和广泛流行深刻影响了用户使用互联网的方式。

作为 Web 2.0 的典型应用之一,Widget 目前在桌面及固定互联网领域应用日益广泛。Widget 是一种用户可以制作或者下载之后放到桌面或者网页上的 Web 应用,它们能够像本地应用程序那样运行，此类应用程序具有易用性高、方便用户查看等特点。伴随着手机智能化水平的提高和移动互联网的普及，Widget开始出现在手机应用领域。借助Widget，用户能够选择自己喜欢的上网方式，享受更加个性化的移动互联网服务。这种个性化的服务无疑会提升移动互联网对用户的吸引力。目前，国内外设备商和运营商已经开始在移动互联网上使用Widget。随着Web 2.0技术的不断进步，人们越来越习惯从互联网上获得所需的应用与服务，同时将自己的数据在网络上共享与保存。个人电脑不再是为用户提供应用、保存用户数据的中心，已蜕变为接入互联网的终端设备。

(2)云计算

Web 2.0为云计算的出现提出了内在需求。随着Web 2.0的产生和流行，移动互联网用户更加习惯将自己的数据在网络上存储和共享。视频网站和图片共享网站每天都要接收海量的上传数据。同时，为给用户提供新颖的服务，只有更加快捷的业务响应才能让应用提供商在激烈的竞争中生存。因此，用户需要一个能够提供充足的资源保证业务增长，能够提供可复用的功能模块保证快速开发的平台。云计算的出现使得人们可以通过互联网获取各种服务，并且可以满足按需支付的要求，随着电信和互联网的融合发展，云计算将成为跨越电信和互联网的通用技术。直观而言，云计算(Cloud Computing)是指由几十万甚至上百万台廉价的服务器所组成的网络，为用户提供需要的计算机服务。用户只需要一个能够上网的设备，比如一台笔记本或者手机，就可以获得自己需要的一切计算机服务。作为一种基于互联网的新兴应用模式，云计算通过网络把多个成本相对较低的计算实体整合成一个具有强大计算能力的完美系统，并借助SaaS、PaaS、IaaS、MSP等先进的商业模式把这一强大的计算能力分布到终端用户手中。其核心理念就是通过不断提高自身处理能力，进而减少用户终端的处理负担，最终使用户终端简化成一个单纯的输入/输出设备，并能按需享受“云”的强大计算处理能力，从而更好地提高资源利用效率并节约成本。通过云计算所提供的应用，用户将不再依赖某一台特定的计算机来访问、处理自己的数据，只要可以通过网络连接至自己的数据，就能随时检索自己的文件、继续处理上次未完成的工作并完成保存。事实上，人们已开始享受着“云”所带来的好处。以谷歌(Google)用户为例，免费申请一个帐号，就可以利用GoogleDoc、Gmail和Picasa服务来保存私有资源。

云计算具有以下特点：

①超大规模。

②高可扩展性。

③高可靠性。

④虚拟化。

⑤按需服务。

⑥极其廉价。

⑦通用性强。

Web 2.0提供了云计算的接入模式，也为云计算培养了用户习惯。随着云计算平台

的建立，运营商移动互联网应用开发和运营的成本将大大降低。

2. 移动互联网技术的应用

移动通信网的业务体系在不断变化，不仅包括各种传统的基本电信业务、补充业务、智能网业务，还包含各种新兴移动数据增值业务，而移动互联网是各种移动数据增值业务中最具生命力的部分。主要的应用业务包括：

(1)移动浏览/下载

移动浏览不仅是移动互联网最基本的业务，也是用户使用的最基本的业务。在移动互联网应用中，OTA 下载作为一个基本业务，可以为其他的业务(如 Java、Widget 等)提供下载服务，是移动互联网技术中重要的基础技术。

(2)移动社区

移动互联网应用产品中，应用率最高的依然为即时通信类，如微信、QQ 等。手机自身具有的随时随地沟通的特点使社区在移动领域发展具有一定的先天优势。移动社区组合聊天室、博客、相册和视频等服务方式，将使得以个人空间、多元化沟通平台、群组及关系为核心的移动社区业务迅猛发展。

(3)移动视频

移动视频业务是通过移动网络和移动终端为移动用户传送视频内容的新型移动业务。随着 3G 和 4G 网络的部署和终端设备性能的提高，使用移动视频业务的用户越来越多。

(4)移动搜索

移动搜索业务是一种典型的移动互联网服务。移动搜索是基于移动网络的搜索技术的总称，是指用户通过移动终端，采用 SMS、WAP、IVR 等多种接入方式进行搜索，获取 WAP 站点及互联网信息内容、移动增值服务内容及本地信息等用户需要的信息及服务。相对于传统互联网搜索，移动搜索业务可以使用各种业务相关信息，去帮助用户随时随地获取更个性化和更为精确的搜索结果，并可基于这些精确和个性化的搜索结果，为用户提供进一步的增值服务。

(5)移动广告

移动广告实际上就是一种支持互动的网络广告，它由移动通信网承载，具有网络媒体的一切特征，同时由于移动性使得用户能够随时随地接收信息，比互联网广告更具优势。

(6)应用程序商店

应用程序商店作为新型软件交易平台首先由苹果公司于 2008 年 7 月推出，依托苹果的 iPhone 和 iPod Touch 的庞大市场取得了极大成功。现在应用程序商店将成为手机服务的重要组成部分。

(7)在线游戏

随着移动设备终端多媒体处理能力的增强和 4G 技术带来的网络速度提升，移动在线游戏成为通信娱乐产业的发展趋势。目前手机游戏业务发展很快，日益受到用户的青睐。

练习题

一、选择题

1. 移动互联网包括三个要素：________、终端和网络。

A. 移动 B. 业务 C. 运营 D. 安全

2. 移动互联网技术体系主要涵盖六大技术产业领域：移动互联网关键应用服务平台技术、面向移动互联网网络平台技术、智能移动终端软件平台技术、智能移动终端硬件平台技术、智能移动终端原材料元器件技术、________________。

A. 移动云计算技术 B. 综合业务技术

C. 移动互联网安全控制技术 D. 操作系统技术

3. Wi-Fi 与 WLAN 的区别是 WLAN 标准是指无线局域网的________标准，而Wi-Fi 是无线局域网产品的________标准。

A. 技术、认证 B. 认证、技术

C. 技术、协议 D. 认证、协议

4. 运行于 iPhone、iPod Touch 以及 iPad 设备上的操作系统是________。

A. Android B. Symbian

C. BlackBerry D. iOS

5. WiMax(World Interoperability for Microwave Access)是一种可用于________的宽带无线接入技术。

A. 广域网 B. 局域网 C. 城域网 D. 个域网

6. ____________中文可译作微件，是一小块可以在任意一个基于 HTML 的网页上执行代码构成的小部件。

A. Widget B. Web 2.0 C. Mashup D. RSS

二、简答题

1. 什么是移动互联网？其主要特点有哪些？

2. 请简述智能手机的特点。

3. 什么是智能移动终端？它具备哪些特性？

4. 移动互联网的业务体系主要包括哪三大类？

5. 简述 iOS 操作系统和手机安卓系统体系的层次结构。

6. 移动定位技术有哪几种定位方式？

7. 什么是移动代理？

8. 简述移动 IPv4 和移动 IPv6 的不同之处。

9. 什么是隧道技术？

10. 画出移动互联网技术体系架构示意图。

第10章 广域网技术

本章概要

广域网(WAN)在结构上是由末端系统(网络两端的用户)和通信系统(网络中间链路和设备)两部分构成的,网络末端系统一般是由用户局域网(LAN)或终端构成的,而通信系统则是广域网技术实现的关键,这些通信网络的类型主要有综合业务数字网(ISDN)、数字数据网(DDN)、分组交换网 X.25、帧中继(FR)、异步传输模式(ATM)以及数字用户专线(xDSL)等。而实现广域网连接和数据通信的设备主要有广域网交换机和路由器、访问服务器、调制解调器、信道服务单元(CSU)/数据服务单元(DSU)、ISDN 终端适配器等。本章将介绍广域网通信常用设备类型和多种通信网络与协议的技术特点。

训教重点

➢广域网设备类型

➢广域网协议与实现技术:ISDN、DDN、ATM、X.25、Frame Relay 以及 xDSL 等

能力目标

➢了解广域网各种设备连接技术

➢掌握常用广域网协议的特点和适应范围

10.1 常见广域网设备

广域网设备比较多,可分别支持多种广域网协议,这里仅简要介绍几种常见设备,在本章后面的各小节中会比较详细地讲解使用这些设备实现广域网组网的方案和技术。

1. 广域网交换机

广域网交换机是在运营商网络中使用的多端口网络互联设备,如帧中继交换机、ATM 交换机等。广域网交换机工作在 OSI 参考模型的数据链路层,可以对帧中继和 X.25等数据流量进行操作。图 10-1 是位于广域网两端的两台路由器通过广域网交换机进行连接的示意图。

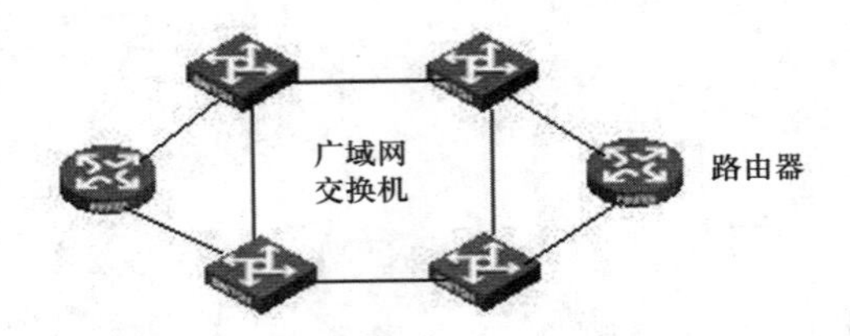

图 10-1　广域网交换机联网示意图

2. 访问服务器

访问服务器(Access Server)是广域网中通过拨号网络接入和拨出连接的汇聚点,远程用户通过 Modem 拨号到访问服务器,通过用户验证后接入广域网络。图 10-2 是访问服务器如何将多条拨号线路集合在一起接入广域网的联网示意图。

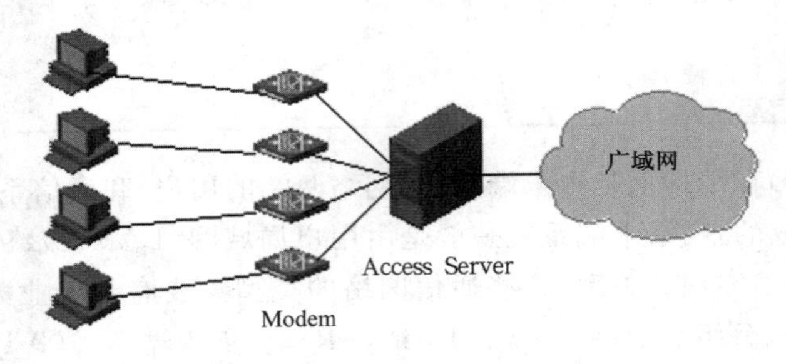

图 10-2　接入服务器联网示意图

3. 调制解调器

调制解调器(Modem)主要用于数字和模拟信号的转换,从而能够通过话音线路传送数据信息。在数据发送方,计算机数字信号被转换成适合通过模拟通信设备传送的形式;而在目标接收方,模拟信号被还原为数字形式。图 10-3 是广域网中调制解调器之间的简单连接形式。

图 10-3　调制解调器联网示意图

4. CSU/DSU

信道服务单元(CSU)/数据服务单元(DSU)类似数据终端设备到数据通信设备的复用器,可以提供以下几方面的功能:信号再生,线路调节,误码纠正,信号管理,同步和电路测试等。图 10-4 是 CSU/DSU 在广域网下的实现方式示意图。

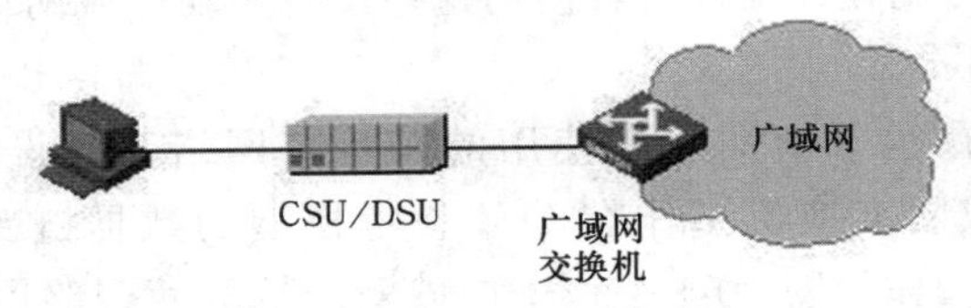

图 10-4　CSU/DSU 联网示意图

5. ISDN 终端适配器

ISDN 终端适配器(ISDN Terminal Adapter)用来连接 ISDN 基本速率接口(BRI)到其他接口如 EIA/TIA-232 设备。从本质上说,ISDN 终端适配器就相当于一台 ISDN 调制解调器。图 10-5 是 ISDN 终端适配器的连接方式。

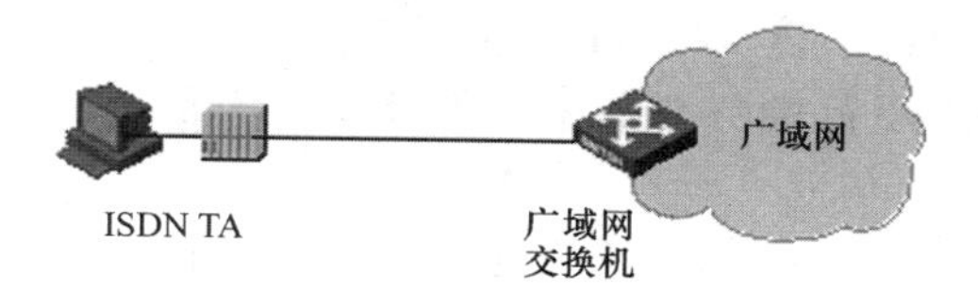

图 10-5　ISDN 终端适配器连接示意图

10.2　综合业务数字网

10.2.1　ISDN 概述

ISDN(综合业务数字网)的概念是 1972 年在国际电报电话咨询委员会(CCITT)的全会上提出来的,1984 年通过了 ISDN 的系列建议书,1988 年又做了大量的补充和修订,形成了目前我们所说的窄带综合业务数字网 N-ISDN,后来又出现了宽带综合业务数字网 B-ISDN,下面我们主要讨论 N-ISDN。

CCITT 对 ISDN 做了如下的定义:ISDN 是以提供点到点的数字连接的综合数字电话网为基础发展而成的通信网,用以支持包括语音及非语音的多种业务,用户对通信网有一个由有限个标准的多用途的用户/网络接口组成的入口。

10.2.2　ISDN 的用户/网络接口

1. ISDN 的 UNI

在 ISDN 的 UNI 中提供了两种类型的信道:一种是信息信道,用于传送各种信息流;另一种是信令信道,用于传送对用户和网络实施控制的信令信息。对于电路交换来说,ISDN 信道有以下几种:

(1)信息信道分为 B 信道和 H 信道,B 信道为速率 64 kbit/s 的信道,几条 B 信道合成一条 H 信道,H 信道分为 384 kbit/s 和 1 920 Kbit/s 的信道。

(2)信令信道为 D 信道,D 信道的速率根据不同的接口结构分为 16 kbit/s 和 64 kbit/s 两种。在某种情况下,D 信道也能用于传送分组交换数据。

CCITT 规定了两种 UNI,即基本速率接口(Basic Rate Interface,BRI)和基群速率接口(Primary Rate Interface,PRI)。

(1)基本速率接口是将现有电话网的普通用户作为 ISDN 用户而规定的接口,也是 ISDN 最基本的 UNI,它的结构简称为 2B+D,即由 2 条速率为 64 kbit/s 的 B 信道和1 条速率为 16 kbit/s 的 D 信道组成。

(2)基群速率接口主要用于没有用户交换机的情况,也可以用于需要高速信道的大业务量的场合。美国和日本采用的基群速率为 23B+D,即提供 23 条速率为 64 kbit/s 的 B 信道和 1 条速率为 64 kbit/s 的 D 信道。而我国采用的基群速率为 2 048 kbit/s,它可提供 30 条速率为 64 kbit/s 的 B 信道和 1 条速率为 64 kbit/s 的 D 信道，即 30B+D，或者提供 5 条速率为 384 kbit/s 的 H 信道和 1 条速率为 64 kbit/s 的 D 信道，即 5H+D，或者将它们混合起来组成混合信道接口。

2. ISDN 系统组成

ISDN 允许两类用户终端设备接入网络：

(1)TE1：符合 UNI 规范的终端设备，是 ISDN 标准终端，如数字电话机、数字终端等。

(2)TE2：非 ISDN 标准终端，不支持 ISDN 的 UNI 协议。要通过 TA 适配器将 TE2 连接到标准 ISDN、UNI 中，如 X. 25 数据终端、普通电话机、普通传真机等。

另有网络终端设备用于连接网络终端：

(1)NT1：网络终端 1。放置在用户设备和 ISDN 交换系统之间，NT1 放置在靠近用户设备一边，是一个物理层设备，用于家庭和小型企事业单位的配置。

(2)NT2：网络终端 2。它相当于用户交换机(PABX)和局域网等终端控制装置。它用于大型企事业单位，因为大型企事业单位有许多电话和对话同时进行。

一个常见的 ISDN 连接如图 10-6 所示。

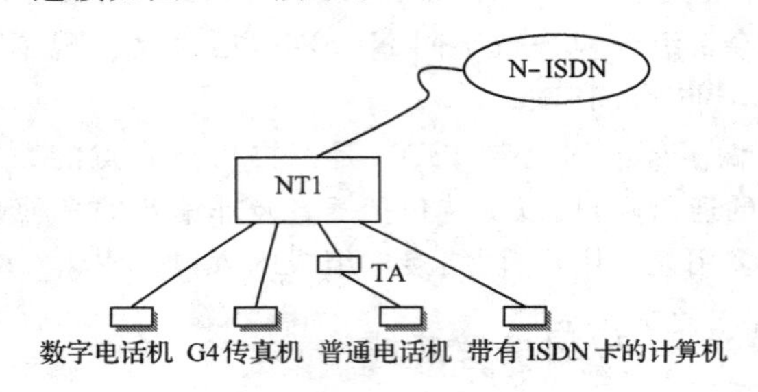

图 10-6　ISDN 连接图

10.2.3　ISDN 的应用

1. Internet 的接入

ISDN 可提供 2B+D 的上网速度，其特点是比普通电话线上网快 3～4 倍，验证快、接入速率高、传输误码率小，同时既可打电话又可上网。

2. 多媒体通信

ISDN 可提供 2B+D 及 3 个 2B+D 捆绑 384 kbit/s 不受限的承载业务，为用户提供可视电话系统、视频会议系统、远程教学和远程医疗等多种服务，随着时代的发展，人们足不出户就可以享受信息时代所带来的便利。

10.3　ATM 网络技术

10.3.1　ATM 概述

为了克服窄带 ISDN 的局限性，人们在寻找一种更新的网络，这就是宽带 ISDN。它的特点是：不论是交换节点之间的中继器还是用户和交换机的用户回路，一律采用光纤传

输，速率从 150 Mbit/s 直到吉比特每秒(Gbit/s)。另外，宽带的 ISDN 不是现有通信网演变的产物，而是一种全新的网络，它的信息传送方式、交换方式、用户接入方式、通信协议都是全新的。因采用的信息传送方式是异步传输模式，所以宽带 ISDN 又称为异步传输模式 ATM。ATM 实质上是快速分组交换模式，它以分组交换为基础并融合了电路交换高速的特点。说它具有电路交换的特点，是因为 ATM 技术是面向连接的；说它具有分组交换的特点，是因为 ATM 所传输的信息是固定长度的信元，其信元首部包含选路的信息。

ATM 主要优点如下：

(1)单一的通用网络，支持各种不同的业务。

(2)有效地利用资源。

(3)信息传输速率快、容量大。

(4)实用性强，突发性强。

10.3.2　ATM 工作原理

1. ATM 接口

ATM 网络基本上由 ATM 终端和 ATM 交换机构成。终端与交换机的接口，称为用户网络接口(User-Network Interface，UNI)，交换机与交换机的接口称为网络-网络接口(Network-Network Interface，NNI)，如图 10-7 所示就是一个 ATM 网络及 UNI 和 NNI 接口。

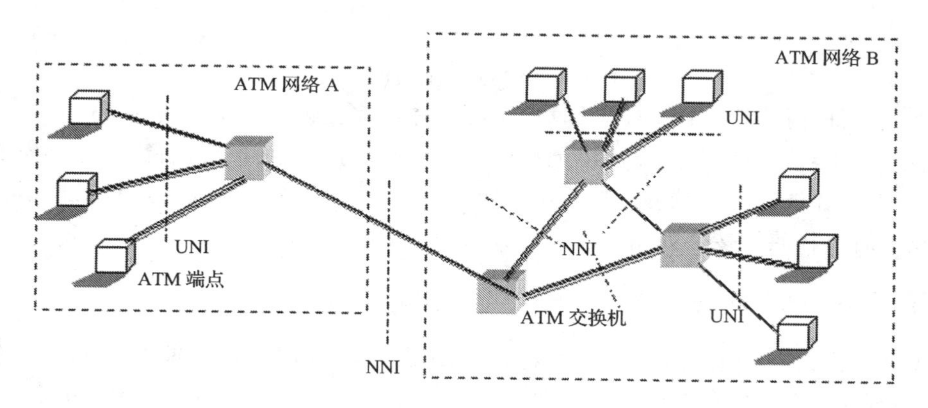

图 10-7　ATM 网络及 UNI 和 NNI 接口

2. ATM 信元

ATM 传输信息的基本单位就是 ATM 信元，ATM 信元采用 53 个字节的固定长度。其中 48 个字节为传输的信息字段，另外 5 个字节作为信头。ATM 信元的结构如图 10-8 所示。

3. ATM 连接

在 ATM 网中，信息的传输都是采用在端用户之间建立直接的虚连接，ATM 定义了两种类型的虚连接，即虚通路连接(VPC)和虚通道连接(VCC)。分别由 VPI 和 VCI 来标识。

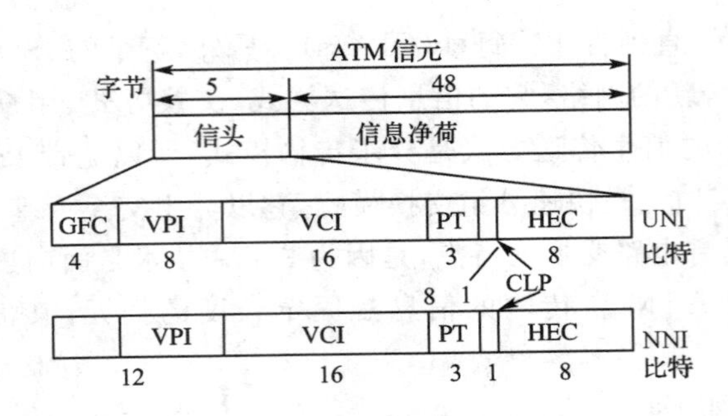

图 10-8 ATM 信元的结构

在一条物理链路上使用的虚通路 VPI,可以在其他链路上被再度使用,同一条物理链路上的虚通路都不相同,如图 10-9 所示。虚通路 VPx 和 VPy 都不相同,而一组虚通道 VCI(如 VCx 和 VCy)可使用同一个虚通路 VPx。属于两个不同的 VPI(如 VPx 和 VPy)的两个 VCI 可以具有相同的 VCI(如虚通路 VPx 中可使用虚通道 VCx 和 VCy,而虚通路 VPy 中也可使用虚通道 VCx 和 VCy)。

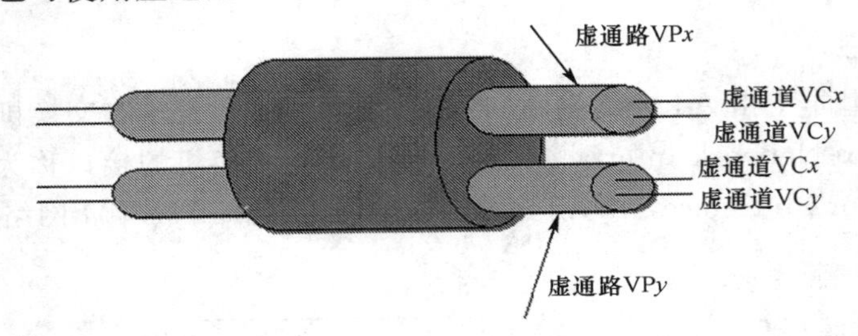

图 10-9 ATM 连接的 VPI 与 VCI

因此,要同时使用 VPI 和 VCI 这两个参数才能完全识别一个虚连接 VC。

在 ATM 网络中使用的虚连接是一种逻辑连接,两个端用户要进行通信,首先要建立虚连接,然后才能在端到端的连接上以固定长度信元和可变速率进行全双工通信。数据传送完毕后再释放连接。如图 10-10 所示。

10.3.3 ATM 局域网

ATM 可以提供理想的网络服务业务,为了使现在的网络应用能在 ATM 网络中应用,便需解决 ATM 的接入问题。如图 10-11 所示为 ATM 局域网的一个应用实例。

1. *局域网仿真*

局域网仿真(LAN Emulation,LANE)又称为 MAC over ATM,即在数据链路层上提供与传统局域网的互联。使用局域网仿真技术,现有的局域网应用,可以像使用传统数据链路层一样使用 ATM 网络,所有与 ATM 相关的内容均被封装在 MAC 接口层以下,只需提供相应的驱动程序就可以与传统局域网兼容。

采用 LAN 仿真技术的最大好处是,传统的应用程序及操作系统均无须改动便可在 ATM 网络上运行,并可获得 ATM 提供的高速交换性能,传统局域网的广播和组播业务也可顺利实现。不仅如此,ATM 提供的高速交换性能及 LAN 仿真服务器的作用,使得虚拟网络得以实现,有利于网络的安全管理。

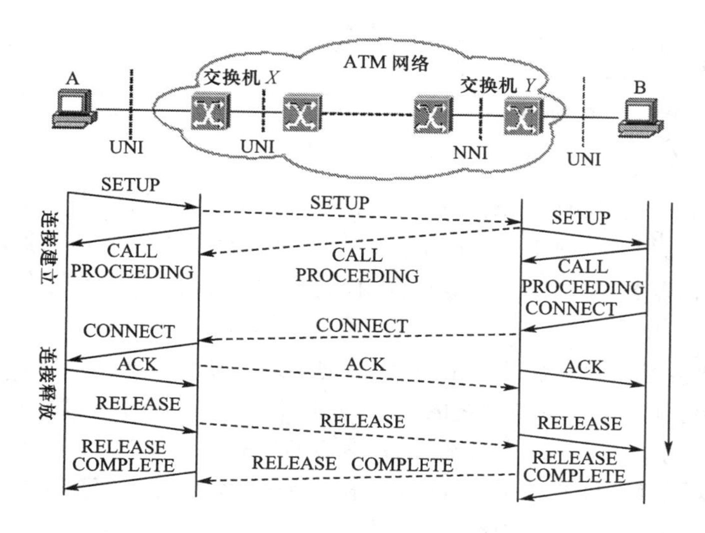

图 10-10　ATM 虚连接机制示意图

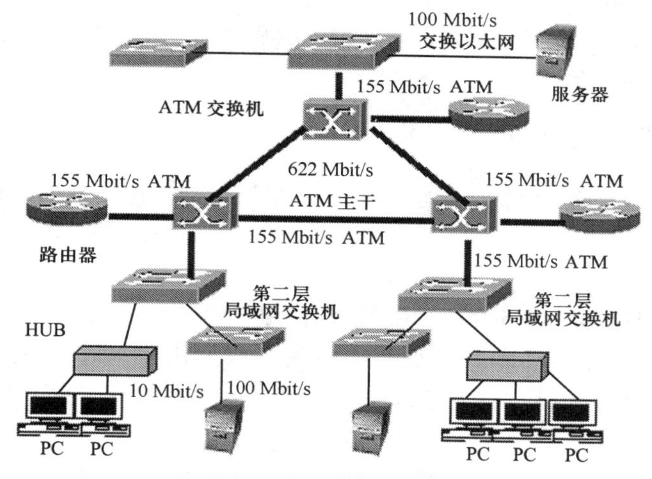

图 10-11　ATM 局域网应用实例

2. IP over ATM

IP over ATM，顾名思义，就是从 IP 层直接映射到 ATM 上。IP over ATM 也采用客户端/服务器模式。服务器是地址解析服务器，实现 IP 地址到 ATM 地址的转换。这样当一台主机向另一台主机发送信息时，先要寻找服务器，找到自己的 IP 地址对应的 ATM 地址，然后通过 ATM 交换机建立从起始节点到目的节点的虚通路连接，再把数据沿着这个虚通路发出去。IP over ATM 的优点是提供 ATM 业务质量 QoS(LAN 仿真不能提供)，因此能够支持多媒体业务。但它也有自身的缺点：首先它只支持 IP 协议，不支持其他网络协议；其次 IP 广播地址和组播地址无法映射到 ATM 地址之上。

以上两种网络都有各自的局限性。ATM 论坛正在着手研究一种新的协议——MPOA(Multiprotocol over ATM)来克服以上所述的缺点。未来 MPOA 将成为高速度、多元化应用的网络平台。

10.4 数字数据网 DDN

10.4.1 DDN 概述

数字数据网 DDN(Digital Data Network)是一种利用数字通道提供半永久性连接电路,以传输数据信号为主的数字传输网络。该网络可为用户提供全程端到端数字数据业务。所谓数字数据业务,是指为公用电信网内部用户提供点到点或多点数字专用电路。

DDN 的传输介质有光缆、数字微波、卫星信道以及用户端可用的普通电缆和双绞线。DDN 向用户提供的是半永久性的数字连接,沿途不进行复杂的软件处理,因此延时较短,克服了分组网中传输延时长且不固定的缺点。DDN 采用交叉连接装置,可以根据用户的需要,在约定的时间内接通所需带宽的线路,信道容量的分配和持续在计算机的控制下进行,具有极大的灵活性。DDN 把数字通信技术、光纤通信技术、数字交叉连接技术和计算机技术有机地结合起来,使其应用范围也从提供端到端的数据通信,扩大到能提供和支持多种业务服务,成为具有很大吸引力和发展潜力的传输网络。特别是对那些业务量大、要求传输质量高、速度快的客户而言,具有更大的吸引力,所以像银行、民航、铁路等用户都是 DDN 的主要应用对象。

10.4.2 DDN 的组成

DDN 主要由四大部分组成:本地传输系统、复用及交叉连接系统、局间传输及网同步系统、网络管理系统。

1. 本地传输系统

本地传输系统由用户设备和用户线路(包括用户线和网络接入单元)组成。用户设备通常是指数据终端设备(DTE),如电视机、传真机以及用户自选的其他用户终端设备。用户线是一般市话用户电缆,网络接入单元是指基带型或频带型、单路或多路复用传输设备。

用户设备送出的是用户的原始信息,它们可以是脉冲形式的数据、音频形式的语音和信息图文、数字形式的活动影像和其他形式的信息。网络接入单元在用户端把这些原始信息转换成能在一定距离的用户线上传输的信号方式,诸如频带型或基带型的调制信号,在网络上传输。

2. 复用及交叉连接系统

DDN 复用技术包括 PCM(脉冲码调制的信号)复用、超速率复用、子速率复用。

(1)PCM 复用。就是将 32 条速率为 64 Kbit/s 的 PCM 信号复用到一条速率为 2 048 Kbit/s 的信道上。

(2)超速率复用。超速率是指超过 64 Kbit/s 的信息传输速率,超速率复用是一种将多条速率为 64 Kbit/s 的信道合并在一起,提供传输容量大于 64 Kbit/s 的复用方法,超速率复用在 DDN 中经常使用,由于它能把 N 条($N=1\sim13$)速率为 64 Kbit/s 的信道合并在一起,从而使网络的业务使用范围扩大。例如,可提供各种速率(384 Kbit/s,$N=6$;768 Kbit/s,$N=12$)的电视会议等业务。

(3)子速率复用。在 DDN 中,信息传输速率在小于 64 Kbit/s 的数字信道上传输,称为子速率复用,一般提供 2.4 Kbit/s、4.4 Kbit/s、9.6 Kbit/s 和 19.2 Kbit/s,还有 8 Kbit/s、16 Kbit/s 和 32 Kbit/s 的子速率复用。

交叉连接指在数字信号复用帧中,各路来的或去的 2 048 Kbit/s 数据流在交叉连接系统中以 64 Kbit/s 为单元进行交叉连接。

3. 局间传输及网同步系统

局间传输是指节点间的数字通道以及各节点通过与数字通道的各种连接方式组成的各种网络拓扑。在我国,目前主要采用 2 048 Kbit/s 的数字通道。

网同步系统是指 DDN 是一个同步数字传输网,为了保证全网所有设备同步工作,必须有一个全网统一的同步方法来确保全网设备的同步。网同步有三种同步方式:准同步、主从同步、相互同步。下面主要介绍准同步和主从同步。

(1)准同步。它是指时钟信号有相同的标定频率,但实际频率的变化限制在规定的限度内。标定频率相同,但又不从同一时钟产生数字信号,就是准同步的数字信号。国际互联的数字通路采用准同步方式。

(2)主从同步。在数字同步网中设置一个基准时钟作为主时钟,其余各节点的时钟都与主时钟保持同步,这就是主从同步方式。基准时钟是指稳定度和精确度都很高的时钟,由该时钟产生的频率信号可作为其时钟频率的比较基准。主时钟不但供给全局内各种设备所需时钟,而且还是全网的基准时钟,所以对主时钟的稳定度和可靠性都有很高的要求。我国 DDN 网主要采用主从同步方式。

4. 网络管理系统

网络管理是网络正常运转和发挥其性能的必要条件,尤其是在网络规模不断扩大时,其重要性就更为突出。对于一个公用的 DDN 来讲,网络管理至少应包括:用户接入管理(包括安全管理);网络资源的调度与路由管理;网络状态的监控;网络故障的诊断、警告与处理;网络运行数据的收集与统计。

10.4.3　DDN 的网络结构

DDN 按网络功能分为核心层、接入层和用户接口层。如图 10-12 所示,核心层由大、中容量网络设备组成,用 2 048 Kbit/s 或更高速率的数字电路互联;接入层由中、小容量网络设备组成,用 2 048 Kbit/s 数字电路与核心层互联,并为各类 DDN 业务提供接入;用户接口层由各种用户复用设备、网桥/路由器设备、帧中继业务的帧装/拆设备组成,也可在用户接口层设置小容量网络设备,提供子速率复用、模拟语音/G3 传真业务的接入。

10.4.4　DDN 的主要特点

(1)DDN 是同步数据传输网。它利用数字信道来连续传输数据信号,不具备数据交换的功能,不同于通常的报文交换网和分组交换网。

(2)DDN 具有质量高、速度快、时延少的特点。由于 DDN 采用了数字信道传输,一般误码率在 10^{-6} 以下,而且干扰不会累加和累积,传输速率可达 2 Mbit/s,平均时延小于等于 450 μs。

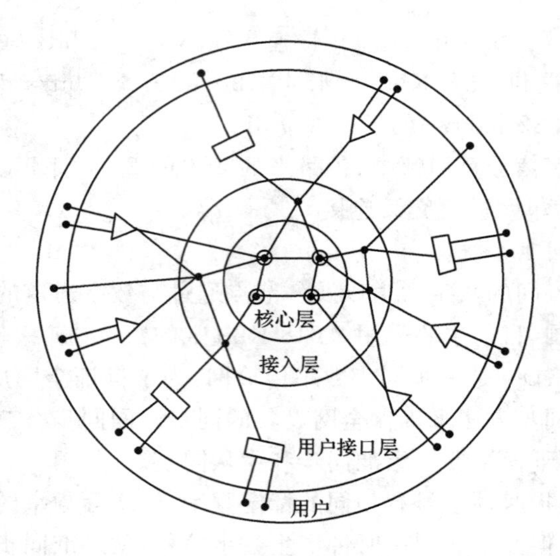

图 10-12 DDN 网络结构

(3)DDN 为全透明传输网。由于 DDN 将数字通信的规约和协议寄托在智能化程度很高的用户终端来完成，本身不受任何规程的约束，所以是全透明网，是一种面向各类数据用户的公用通信网，支持任何规程，支持数据、图像、语音等多种业务，相当于一个大型的中继开放系统。

(4)传输安全可靠。DDN 通常采用路由的网络拓扑结构，因此中继传输段中任何一个节点发生故障，网络拥塞或线路中断，只要不是最终一段用户线路，节点均会自动迂回改道，而不会中断用户的端到端的数据通信。

(5)网络运行管理简单。DDN 将检错纠错功能放到智能化程度较高的终端来完成，因此简化了网络运行管理和监控内容，这样也为用户参与网络管理创造了条件。

(6)DDN 可提供灵活的连接方式。它不仅可以和客户终端设备进行连接，而且可以和用户网络进行连接，为用户网络互联提供灵活的组网环境。

10.4.5 DDN 的主要业务

(1)可以应用信息量大、实时性强的中高速数据通信业务，如局域网互联、大中型主机互联、计算机互联网业务提供者(ISP)等。

(2)为分组交换网、公用计算机互联网提供中继电路。

(3)可提供点对点、一点对多点的业务。适用于金融证券、科研教育、政府部门租用 DDN 专线组建自己的专用网。

(4)提供帧中继业务，扩大了 DDN 的业务范围。用户通过一条物理电路可同时配置多条虚连接。

(5)提供语音、G3 传真、图像、智能用户电报等通信。

(6)提供虚拟专用网业务。大的集团用户可以租用多个方向、较多数量的电路，通过自己的网络管理工作站，自己管理，自己分配电路带宽资源，组成虚拟专用网。

10.5　X.25 分组交换网

为了避免一台主机在不同的网络上使用不同的网络访问协议，CCITT 于 1974 年提出了对公共分组交换网的标准访问协议，即 X.25。在 X.25 建议的最初版本里，分组交换网既提供虚电路服务，也提供数据报服务。但是在 1984 年的版本中，已将数据报服务取消了。因此整个 X.25 所讨论的都是以虚电路服务为基础的。

在 X.25 的文本上写有：X.25 是 DTE 与 DCE 的接口。但我们却常常说成是 DTE 和公共分组交换网的接口。这两种说法实质上是一致的，因为 DCE 提供通信功能，因而也可以把 DCE 划分为网络部分；不过由于 DCE 通常是用户设施，因此我们也可以将 DCE 划在网络外面，或将 DCE 的一部分划在网络的范围之内。

在 X.25 中采用“级(Level)”这个名词。图 10-13 表示按照这三个级画出的 X.25 接口。在最下面的是物理级，接口标准采用的是 X.21 建议书。第二级是数据链路级，采用的接口标准是平衡型链路接入规程 LAPB，它是 HDLC 的一个子集。第三级是分组级，在这一级上，在 DTE 与 DCE 之间可以建立多条逻辑通道(0～4 095 号)。从第一级到第三级，数据传送的单位分别是“比特”、“帧”和“分组”。正是由于在分组级的接口有多条逻辑通道，所以一个 DTE 可同时和网上的其他多个 DTE 建立虚电路并进行通信。

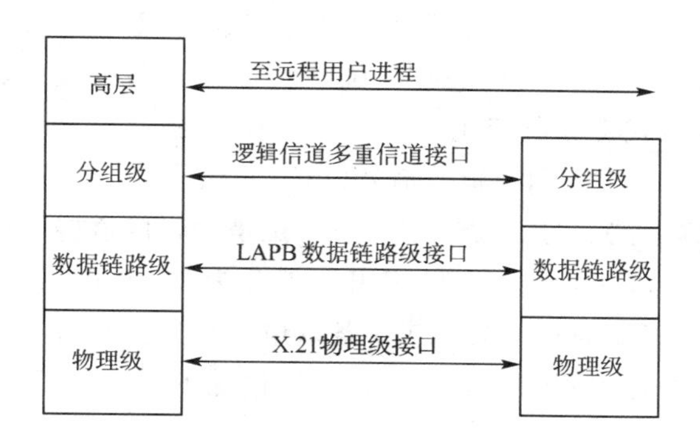

图 10-13　X.25 的层次关系

1.X.25 分组级的功能

X.25 分组级的主要功能是在 DTE-DCE 的接口为每个用户呼叫提供一个逻辑通道，并为每个用户的呼叫连接提供有效的分组传输，包括顺序编号、分组的确认和流量控制过程。

X.25 提供虚呼叫(Virtual Call)与永久虚电路业务(Permanent Virtual Circuit)。虚呼叫，即那些通过动态的呼叫建立和呼叫清除过程所建立的虚电路；永久虚电路，它是固定的、由网络分配的虚电路。数据在传送时与虚呼叫一样，但是不需要呼叫建立和清除。

虚电路被赋予一个虚电路号。在 X.25 中，一个虚电路号由逻辑信道群号(0～15)和逻辑信道号(0～255)组成。用于虚呼叫的虚电路号范围和永久虚电路的虚电路号应在签订业务时与管理部门协商确定与分配。

2. X.25 分组级的分组格式

在分组级上，所有的信息都以分组为基本单位进行传输和处理。X.25 的分组可以分为数据分组和控制分组两种。实际上，数据分组是比较简单的，复杂的是控制分组，因为控制分组的种类繁多，如虚电路的建立、数据传送时的流量控制、中断、数据传送完毕后的虚电路释放等，都要用到控制分组。各种控制分组的格式在 X.25 的文本中都有明确的规定，这里不一一介绍。在这里详细介绍的是数据分组和控制分组的公共部分即分组头，它由三个字节构成，如图 10-14 所示。分组头可以分为三个部分。

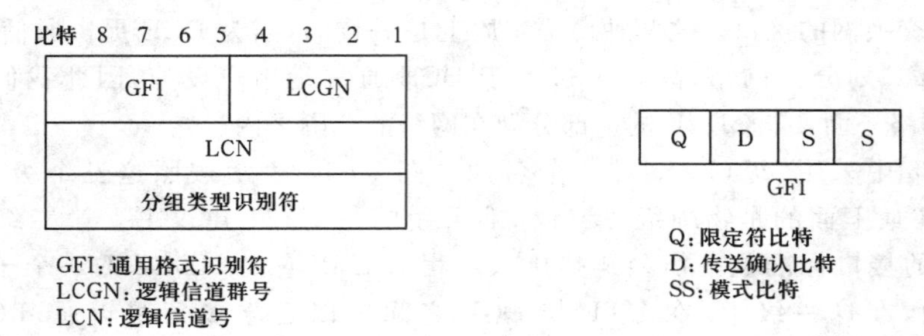

图 10-14 X.25 分组头格式

(1)通用格式识别符(GFI)

它由分组头中第一个字节的前四位组成。其中，Q 位表示限定符，它通常取值为 0。D 位表示数据分组是由本地(DTE-DCE)还是由端到端(DTE-DTE)来确认。SS 位用以指示数据分组的序号是用 3 位(模 8)还是 7 位(模 128)，这两位或者取“10”，或者取“01”，一旦选定，相应的分组格式也有所变化。

(2)逻辑信道群号(LCGN)和逻辑信道号(LCN)

共 12 位，用来对虚电路编号。编号中的前 4 位是逻辑信道群号(共有 16 个号)，后 8 位是逻辑信道号(共有 256 个号)。这样，虚电路就分为 16 个群，每个群有 256 个号。所以从理论上讲，每个 DTE 同时可以有 4 096 条虚电路。这是考虑到有的 DTE 可能是很大的计算机，可以有多个进程同时在运行。在一般情况下，一个 DTE 所能使用的虚电路数都远小于 4 096。

(3)分组类型识别符

用于区分各种不同类型的分组。若该字节的最后一位为“0”，则表示分组为数据分组；若该位为“1”，则表示分组为控制分组；若该字节最后三位全为“1”，则表示该分组是某个确认或接受分组。在通常情况下可以把它们分为 4 类。

①呼叫建立分组：用于在两个 DTE 之间建立交换虚电路。这类分组包括呼叫请求分组、拨入呼叫分组、呼叫接受分组和呼叫连接分组。

②数据传输分组：用于在两个 DTE 之间实现数据传输。这类分组包括数据分组、流量控制分组、中断分组和在线登记分组。

③恢复分组：实现分组级的差错恢复，包括复位分组、再启动分组和诊断分组。

④呼叫拆除分组：在两个 DTE 之间断开虚电路，包括拆除请求分组、拆除指示分组和拆除证实分组。

10.6 帧中继

10.6.1 帧中继概述

帧中继(Frame Relay)是X.25在新的传输条件下(光纤传输、传输误码率低)的发展,是由X.25分组交换技术演变而来的。同时它继承了X.25的优点,如统计复用、永久虚电路(PVC)、交换虚电路(SVC)等,从而简化了大量的网络功能,将用于保证数据可靠性传输的任务,委托给用户终端或本地节点完成,以此减少网络时延和通信成本。

从网络分层的角度来看,帧中继网络只有物理层和数据链路层两个层次,它保存了X.25链路层HDLC帧格式,使用LAPD规程。

10.6.2 帧中继的基本原理

帧中继是基于可变长度的数据传输网络。在传输过程中,用户终端设备把特定格式的帧送到帧中继网络,由网络根据帧所给出的地址信息寻找合适的路由把帧送到目的地。

帧中继的帧格式如图10-15所示,它与HDLC的帧格式类似,但没有控制字段。

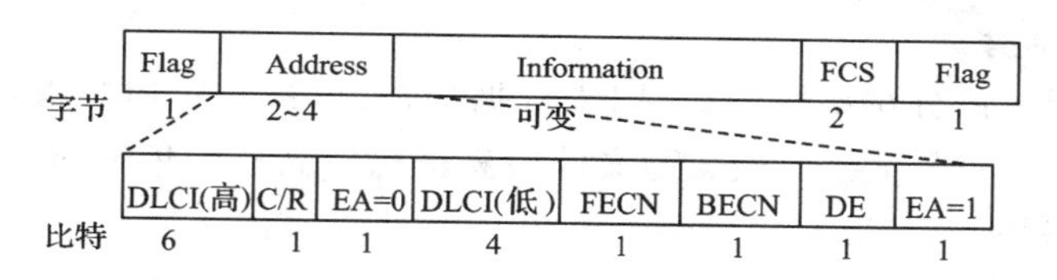

图10-15 帧中继的帧格式

(1)Flag:标识字段。是一个01111110的比特序列,用于指示一个帧的起始和结束。

(2)FCS:帧检验序列字段。FCS并不是用于差错控制,而是用于检测链路上出现差错的频率,用于网络管理。

(3)Address:地址字段。一般为两个字节,也可扩展到3或4个字节。地址字段由以下几个部分组成:

①DLCI:数据链路连接标识符。一般占用10个比特,用于标识一个虚连接,标识用户的交换虚电路和永久虚电路。

②C/R:命令/响应位。与高层应用有关,帧中继本身并不使用。

③EA:扩展地址标识。EA=0表示下一个字节地址,EA=1表示地址结束。

④FECN:正向显示拥塞通知。将前往接收端的帧的FECN置为1,可以通知接收方网络中出现拥塞,接收方一般可以使用高层协议让发送端降低发送速率。

⑤BECN:反向显示拥塞通知。在返回发送端的帧中将BECN置为1,通知发送方网络出现拥塞,要求降低发送速率。

⑥DE:丢弃指示。当该比特置为1时,表示网络发生拥塞,该帧可被优先丢弃。

帧中继的虚电路有永久虚电路和交换虚电路两种。

当用户采用永久虚电路接入帧中继网时,业务提供者为用户分配一对DLCI,为一对端用户指定固定地址,如同专用点对点电路一样。

当用户采用交换虚电路方式时，主叫用户端首先呼叫被叫用户端。即通过控制信息帧请求建立连接，然后由帧中继交换设备按连接请求再呼叫被叫用户端，一旦接通后便建立一条临时的虚电路，即动态地为双方分配一对 DLCI，并一直保持到通信结束，由一方通过控制信息帧请求关闭连接。

另外，网络经常会出现突发性的业务量，而帧中继不提供流量控制，网络可能会出现阻塞现象。因此，网络必须具备适当的阻塞管理功能。帧中继采用阻塞警告机制，将网络的阻塞情况报告用户终端，由用户终端做具体的阻塞处理。如，当网络检测到某一虚电路发生某种程度的阻塞时，利用 FECN 和 BECN 标识向发送方发出阻塞警告通知，迫使发送端适当地降低发送速率，另外，可利用 DE 标识优先发送 DE=0 的帧，而丢弃那些次要(DE=1)的帧，这样就可以对用户公平合理地分配网络资源。

10.6.3 帧中继的应用

1.局域网、广域网互联

帧中继很适合局域网、广域网用户传送大量的突发性、高速率和大流量的数据。使用帧中继既可以降低用户的通信费用，又可以充分利用网络资源。

2.图像、文件的传送

帧中继可以提供高分辨率的图像、图表数据的传送，这种应用会占用网络很大的带宽，并且要求时延少、流量大。一般大型文件要获得比较满意的传输时延，必须有较大的流量。

10.6.4 帧中继与几种业务的比较

1.帧中继与电路交换业务的比较

帧中继与电路交换业务都能为用户提供高速率、低时延的数据传输业务。由于用户使用电路交换业务时要独占带宽资源，因此通信费用昂贵。帧中继采用动态分配带宽技术，允许用户占用其他用户的空闲带宽来传送大量的突发性数据。实现带宽资源的共享，使用户通信费用低于专线。

2.帧中继与 X.25 分组交换业务的比较

帧中继和 X.25 分组交换业务都采用虚电路的复用技术，以充分利用网络带宽资源，降低用户通信费用。但帧中继不进行纠错处理，大大缩短了处理每个帧的时间，因此比 X.25 分组交换业务网络时延少、吞吐量高、传输速率快，另外在带宽的动态分配技术上比分组交换网具有更大的优越性。

3.帧中继与 ATM 业务的比较

ATM 业务也可为用户提供高速率、低时延的数据传输业务，但需要大量的网络硬件的更新，代价非常高。而采用帧中继可直接利用现有的网络资源，只需更新网络软件即可，所需费用低。

10.7 xDSL

10.7.1 xDSL概述

随着Internet的发展，人们越来越需要传输图像、文字、语音、动画等各种信息，尽管提供了如ISDN、传统拨号等多种上网方式，但自从1881年亚历山大·贝尔博士发明双绞线以来，一百多年间，全世界已经铺下了价值六百多亿美元的市话电缆(铜线)，它们占总通信投资的30%以上，所以充分利用这些现有的资源上网，既无须花费建造基础网络的费用，又可以实现高速的Internet访问，这种业务就是近年来发展起来的数字用户专线DSL，一般通称为xDSL。DSL在每一条电路中都使用智能适配器，以便将现有的双绞线电缆分成两个信道：上行的信道和下行的信道。上行的信道将数据从用户住所送至电话公司的网络设备上，下行的信道将数据从电话公司的网络设备传送至用户的住所，而在此期间，用户住所的电话虚拟地保持着。

除了使用已有的电缆设备和网络以外，DSL还具有可为用户带来高带宽的优势，下行传输速率可达55 Mbit/s(VDSL)，上行传输速率在576 kbit/s到1 Mbit/s。然而，DSL业务也存在缺陷，它受距离的限制。这意味着它只能在短距离内提供业务。常见的数字用户专线有ADSL、HDSL、VDSL等。

非对称的数字用户专线ADSL是目前最受瞩目的技术。它的上传速度可从64 kbit/s到640 kbit/s，下传速度可从1.5 Mbit/s到9 Mbit/s。由于上传、下传的速度不同，所以称为非对称的传送技术。

10.7.2 ADSL

简单地说，ADSL(Asymmetric Digital Subscriber Line)就是利用现有的标准电话线上的空闲频率区域来传输数据的，当它利用此区域传送与接收数据时，原来的电话服务频段并没有被占用，仍可进行正常的声音传输，其最主要特点就是上行、下行速度不同，最大传输范围为5.5 km。另外，由于ADSL连接的电话线是专用的，因此它的带宽是专属的，不会与别人共享带宽；ADSL也不会像ISDN等每次上网都要拨号、登录，而是直接连接到互联网上，非常方便。

1. ADSL信号传送方式

目前ADSL有两种不同的信号传送方式——CAP和DMT。

(1)CAP

CAP就是采用有线电视公司的一种调制方法，使用相位和振幅调制，把数据信号变成单一的载波信号，以高达1.5 Mbit/s的速率送到ADSL信号线上。目前90%的ADSL服务都是使用CAP，利用这种传送方式，ADSL可以把一条电话线分成三个频道：

①接收频道(Downstream)：用于较高速率的下传频道，它是一个单向高速率信道，由电话公司传输至客户端，其速率为1.5 Mbit/s～9 Mbit/s。

②传送频道(Upstream)：用于较低速率的上传频道，它是一个双向全双工信道，由客户端传至电话公司，其速率为16 kbit/s～1 Mbit/s。

③POTS 频道(Plain Old Telephone Service):提供目前打电话用的声音频道,用于普通的电话机服务。

(2)DMT

DMT(Discrete Multi-Tone)是 ANSI 制定的标准,是将频道切成 256 个子频道,每个子频道占用 4 kHz 带宽传送数据,在数据传输过程中 DMT 可使每个子频道都承载一部分数据,所有数据在频道的接收端都被重新组装在一起,这样可以确保传输信号的质量,也可同时进行多个实时的在线操作。

另外,ADSL 使用 DMT 信号可支持 32 位多任务、多线程的操作系统。

2. ADSL 工作原理

用户终端上网非常简单,仅需安装一个 ADSL 调制解调器,这个 ADSL 调制解调器内置一个 POTS 分离芯片,它将现有的电话线分成两个波段,一个为数据所用,另一个为声音所用。在传送声音时,会用到前面的 4 kHz 的频段。在调制解调器中另有一个频道分隔芯片,可将传送的数据波段再细分为两个部分。较大的部分用于下传互联网上的数据,较小的部分用于上传用户数据,而在电话局的机房中的另一部 ADSL 调制解调器同样内置 POTS 芯片。可将数据中的声音信号分离,有关声音方面的信号会被转到电话公司的网上,而有关的数据信息可被接入 ATM 网络上进入 Internet 中。

3. ADSL 的业务功能

ADSL 作为一种宽带接入方式,可以为用户提供多种业务。

(1)高速的数据接入。用户可以快速浏览 Internet 上的信息,可以进行网上交谈、收发电子邮件、获得用户所需的信息。

(2)视频点播。ADSL 特别适合于音乐、影视等业务,可以根据需要随意控制下载和点播。

(3)网络互联业务。ADSL 可以将不同地点的企业网、局域网连接起来,而又不影响各自的上网。

10.7.3 其他的 DSL

1. HDSL

高速率数字用户专线(High Data Rate DSL,HDSL),是利用两条电话线进行数据的传输,其上、下传输速率是完全一样的,可以达到 1.544 Mbit/s,HDSL 的缺点就是传输距离短,最大传输距离仅为 5 km。

2. SDSL

对称的数据用户专线(Symmetric Digital Subscriber Line,SDSL),它是提供上行和下行传输速率相同的 ADSL。SDSL 支持的上行、下行速率均为 384 kbit/s。虽然比其他数字用户专线慢得多,但能够满足小型视频会议需要。传输距离可达到 3 km。

3. VDSL

超高速数字用户专线(Very High Data Rate DSL,VDSL),它是目前速度最快的 DSL 技术,只利用一条电话线,可提供 13 Mbit/s~52 Mbit/s 的下行带宽,其致命的缺点就是信号只能传输很短的距离,即不超过 1.5 km。

4. RADSL

速率自适应数字用户专线(Rate Adaptive DSL,RDSL),是一种能根据传送数据的网络的情况而自动调整速率的ADSL。也就是说,RADSL会根据传送信号的质量和信号传输的距离来调整速率。在一条线路上RADSL支持多种数字速率,并且可以迅速地适应这些不同的速率。所以不管复杂信号的传送距离有多远,RADSL都能保证准确无误地将其传输到目的地。

练习题

一、选择题

1. ISDN的UNI中提供了两种信息信道,分别是(　　)。

A. B和E信道　　B. H和E信道　　C. B和H信道　　D. H和D信道

2. “一线通”是指(　　)速率接口。

A. 3B+D　　B. 2B+D　　C. 28B+D　　D. 30B+D

3. ATM信元采用固定长度,其长度是(　　)字节。

A. 48　　B. 102　　C. 53　　D. 65

4. 我国采用的基群速率接口为(　　)。

A. 28+D　　B. 30B+D　　C. 23B+D　　D. 32B+D

5. 在DDN网中,国际互联的数据通路主要采用什么同步方式?(　　)

A. 准同步　　B. 主从同步　　C. 自同步　　D. 外同步

6. ADSL的上传频道是指(　　)。

A. 电话公司向客户端传送　　B. 客户端向电话公司传送

C. 电话公司向服务器端传送　　D. 服务器端向电话公司传送

7. ATM信元UNI信头中VPI占(　　)比特。

A. 8　　B. 9　　C. 12　　D. 16

8. 利用ADSL上网时,电话(　　)。

A. 可打　　B. 不可打　　C. 以上都是　　D. 以上都不是

二、简答题

1. 什么是ISDN?

2. 什么是ATM?

3. 试说明X.25分组网的功能。

4. 在X.25中,理论上最多允许有多少条虚电路?并说明它是由什么决定的。

5. 比较帧中继与电路交换、X.25分组交换和ATM的异同。

6. 简述ADSL的工作原理。

7. 比较ADSL、HDSL、SDSL、VDSL、RADSL的异同。

8. 简述DDN的组成。

工学结合

大型企业都通过广域网与分公司或各地办事处联网，具有多个分校的校园网也会通过广域网与各地分校联网，通过到大型企业或校园网顶岗实习，完成下列实习任务：

1. 了解单位实现广域网联网的技术类型。
2. 了解单位所使用的广域网设备能支持哪些广域网协议。
3. 单位租用了什么样的通信线路？采用什么广域网协议？
4. 能够在路由器上配置简单的广域网协议。
5. 写出实习报告。

参考文献

[1] 褚建立，刘彦舫. 计算机网络技术[M]. 北京：清华大学出版社，2009.

[2] Andrew S Tanenbaum，著. 计算机网络[M]. 4版. 潘爱民，译. 北京：清华大学出版社，2011.

[3] 王风茂. 计算机网络技术[M]. 4版. 大连：大连理工大学出版社，2009.

[4] 高传善，毛迪林. 数据通信与计算机网络[M]. 北京：高等教育出版社，2005.

[5] 王达. 虚拟专用网精解[M]. 北京：清华大学出版社，2004.

[6] 谢希仁. 计算机网络[M]. 5版. 北京：电子工业出版社，2008.

[7] 吴功宜，吴英. 计算机网络应用技术教程[M]. 3版. 北京：清华大学出版社，2011.